高职高专机电类专业系列教材

电力电子技术

主　编　包尔恒

副主编　霍海锋　何　玲　邓桂芳

参　编　陈宇莹　曹　薇　王思婷

主　审　高　军

机械工业出版社

全书内容分为四部分：电力电子器件；基本的电力电子变换电路、控制技术及其应用；软开关技术；电力电子磁性元件理论及设计。

第一部分内容包括常用电力电子器件（功率二极管、晶闸管、功率MOSFET 和 IGBT）的工作原理、特性、参数、驱动电路及保护方法；第二部分内容包括直流-直流变换电路、直流-交流变换电路、交流-交流变换电路及交流-直流变换电路等常用电力电子变流电路的电路结构、工作原理、参数计算、控制方法及应用；第三部分内容包括软开关技术及 LLC 谐振变换电路的介绍；第四部分内容为电力电子磁性元件理论及设计，包括磁的基本理论、磁性材料特性、变压器和电感设计。

本书可作为高职高专院校电气自动化技术、机电一体化技术等机电类专业的教材，也可供相关专业工程技术人员参考。

为方便教学，本书配有电子课件、习题答案等，凡选用本书作为教材的学校，可登录 www.cmpedu.com 免费下载或来电索取，电话：010-88379375。

图书在版编目（CIP）数据

电力电子技术/包尔恒主编. —北京：机械工业出版社，2018.12
（2024.1 重印）
高职高专机电类专业系列教材
ISBN 978-7-111-61014-4

Ⅰ.①电… Ⅱ.①包… Ⅲ.①电力电子技术-高等职业教育-教材
Ⅳ.①TM1

中国版本图书馆 CIP 数据核字（2018）第 220352 号

机械工业出版社（北京市百万庄大街 22 号　邮政编码 100037）
策划编辑：王宗锋　责任编辑：王宗锋　高亚云
责任校对：刘　岚　封面设计：陈　沛
责任印制：刘　媛
涿州市般润文化传播有限公司印刷
2024 年 1 月第 1 版第 8 次印刷
184mm×260mm · 12.5 印张 · 306 千字
标准书号：ISBN 978-7-111-61014-4
定价：39.80 元

电话服务　　　　　　　网络服务
客服电话：010-88361066　机 工 官 网：www.cmpbook.com
　　　　　010-88379833　机 工 官 博：weibo.com/cmp1952
　　　　　010-68326294　金 书 网：www.golden-book.com
封底无防伪标均为盗版　机工教育服务网：www.cmpedu.com

前　言

　　电力电子技术是对电能进行变换和控制的技术，其在工业生产、交通运输、电力系统、新能源利用及家电产品等领域有着广泛的应用，诸如变频器、开关电源、不间断电源、太阳能及风能发电、有源功率因数校正、高压直流输电、电力有源滤波等都是电力电子技术的具体应用。近年来，随着电力电子器件的迅速发展及部分新电路拓扑的研究及实用化，电力电子技术的内容得到了极大的丰富。考虑到电力电子器件和电路拓扑的新发展，编写紧密结合行业发展现状的电力电子技术教材有着重要的现实意义。本书以"新"和"实用化"为出发点，在内容上具有以下特点：

　　（1）结合行业发展和应用现状，电力电子器件的介绍以功率二极管和全控型器件功率MOSFET 和 IGBT 为主，并引入新型器件如碳化硅二极管等；驱动电路以行业实际使用的实用电路为主；器件参数的介绍以实际使用时需重点关注的参数为主。

　　（2）电力电子主功率电路拓扑方面，对晶闸管可控整流部分内容适当简化，但基于其在大容量电力系统等方面的应用，仍然介绍了晶闸管变流电路的基本原理和分析方法。本书重点突出基于高频化 PWM 或 PFM 控制、采用全控型器件的电力电子变流电路，包括升/降压斩波电路、反激、双管正激、推挽、半桥和全桥直流-直流变换电路；SPWM 逆变、PWM 整流、PWM 交流变换及基于软开关技术的 LLC 谐振变换电路等。

　　（3）在电力电子技术的应用方面，突出开关电源、变频器、太阳能光伏并网发电等内容的介绍。

　　（4）鉴于磁性元件在电力电子电路中的重要地位，专门编写了电力电子磁性元件理论及设计章节，在系统介绍磁路基础理论和常用磁性材料特性的基础上，对变压器、电感的工作状态和设计方法进行了较为详细的分析。

　　（5）本书立体化配套资源丰富，重点知识点配有教学动画、视频、微课等，以二维码的形式植入；另附有精美电子课件、习题答案、模拟试卷和题库等。

　　本书由包尔恒担任主编，霍海锋、何玲和邓桂芳担任副主编，陈宇莹、曹薇和王思婷三位老师也参与了本书部分内容的编写工作。全书由包尔恒统稿。

　　本书由电力电子行业专家、珠海英搏尔电气股份有限公司技术总监高军担任主审。高军博士对本书提出了许多宝贵意见和建议，在此表示衷心的感谢。本书编写中参考了国内外众多专家、学者的著作、教材和论文等文献资料，在此一并表示衷心的感谢。

　　由于编者水平有限，书中难免有疏漏和不妥之处，恳切希望读者批评指正。

编　者

目　录

前　言

绪　论 ……………………………………… 1

第1章　电力电子器件 ………………… 9

1.1　电力电子器件概述及分类 ………… 9

1.2　不可控器件——功率二极管 ……… 10

　1.2.1　功率二极管的基本特性 ……… 11

　1.2.2　功率二极管的主要参数 ……… 12

　1.2.3　功率二极管的主要类型 ……… 13

1.3　半控型器件——晶闸管 …………… 14

　1.3.1　晶闸管的结构与基本特性 …… 15

　1.3.2　晶闸管的主要参数 …………… 16

1.4　典型的全控型器件 ………………… 17

　1.4.1　功率场效应晶体管 …………… 17

　1.4.2　绝缘栅双极晶体管 …………… 24

1.5　电力电子器件的驱动 ……………… 27

　1.5.1　晶闸管驱动 …………………… 28

　1.5.2　功率 MOSFET 和 IGBT 的驱动 … 28

1.6　电力电子器件及装置的保护 ……… 32

　1.6.1　过电流保护及过电压保护 …… 32

　1.6.2　过热保护 ……………………… 33

1.7　电力电子器件的串并联使用 ……… 34

　1.7.1　晶闸管的串并联使用 ………… 34

　1.7.2　功率 MOSFET 和 IGBT 的并联 … 35

习题与思考题 …………………………… 35

第2章　直流-直流变换电路 ………… 36

2.1　基本斩波电路 ……………………… 37

　2.1.1　降压斩波电路 ………………… 37

　2.1.2　升压斩波电路 ………………… 40

　2.1.3　电流可逆斩波电路 …………… 42

　2.1.4　桥式可逆斩波电路 …………… 43

2.2　隔离型直流-直流变换电路 ……… 44

　2.2.1　反激电路 ……………………… 44

　2.2.2　正激电路 ……………………… 47

　2.2.3　半桥电路 ……………………… 48

　2.2.4　推挽电路 ……………………… 49

　2.2.5　全桥电路 ……………………… 50

　2.2.6　隔离型直流-直流变换的输出

　　　　整流电路 ……………………… 52

2.3　直流-直流变换电路的控制技术 … 53

　2.3.1　直流-直流变换电路 PWM 控制的

　　　　基本原理 ……………………… 53

　2.3.2　电压/电流型控制模式 ……… 56

2.4　开关电源 …………………………… 57

　2.4.1　开关电源主功率电路 ………… 58

　2.4.2　开关电源控制电路 …………… 61

习题与思考题 …………………………… 62

第3章　直流-交流变换电路 ………… 63

3.1　概述 ………………………………… 63

　3.1.1　逆变的概念 …………………… 63

　3.1.2　特殊交流电源的分类 ………… 63

　3.1.3　逆变电路的基本用途及分类 … 64

3.2　电压型方波逆变电路 ……………… 65

　3.2.1　单相电压型方波逆变电路 …… 65

　3.2.2　三相电压型方波逆变电路 …… 68

3.3　正弦脉宽调制逆变电路 …………… 71

　3.3.1　正弦脉宽调制技术的理论基础 … 71

　3.3.2　单相 SPWM 逆变电路 ………… 75

　3.3.3　三相 SPWM 逆变电路 ………… 77

　3.3.4　逆变器输出滤波器的设计 …… 78

3.4　逆变电路的应用——太阳能光伏
　　　发电技术 ······················· 80
　　3.4.1　光伏电池及其电气特性 ······· 80
　　3.4.2　最大功率点跟踪技术 ········· 83
　　3.4.3　光伏发电系统电路拓扑 ······· 86
　　3.4.4　并网光伏发电电路拓扑的
　　　　　设计原则 ················· 91
习题与思考题 ······················· 93

第4章　交流-交流变换电路 ········· 94
4.1　交流无触点双向开关 ··········· 95
4.2　单相交流调压电路 ············· 96
　　4.2.1　相位控制式单相交流调压
　　　　　电路 ··················· 96
　　4.2.2　斩波控制式单相交流调压
　　　　　电路 ··················· 98
4.3　三相交流调压电路 ············ 101
　　4.3.1　相位控制式三相交流调压
　　　　　电路 ·················· 101
　　4.3.2　斩波控制式（PWM）三相交流
　　　　　调压电路 ··············· 102
4.4　交流调功电路 ··············· 104
4.5　交-交变频电路 ·············· 105
　　4.5.1　单相输出交-交变频电路 ····· 105
　　4.5.2　三相输出交-交变频电路 ····· 108
4.6　间接交流-交流变换电路 ······· 110
　　4.6.1　变压变频电源——变频器 ····· 110
　　4.6.2　恒压恒频电源——UPS ······ 113
习题与思考题 ···················· 115

第5章　交流-直流变换电路 ······· 116
5.1　单相可控整流电路 ············ 116
　　5.1.1　相位控制整流的概念及原理 ··· 116
　　5.1.2　单相桥式全控整流电路 ······ 117
5.2　三相桥式可控整流电路 ········ 123
　　5.2.1　电阻负载 ··············· 124
　　5.2.2　阻感负载 ··············· 128
　　5.2.3　反电动势负载 ············ 130
5.3　可控整流电路的有源逆变
　　　工作状态 ··················· 130
5.4　晶闸管整流装置的触发控制 ····· 132
5.5　PWM整流技术及功率因数控制 ····· 134

5.5.1　AC-DC电路的输入电流谐波
　　　　分量 ················· 135
5.5.2　功率因数和THD ········· 137
5.5.3　单相桥式不可控整流器的有源
　　　　功率因数校正（APFC）······· 138
5.5.4　单相桥式PWM整流器 ······ 142
5.5.5　PWM整流器交流侧功率因数 ····· 143
5.5.6　单相半桥式和三相桥式PWM整流
　　　　电路 ················· 145
习题与思考题 ···················· 146

第6章　软开关技术及LLC谐振变换
　　　　电路 ···················· 147
6.1　概述 ······················· 147
6.2　软开关的基本概念 ············ 147
　　6.2.1　硬开关与软开关 ·········· 147
　　6.2.2　零电压开关与零电流开关 ···· 148
6.3　高效率软开关电路拓扑——
　　　LLC谐振变换电路 ············ 148
　　6.3.1　LLC谐振变换电路拓扑结构及
　　　　　增益-频率特性 ··········· 148
　　6.3.2　半桥LLC谐振变换电路工作过程
　　　　　分析 ················· 149
　　6.3.3　LLC谐振变换电路的特点 ···· 153
　　6.3.4　LLC谐振变换电路的控制 ···· 153
习题与思考题 ···················· 155

第7章　电力电子磁性元件理论及
　　　　设计 ···················· 156
7.1　磁场及磁路基础知识 ·········· 156
　　7.1.1　磁场的基本物理量 ········· 156
　　7.1.2　电磁基本定律 ············ 157
　　7.1.3　铁磁物质的磁化曲线 ······· 159
　　7.1.4　磁路及基本定律 ·········· 161
7.2　磁性元件 ··················· 163
　　7.2.1　电感 ················· 164
　　7.2.2　变压器 ··············· 165
7.3　电力电子装置常用的软磁材料 ····· 167
　　7.3.1　软磁铁氧体材料 ·········· 168
　　7.3.2　合金磁材料 ············· 172
　　7.3.3　金属磁粉心磁性材料 ······· 174

7.4 　磁心的工作状态 ············ 176

7.5 　高频变压器设计 ············ 177

　　7.5.1 　磁心结构 ············ 177

　　7.5.2 　最大磁感应强度的选择 ········ 178

　　7.5.3 　高频变压器设计方法
　　　　　 （AP 法） ············ 178

　　7.5.4 　高频变压器设计举例 ········ 179

7.6 　电感设计 ············ 183

　　7.6.1 　直流滤波电感的限制条件 ······ 183

　　7.6.2 　电感计算方法 ············ 184

　　7.6.3 　AP 法初选电感磁心 ········ 185

　　7.6.4 　电感设计举例 ············ 189

参考文献 ············ 194

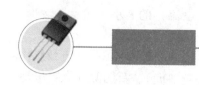

绪　　论

一、电力电子技术及其研究意义

什么是电力电子技术？电力电子技术（Power Electronics）是对电能进行变换和控制的科学。电力电子技术也可以说是以电力电子器件为核心构成相应的电路或装置，使得输入电能形式通过电力电子装置变成所希望的输出电能形式的技术。

电力电子技术是电子技术的两大分支之一，通常所说的模拟电子技术和数字电子技术则属于电子技术的另一分支，即信息电子技术。信息电子技术主要用于信息或信号处理，而电力电子技术主要用于电能或功率变换。据估计，发达国家在用户最终使用的电能中，有60%以上的电能至少经过一次以上电力电子变流装置的处理。这充分体现了电力电子技术的学术地位。

电力电子技术诞生于20世纪50~60年代。2000年，IEEE终身会员、美国电力电子学会前主席Tomas G. Wilson给电力电子技术重新进行了定义：电力电子技术是通过静止的手段对电能进行有效的变换、控制和调节，从而把可利用的输入电能形式变成所希望的输出电能形式的技术。

按照输入/输出端电能的形态，可将电能变换形式分为四大类，见表0-1。

表0-1　电能变换的分类

输出 ＼ 输入	交　流	直　流
直流	整流（AC-DC）	直流斩波（DC-DC）
交流	交流电力控制及交-交变频等（AC-AC）	逆变（DC-AC）

通常所用的输入电源有交流和直流两种：从公用电网直接得到的是固定频率的某一标准等级的单相或三相交流电源，而从蓄电池和干电池得到的是直流电源，但是用电设备的类型和功能却是千差万别的，它们对电能的电压和频率的要求也各不相同，如：普通的白炽灯照明需要220V/50Hz的单相交流电；机械工业中的感应加热设备必须由中频或高频交流电源供电；化学工业中的电解、电镀由低电压直流电源供电；要求调速的直流电动机需要可变的直流电源供电；变频调速的交流电动机需要频率和电压幅值均可调的交流电源供电；电动汽车充电需要几百伏的直流电源供电；而便携式计算机或手机充电器需要几十伏或几伏的直流电源供电等。

总体来说，电能输出有以下两种形式：直流和交流，直流包括幅值恒定的稳压输出和幅值可调的稳压输出两种；交流包括频率固定幅值可调的交流输出、频率及幅值均可调的交流输出等。由于从电源得到的电能往往不能直接满足负载（或用电设备）的要求，因此需要进行电能变换。电能变换是指在电源和负载之间进行电压（电流）的大小、频率、波形、相位及相数的变换。

随着全球经济的发展，人类面临三大危机：能源危机、资源危机和环境危机。有效解决这三大危机的关键在于可再生能源（太阳能、风能、潮汐能、地热能）、新能源（燃料电池等）及高效率和高品质的用电，而实现的技术手段关键在于电力电子技术，如太阳能光伏发电、风力发电、变频调速、高效率高功率因数的开关电源变换器等，其核心技术就是电力电子技术。鉴于此，世界各国对电力电子技术的发展十分重视，已经把发展电力电子技术提升到相当高的战略高度。

通常把电力电子技术归属于电气工程学科。电力电子技术是电气工程学科中一个最为活跃的分支。电力电子技术的不断进步给电气工程的现代化以巨大的推动力，是电气工程这一相对古老学科保持活力的重要源泉。

二、电力电子技术的发展史

电力电子器件的发展对电力电子技术的发展起着决定性的作用，因此，电力电子技术的发展史是以电力电子器件的发展史为纲的。图 0-1 给出了电力电子技术的发展史。

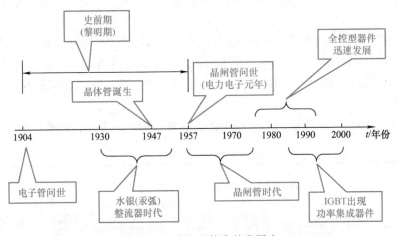

图 0-1　电力电子技术的发展史

一般认为，电力电子技术的诞生是以 1957 年美国通用电气公司研制出第一个晶闸管为标志的。但在晶闸管出现以前，用于电力变换的电子技术就已经存在了。晶闸管出现前的时期可称为电力电子技术的史前期或黎明期。

1904 年出现了电子管，它能在真空中对电子流进行控制，并应用于通信和无线电，从而开启了电子技术用于电力领域的先河。后来出现了水银（汞弧）整流器，它把水银封于管内，利用对其蒸气的点弧可对大电流进行控制，其性能和晶闸管已经非常相似。但是，水银整流器所用的水银对人体有害，另外，水银整流器的电压降落也很高，很不理想。20 世纪 30 年代~50 年代，是水银整流器发展迅速并大量应用的时期。在这一时期，水银整流器广泛用于电化学工业、电气铁道直流变电所以及轧钢用直流电动机的传动，甚至用于直流输电。这一时期，各种整流电路、逆变电路的理论已经发展成熟并广为应用。在晶闸管出现以后相当长的一段时期内，所使用的电路形式仍然是这些形式。

在这一时期，把交流电变为直流电的方法除水银整流器外，还有发展更早的电动机-直流发电机组，即旋转变流机组。和旋转变流机组相对应，静止变流器的称呼从水银整流器开始而沿用至今。

1947 年，美国著名的贝尔实验室发明了晶体管，引发了电子技术的一场革命。最先用于电力领域的半导体器件是硅二极管。晶闸管出现后，其优越的电气性能和控制性能使之很快就取代了水银整流器和旋转变流机组，并且其应用范围迅速扩大。电化学工业、铁道电气机车、钢铁工业（轧钢用电气传动、感应加热等）及电力工业（直流输电、无功补偿等）的迅速发展也给晶闸管的发展提供了用武之地。电力电子技术的概念和基础就是由于晶闸管及晶闸管变流技术的发展而确立的。

晶闸管是通过对门极的控制能够使其导通而不能使其关断的器件，属于半控型器件。晶闸管电路的控制方式主要是相位控制方式，简称相控方式。晶闸管的关断通常依靠电网电压等外部条件来实现，这就使得晶闸管的应用受到了很大的限制。

20 世纪 70 年代后期，以门极关断晶闸管（GTO 晶闸管）、双极结型晶体管（BJT）和功率场效应晶体管（Power - MOSFET）为代表的全控型器件迅速发展。全控型器件的特点是通过对门极（基极、栅极）的控制既可使其开通又可使其关断。此外，这些器件的开关速度普遍高于晶闸管，可用于开关频率较高的电路。这些优越的特性使电力电子技术的面貌焕然一新，把电力电子技术推进到了一个新的发展阶段。

与晶闸管电路的相位控制方式相对应，采用全控型器件的电路主要控制方式为脉冲宽度调制（PWM）控制方式。相较于相位控制方式，可称之为斩波控制方式，简称斩控方式。PWM 变换技术在电力电子技术中占有十分重要的位置，它在逆变、直流斩波、整流、交流-交流控制等电力电子电路中均可应用。它使电路的控制性能大为改善，使以前难以实现的功能也得以实现，对电力电子技术的发展产生了深远的影响。

在 20 世纪 80 年代后期，以绝缘栅双极晶体管（IGBT）为代表的复合型器件异军突起。IGBT 属于全控型器件，它是 MOSFET 和 BJT 的复合。它把 MOSFET 的驱动功率小、开关速度快的优点和 BJT 的通态压降小、载流能力大、可承受电压高的优点集于一身，性能十分优越，成为现代电力电子技术的主导器件。与 IGBT 相对应，MOS 门控晶闸管（MCT）和集成门极换流晶闸管（IGCT）都是 MOSFET 和 GTO 晶闸管的复合，它们也综合了 MOSFET 和 GTO 晶闸管两种器件的优点。其中 IGCT 也取得了相当的成功，已经获得大量应用。

随着全控型电力电子器件的不断进步，电力电子电路的工作频率也不断提高，同时电力电子器件的开关损耗也随之增大。为了减小开关损耗，软开关技术便应运而生，零电压开关（ZVS）和零电流开关（ZCS）就是软开关的最基本形式。理论上讲，采用软开关技术可使开关损耗为零，从而提高电力电子变换电路的效率；另外，它也使得开关频率得以进一步提高，从而提高了电力电子装置的功率密度。

三、电力电子技术的应用

电力电子技术的应用领域十分广泛，它不仅用于一般工业，也广泛用于交通运输、电力系统、通信系统及新能源系统等，在照明、空调等家用电器及其他领域中也有着广泛的应用。以下分几个主要应用领域加以叙述。

1. 一般工业

一般工业中最广泛的应用体现在交直流电力传动系统，工业中大量应用各种交直流电动机，直流电动机有良好的调速性能，为其供电的可控整流电源或直流斩波电源都是电力电子装置。近年来，由于电力电子变频技术的迅速发展，交流电动机的调速性能可与直流电动机相媲美，交流调速技术逐渐大量应用并占据了主导地位。大至数千千瓦的各种轧钢机，小到几百瓦的数控机床的伺服电动机，以及矿山牵引等场合都广泛采用电力电子交流调速技术。一些对调速性能要求不高的大型鼓风机等近年来也采用了变频装置，以达到节能的目的。还有一些并不特别要求调速的电动机，为了避免起动时的电流冲击而采用了软起动装置，这种软起动装置也是电力电子装置。由于电动机的应用十分广泛，其所消耗的电力甚至达到了发电厂所发电力的60%以上，以至于有人认为，电力传动是电力电子技术的主战场。

电化学工业大量使用直流电源，电解铝、电解食盐水等都需要大量的整流电源，电镀装置也需要整流电源。电力电子技术还大量用于冶金工业中的高频或中频感应加热电源等场合。

2. 交通运输

（1）交流传动机车　交流传动机车具有功率大、起动牵引力大、高速（速度可达350～500km/h）、安全、可靠、节能及易智能化的优点。其基本原理在于大功率逆变器驱动交流电动机，广泛应用于铁路运输及地铁运输中。交流传动机车原理如图0-2所示。

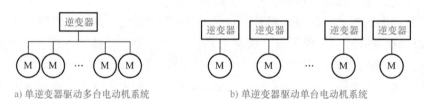

a) 单逆变器驱动多台电动机系统　　　　b) 单逆变器驱动单台电动机系统

图0-2　交流传动机车原理

1965年，德国HENSCHEL公司与ABB开始研制，1971年世界第一台交流传动电力机车DE2500开发成功。20世纪80年代，欧洲为交流传动电力机车主要发展基地。20世纪90年代，美国异军突起，GM公司、GE公司、MK公司形成三足鼎立的格局。目前，除德国、美国外，法国、意大利、西班牙、芬兰、日本、印度及中国等都能生产交流传动电力机车。我国从20世纪60年代末开始研制，直到1996年6月19日第一台AC4000型交流传动电力机车（原型机）在株洲电力机车厂诞生，并正式进入实质性研制阶段。广深铁路高速动车组是我国第一个批量投入商业运营的交流传动产品，交流传动电力机车速度达200km/h。

（2）电动汽车　电动汽车具有节能、环保及智能化的优点，其基本结构及组成包括储能系统、逆变器和电动机传动系统，电动汽车的电动机依靠电力电子装置进行电力变换和驱动控制。一台高级汽车中需要许多控制电机，它们也要靠变频器和斩波器驱动并控制。另外，电动汽车电池的充电也离不开电力电子装置，主要体现在充电桩充电模块及无线感应充电等技术。

（3）电梯　电梯是一种复杂的机电一体化装置，是一种常见的运载工具。传统电梯传动方式采用继电器、接触器顺序控制交直流电动机，缺点是舒适性差、耗能及智能化程度低；基于电力电子技术的变频调速电梯采用电力电子变换器、交流电动机及微机控制系统等，优点是舒适性好、节能及智能化程度高。

3. 电力系统

电力电子技术在电力系统中有着非常广泛的应用。在电力系统通向现代化的进程中，电力电子技术是关键技术之一，可以毫不夸张地说，如果离开电力电子技术，电力系统的现代化和自动化是不可想象的。

（1）高压直流输电及柔性交流输电　直流输电在长距离、大容量输电时有很大的优势，其基本原理如图 0-3 所示，其中的关键环节整流和逆变属于电力电子技术的范畴。

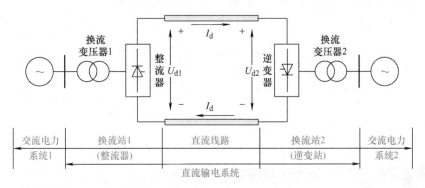

图 0-3　高压直流输电原理

近年发展起来的柔性交流输电（FACTS）也是依靠电力电子装置才得以实现的。FACTS技术为增强输电系统提供了新的手段，通过大功率、高性能的电力电子器件制成可控的有功或无功电源以及电网的一次设备等，以实现对输电系统的电压、阻抗、相位角、功率、潮流等的灵活控制，将原基本不可控的电网变得可以全面控制，从而大大提高电力系统的灵活性和安全稳定性，使得现有输电线路的输送能力大大提高。

（2）无功补偿和谐波抑制　无功补偿和谐波抑制对电力系统有着重要的意义。晶闸管控制电抗器（TCR）、晶闸管投切电容器（TSC）都是重要的无功补偿装置。近年来出现的采用全控型器件的静止无功发生器（SVG）、有源电力滤波器（APF）等新型电力电子装置具有更为优越的无功功率补偿和谐波抑制的性能。图 0-4 所示为并联型电力有源滤波器原理

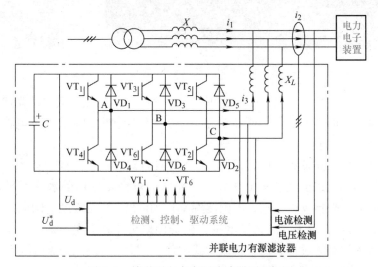

图 0-4　并联型电力有源滤波器原理框图

框图，它具有可动态消除电网的任意次谐波且体积小、重量轻的特点。其原理是在线检测出电网的动态谐波大小，通过逆变器产生与电网的动态谐波大小相等、方向相反的谐波注入电网，抵消电网中的谐波。

（3）感应电力传输技术　感应电力传输技术（Inductive Power Transfer，IPT）是极具潜在发展前景的输电方式。如图 0-5 所示，其原理是通过电力电子技术及电磁感应耦合原理实现无线电力传输，即供电线路和用电电器设备之间通过非物理连接进行能量传送。最早出现在电动牙刷的充电应用，目前最为常见的是电动汽车的无线充电。

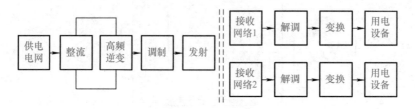

图 0-5　感应电力传输技术原理框图

（4）电力系统变电站用直流电力操作电源　在电力系统变电站控制系统中，断路器操作及中央信号系统供电电源通常采用直流电源，提供该直流电源的电力电子装置称为电力操作电源，其输出为 220V 或 110V 的直流电压。

4. 新能源系统

电力电子装置在新能源系统中的应用最为典型的是太阳能光伏发电和风力发电，如图 0-6 所示。

图 0-6　太阳能光伏发电及风力发电

由于太阳能可再生性、清洁性及取之不尽、用之不竭等特点，太阳能光伏发电正在发展成为世界能源组成中的重要部分，预计 21 世纪 50 年代后，太阳能光伏发电将成为世界能源的主要组成部分。

风能具有可再生、开发利用比较简单及无污染物排放等优点，全球的风能约为 $2.74 \times 10^9 \mathrm{MW}$，其中可利用的风能为 $2 \times 10^7 \mathrm{MW}$，比地球上可开发利用的水能总量还要大 10 倍。在丹麦，20% 的电能来自风力发电。美国能源部以 4000 万美元资助美国电力公司发展风力发电，预计到 2020 年，美国的风力发电将占到美国电力生产量的 6%。我国的风力发电事业经历了一个从无到有的过程，内蒙古成为我国最大的风电基地，在新疆、辽宁、广东的南澳岛等地均建有小型风力发电系统。

太阳能光伏发电（除太阳能电池板）和风力发电的核心部分属于电力电子装置，太阳能光伏发电和风力发电的原理示意图如图 0-7、图 0-8 所示。

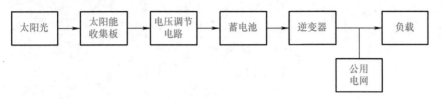

图 0-7　太阳能光伏发电原理示意图

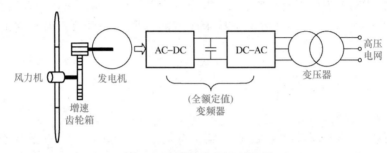

图 0-8　风力发电原理示意图

5. 电子装置用电源

各种电子装置一般都需要不同电压等级的直流电源供电。通信设备中的程控交换机所用的直流电源以前用晶闸管整流电源，现在已改为采用全控型器件的高频开关电源（输出电压为直流 48V 或 24V）。大型计算机所需的工作电源、微型计算机内部的电源现在也都采用高频开关电源。在各种电子装置中，以前大量采用线性稳压电源供电，由于高频开关电源体积小、重量轻、效率高，现在已经逐渐取代了线性电源。因为各种信息技术装置都需要电力电子装置提供电源，所以可以说信息电子技术离不开电力电子技术。在大型计算机等场合，常常需要不间断电源（Uninterruptible Power Supply，UPS）供电，不间断电源实际就是典型的电力电子装置，其原理示意图如图 0-9 所示。

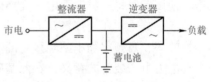

图 0-9　UPS 原理示意图

6. 家用电器

电力电子技术在家用电器中也有着广泛的应用，主要体现在家用电器如电视机、计算机等的电源及手机充电器等，通过这些电源，将输入交流电变换成电器内部芯片等器件工作需要的直流电压。近年发展起来的 LED 照明，其驱动电源属于电力电子装置；变频空调是家用电器中应用电力电子技术的典型例子。变频空调的原理示意图如图 0-10 所示。

总之，电力电子技术的应用范围十分广泛。从人类对宇宙和大自然的探索，到国民经济的各个领域，再到我们的衣食住行，到处都能感受到电力电子技术的存在和巨大魅力。这也激发了一代又一代的学者和工程技术人员学习、研究电力电子技术并使其飞速发展。

电力电子装置提供给负载的是各种不同的直流电源、恒频交流电源以及变频交流电源，因此也可以说，电力电子技术研究的是电源技术。

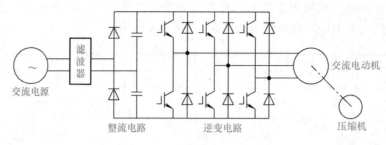

图 0-10   变频空调原理示意图

电力电子技术对节省电能有重要意义。特别在大型风机、水泵采用变频调速方面及使用量十分庞大的照明电源方面，电力电子技术的节能效果十分显著，因此它也被称为节能技术。

四、本书内容简介及使用说明

本书的内容分为四大部分：

第一部分是电力电子器件（第 1 章）。第 1 章是全书的基础，本章紧密结合目前电力电子器件的发展及使用状况，主要讲述功率二极管、晶闸管、功率 MOSFET 和 IGBT 四类电力电子器件的基本结构、工作原理、主要参数及应用特性，并引入了新型器件碳化硅二极管。本章最后讲述了电力电子器件应用的共性问题，包括各种器件的驱动、控制、保护及串并联使用等。

第二部分是基本的电力电子变换电路、控制技术及其应用（第 2 ~ 5 章）。这部分内容是全书的主体，其内容涉及电能变换基本类型，主要包括直流-直流变换技术、直流-交流变换（逆变）技术、交流-交流变换技术和交流-直流变换（整流）技术四大类型。在介绍主功率电路拓扑原理的基础上，将 PWM、SPWM 及闭环负反馈等电力电子装置控制技术融入其中，使读者对每一类电力电子变换电路有一个整体的理解。

第三部分是软开关技术及 LLC 谐振变换电路（第 6 章）。软开关技术是电力电子装置提高变换效率、高频化和小型轻量化的基础。这部分内容主要介绍软开关技术的定义及软开关技术对电力电子装置的意义，在此基础上分析目前实用化的零电压开通和零电流关断软开关技术原理，并以目前流行的 LLC 谐振变换拓扑为例分析软开关的实现方法。

第四部分是电力电子磁性元件理论及设计（第 7 章）。这部分内容包括磁的基础理论、电力电子磁性元件、电力电子装置常用磁性材料的基本参数和特性，在此基础上分析了变压器和电感的工作状态及设计方法。

电力电子技术有很强的实践性，因此实验在教学中占据着十分重要的位置，但考虑到各个院校电力电子实验装置的不同配置，编写统一的实验内容并无实际意义，故本书不再专门编写实验部分，各院校可根据各自实验装置的配置情况自行确定实验内容。

本书教学课时建议为 60 学时左右，对本课程设置学时较少的院校，教学内容可适当删减。

在学习本课程前，学生应学完"电路分析"和"电子技术基础"两门课程，建议最好也学完"自动控制原理"课程以加深对电力电子变换控制部分内容的理解。

第1章

电力电子器件 ◁•—

1.1　电力电子器件概述及分类

　　就像我们在学习电子技术基础时，晶体管和集成电路等电子器件是模拟电子电路和数字电子电路的基础一样，电力电子器件则是电力电子电路的基础，因而掌握各种常用电力电子器件的特性和正确使用方法是学好电力电子技术的基础。

　　如图1-1所示，电力电子器件在实际应用中的系统组成，一般包括控制电路、驱动电路和以电力电子器件为核心的主电路。由信息电子电路组成的控制电路按照系统的工作要求形成控制信号，通过驱动电路去控制主电路中的电力电子器件导通或者关断，来完成整个系统的功能。在电力电子装置或设备中，直接承担电能变换任务的电路称为主电路。

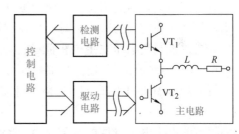

图1-1　电力电子器件在实际应用中的系统组成

　　电力电子器件是指可直接用于处理电能的主电路中，实现电能的变换或控制的电子器件。

　　由于电力电子器件直接用于处理电能的主电路，因而与处理信息或信号的电子器件相比，一般具有如下特征：

　　(1) 能处理的电功率大　电力电子器件通常承受较高电压和承载较大电流，其处理电功率的能力小至毫瓦级，大至兆瓦级，大多都远大于处理信息或信号的电子器件。

　　(2) 一般工作在开关状态　导通时（通态）阻抗很小，接近于短路，管压降接近于零，而电流由外电路决定；阻断时（断态）阻抗很大，接近于断路，电流几乎为零，而管子两端的电压由外电路决定。电力电子器件的动态特性（也就是开关特性）和参数，也是电力电子器件特性很重要的方面，有些时候甚至上升为第一位的重要问题，因为电力电子器件在开关过程中有一定的损耗，动态特性直接影响到电力电子器件的损耗。在做电路分析时，为简单起见往往用理想开关来代替。

　　(3) 需要驱动电路　实际应用中，电力电子器件往往需要由信息电子电路来控制，需要一定的中间电路对控制电路的信号进行放大或隔离，这就是电力电子器件的驱动电路。

　　(4) 电力电子器件功率损耗大，需散热设计　尽管工作在开关状态，但电力电子器件自身的功率损耗通常远大于信息电子器件，为保证不至于因损耗散发的热量导致器件温度过高而损坏，不仅在器件封装上进行散热设计，而且在其工作时一般都要安装散热器。这是因为电力电子器件在导通时器件上有一定的通态压降，形成通态损耗；阻断时器件上有微小的断态漏电流流过，形成断态损耗；在器件开通或关断的转换过程中产生开通损耗和关断损耗，总称开关损耗。通常电力电子器件的断态漏电流极小，因而通态损耗和开关损耗是电力电子器件功率损耗的主要成因，尤其在器件开关频率较高时（电力电子器件通常工作在高频开关状态），开关损耗会随之增大而可能成为器件功率损耗的主要因素。

按照电力电子器件能够被控制电路信号所控制的程度，可以将电力电子器件分为以下三类：

（1）不可控器件　主要指功率二极管，功率二极管因无控制端，属于不控型器件。

（2）半控型器件　晶闸管是典型的半控型器件，因其只能控制开通而不能控制关断，所以属于半控型器件。

（3）全控型器件　通过控制信号既可以控制其导通，又可以控制其关断的电力电子器件被称为全控型器件。在这类器件中，电流控制型器件需从控制端注入和抽出电流来实现器件的通断，其代表是功率晶体管（GTR）。大容量 GTR 的开通电流增益仅为 5~10，其基极平均控制功率较大。与此相反，电压型器件可因其控制端加上或撤去控制电压而实现器件通断，当器件处于稳定导通或关断时，其控制端无电流，故平均控制功率很小。由于电压型控制器件是通过控制端电压在主电极间建立电场来控制器件的通断，故也称场控或场效应器件。根据电场存在的环境，场控型器件又分为结型场效应器件和绝缘栅场效应器件两大类。本章分析的功率 MOSFET 属于后一类。目前应用最为广泛的全控型器件为功率 MOSFET 和 IGBT。

根据目前电力电子器件的发展及使用状况，本章主要介绍功率二极管、晶闸管、功率 MOSFET 和 IGBT 四类电力电子器件。

1.2　不可控器件——功率二极管

功率二极管的基本结构和工作原理与信息电子电路中的二极管是一样的，都是基于 PN 结的单向导电性原理，但功率二极管有其自身的特殊性，通常用在高电压大电流的电力电子主功率电路中，而且通常处于高频开关状态，因而对其耐压和通流能力、散热及开关速度都有一定的要求。功率二极管自 20 世纪 50 年代初期就获得应用，虽然是不可控器件，但在采用全控型器件的电力电子电路中它往往是不可缺少的器件，特别是开通和关断速度很快的快恢复二极管和肖特基二极管，具有不可替代的地位。

功率二极管的电气图形符号如图 1-2 所示。

功率二极管的封装形式多种多样，常见的有插件式、贴片式、模块式（如整流桥）等，如图 1-3 所示。

图 1-2　功率二极管的电气图形符号

图 1-3　功率二极管常见的封装形式

1.2.1 功率二极管的基本特性

1. 静态特性（伏安特性）

功率二极管的静态特性主要是指其伏安特性，如图 1-4 所示。当功率二极管承受的正向电压大到一定值（门槛电压 U_{TO}），正向电流才开始明显增加，处于稳定导通状态。与正向电流 I_F 对应的功率二极管两端的电压 U_F 即为其正向电压降。当功率二极管承受反向电压时，只有微小而数值恒定的反向漏电流。

2. 动态特性

因结电容的存在，功率二极管在零偏置（外加电压为零）、正向偏置和反向偏置三种状态之间的转换必然有一个过渡过程，此过程中的电压-电流特性是随时间变化的，动态特性往往专指反映通态和断态之间转换过程的开关特性，实际使用中最为关注的是其反向恢复特性。

图 1-5 给出了功率二极管由正向偏置转为反向偏置时其动态过程的波形。当原处于正向导通状态的功率二极管的外加电压突然从正向变为反向时，该功率二极管并不能立即关断，而是需要经过一段短暂的过渡时间才能反向阻断，进入截止状态。在关断之前会有较大的反向电流出现，并伴随着明显的反向电压过冲。这是由于正向导通时在 PN 结两侧储存的大量少子需要被清除掉以达到反向偏置稳态的缘故。

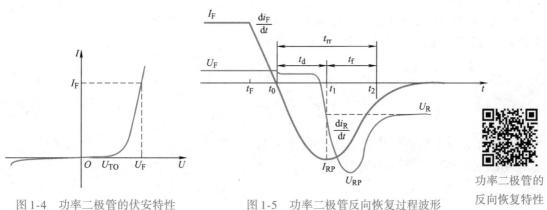

图 1-4　功率二极管的伏安特性　　　　图 1-5　功率二极管反向恢复过程波形

功率二极管的
反向恢复特性

如图 1-5 所示，在 t_F 时刻原来正向导通的功率二极管突然施加反向电压，正向电流在此反向电压作用下开始下降，下降的速率由反向电压的大小和电路中的电感决定（电感具有阻碍电流变化的特性），直至 t_0 时刻正向电流降为零。此时功率二极管由于在 PN 结两侧（特别是多掺杂 N 区）储存有大量少子的缘故而并没有恢复反向阻断能力，这些少子在外加反向电压的作用下被抽取出功率二极管，因而流过较大的反向电流。当空间电荷区附近的储存少子即将被抽尽时，管压降变为负极性，于是开始抽取离空间电荷区较远的浓度较低的少子，因而在管压降极性改变后不久的 t_1 时刻，反向电流从其最大值 I_{RP} 开始下降，空间电荷区开始迅速展宽，功率二极管开始重新恢复对反向电压的阻断能力。在 t_1 时刻以后，由于反向电流迅速下降，在外电路电感的作用下会在功率二极管两端产生比外加反向电压大得多的反向电压过冲 U_{RP}。在电流变化率接近于零的 t_2 时刻，功率二极管两端承受的反向电压才降至外加电压的大小，功率二极管完全恢复对反向电压的阻断能力。时间 $t_d = t_1 - t_0$ 被称为延迟时间，$t_f = t_2 - t_1$ 被称为电流下降时间，而时间 $t_{rr} = t_d + t_f$ 则被称为功率二极管的反向恢复时间。t_{rr} 将衡量器件反向恢复速度，而比值 $S = t_f/t_d$ 称为恢复系数，它衡量反向恢复特性的硬度。S 值较小的器件其反向电流衰减较快，因而称具有硬恢复特性。在相同的电路环境中，S 越小则 U_{RP} 越大。高电压变化率所引发的电磁干扰（EMI）强度也越高。为避免器件的关断过电压和降低 EMI 强度，在实用中应选择具有软恢复特性的二极管。

反向恢复特性的存在，使得功率二极管产生一个关断损耗，其关断损耗工程上可近似表示为

$$P_T = Q_{rr}U_R f \tag{1-1}$$

式中，f 是开关频率；$Q_{rr}U_R$ 是器件在一次反向恢复过程中所消耗的能量，它与外加反向电压 U_R 在抽走反向电荷 Q_{rr} 时所做的功相当。

减小 P_T 最直接的方法是减小 Q_{rr}（也即减小反向恢复时间 t_{rr}），可选择 t_{rr} 值较小的快速二极管（后面将要介绍的快恢复二极管、肖特基二极管及碳化硅二极管）；采用电流断续工作模式（DCM），可使器件具有零电流关断的环境（二极管电流自然过零而关断），但仅限于直流变换电路及其相关电路。

1.2.2 功率二极管的主要参数

1. 有效值和平均值的计算

以图 1-6 所示的工频正弦半波电流为例（其他电流/电压波形计算方法相同），电流平均值 I_d 和电流有效值 I 可以通过下式进行计算

$$I_d = \frac{1}{2\pi}\int_0^\pi I_m \sin\omega t \, \mathrm{d}(\omega t) = \frac{I_m}{\pi} \tag{1-2}$$

$$I = \sqrt{\frac{1}{2\pi}\int_0^\pi (I_m \sin\omega t)^2 \mathrm{d}(\omega t)} = \frac{I_m}{2} \tag{1-3}$$

将电流有效值和平均值的比值定义为波形系数 K_f，则正弦半波电流波形系数为

$$K_f = \frac{I}{I_d} = \frac{\dfrac{I_m}{2}}{\dfrac{I_m}{\pi}} = 1.57 \tag{1-4}$$

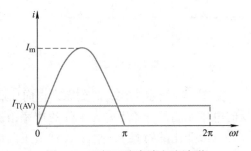

图 1-6 工频正弦半波电流波形

2. 主要参数

（1）正向平均电流 $I_{F(AV)}$ 指功率二极管长期运行时，在指定的管壳温度（简称壳温，用 T_C 表示）和散热条件下，其允许流过的最大工频正弦半波电流的平均值。在此电流下，因管子的正向压降引起的损耗造成的结温升高不会超过所允许的最高工作结温。这也是标称其额定电流的参数。可以看出，正向平均电流是按照电流的发热效应在允许的范围内这个原则来定义的，因此在使用时应按照工作中实际波形的电流与功率二极管所允许的最大正弦半波电流在流过功率二极管时所造成的发热效应相等，即两个波形电流的有效值相等的原则来选取

功率二极管的电流定额，并应留有一定裕量。如果某功率二极管的正向平均电流为 $I_{F(AV)}$，即它允许流过的最大工频正弦半波电流的平均值为 $I_{F(AV)}$，由正弦半波波形的平均值与有效值的关系为 1∶1.57 可知，该功率二极管允许流过的最大电流有效值为 $1.57I_{F(AV)}$。反之，若已知功率二极管在电路中需要流过某种波形电流的有效值为 I_D，则至少应该选取额定电流（正向平均电流）为 $I_D/1.57$ 的功率二极管，当然还要考虑一定的裕量。不过，应该注意的是，当用在频率较高的场合时，功率二极管发热的原因除了正向电流造成的通态损耗外，其开关损耗也往往不能忽略；当采用反向漏电流较大的功率二极管时，其断态损耗造成的发热效应也不小。在选择功率二极管正向电流定额时，这些都应加以考虑。

（2）正向压降 U_F　指功率二极管在指定温度下，流过某一指定的稳态正向电流时对应的正向压降。

（3）反向重复峰值电压 U_{RRM}　指对功率二极管所能重复施加的反向最高峰值电压。使用时，往往按照电路中功率二极管可能承受的反向最高峰值电压来选择此项参数并留有一定裕量。

（4）最高工作结温　结温是指管芯 PN 结的平均温度，用 T_J 表示。最高工作结温是指在 PN 结不致损坏的前提下所能承受的最高平均温度，用 T_{JM} 表示。T_{JM} 通常为 125～175℃。

（5）反向恢复时间 t_{rr}　见 1.2.1 节。

（6）浪涌电流 I_{FSM}　指功率二极管所能承受的最大的连续一个或几个工频周期的过电流。

1.2.3　功率二极管的主要类型

功率二极管广泛应用于电力电子电路，这在后面的章节中将会看到。功率二极管可以在交流–直流变换电路中作为整流器件，也可以在电感元件的电能需要适当释放的电路中作为续流器件（续流二极管），还可以在各种变流电路中作为电压隔离、钳位或保护器件。在应用时，应根据不同场合的不同要求，选择不同类型的功率二极管。

按照正向压降、反向耐压、反向漏电流等特性，特别是反向恢复特性的不同，将功率二极管分为以下几类：

1. 普通二极管

普通二极管又称整流二极管，多用于开关频率不高（1kHz 以下）的整流电路中（如常见的工频整流电路）。其反向恢复时间长，一般在 5μs 以上，这在开关频率不高时并不重要，在参数表中甚至不列出这一参数。但其正向电流和反向电压可以达到很高，分别可达数千安和数千伏以上。

2. 快恢复二极管

反向恢复过程很短（一般在 5μs 以下）的二极管被称为快恢复二极管（Fast Recovery Diode）。快恢复二极管从性能上可分为快恢复和超快恢复两个等级，前者反向恢复时间为数百纳秒或更长，后者则在 100ns 以下，甚至达到 20～30ns。

3. 肖特基二极管

以金属和半导体接触形成的势垒为基础的二极管称为肖特基势垒二极管（Schottky Barrier Diode，SBD），简称肖特基二极管。肖特基二极管的优点在于：反向恢复时间很短（10～

40ns）；在反向耐压较低的情况下其正向压降也很小，明显低于快恢复二极管。因此，其开关损耗和正向导通损耗都比快恢复二极管还要小，效率高。肖特基二极管的缺点在于：当所能承受的反向耐压提高时其正向压降也会高得不能满足要求，因此多用于 200V 以下的低电压场合；反向漏电流较大且对温度敏感（高温下反向漏电流比较大），因此反向稳态损耗不能忽略，而且必须更严格地限制其工作温度。

4. 碳化硅二极管

碳化硅（SiC）二极管是近年出现并已广泛使用的反向恢复特性最好的二极管，目前全球具有碳化硅制造能力的厂家主要有德国 Infineon（英飞凌）和美国 CREE（科锐）等，其反向恢复时间和反向恢复电流极小，具有零反向恢复性能，基本可以忽略其反向恢复问题。图 1-7 为 Infineon 公司 600V/8A 的 TO220 封装碳化硅二极管实物图，图 1-8 所示为碳化硅二极管和快恢复及超快恢复二极管反向恢复特性的对比测试波形。碳化硅二极管的出现，大大简化了为抑制反向恢复电流而采取的电路方面的措施，

图 1-7　碳化硅二极管实物图

使电路可靠性大大提高；而且和普通肖特基二极管相比，其耐压水平也比较高，如 600V、800V 及 1200V 耐压等级的碳化硅二极管。

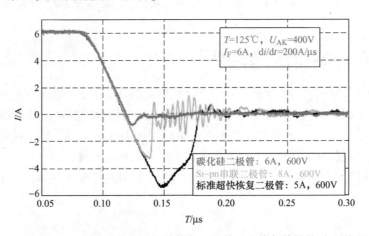

图 1-8　碳化硅二极管和快恢复及超快恢复二极管反向恢复特性的对比测试波形

1.3　半控型器件——晶闸管

在功率二极管开始得到应用后不久，1956 年美国贝尔实验室发明了晶闸管（Thyristor），1957 年美国通用电气公司开发出世界上第一只晶闸管产品并于 1958 年达到商业化。由于其导通时刻可以控制，而且各方面性能均明显胜过以前的汞弧整流器，因而立即受到普遍欢迎，从此开辟了电力电子技术迅速发展和广泛应用的崭新时代，有人称之为继晶体管发明和应用之后的又一次电子技术革命。自 20 世纪 80 年代以来，晶闸管的地位开始被各种性能更好的全控型器件所取代，但是由于其所能承受的电压和电流容量仍然是目前电力电子器件中最高的，而且工作可靠，因此在大容量的应用场合尤其是电力系统中依然占据比较重要的地位。

1.3.1 晶闸管的结构与基本特性

图1-9所示为晶闸管的外形、结构和电气图形符号。从外形上看，晶闸管主要有螺栓型和平板型两种封装结构，均引出阳极A、阴极K和门极（控制端）G三个连接端。

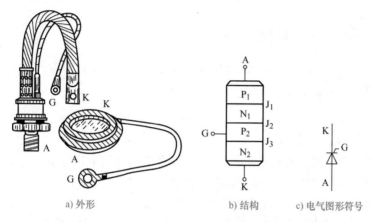

a) 外形　　　　　　　　b) 结构　　　c) 电气图形符号

图1-9　晶闸管的外形、结构和电气图形符号

晶闸管的内部半导体结构可以查阅有关资料，不再详述，这里主要介绍其基本特性。晶闸管正常工作时的特性如下：

1) 当晶闸管承受反向电压时，不论门极是否有触发电流（触发脉冲），晶闸管都不会导通。

2) 当晶闸管承受正向电压时，仅在门极有触发电流的情况下晶闸管才能导通。

3) 晶闸管一旦导通，门极就失去控制作用，不论门极触发电流是否还存在，晶闸管都保持导通。

4) 若要使已导通的晶闸管关断，必须去掉阳极所加的正向电压或者给阳极施加反向电压，或者利用外加电压和外电路的作用使晶闸管的电流降到接近于零的某一数值以下。

从上述特性可以看出：晶闸管只能通过门极控制其开通而不能控制其关断，因此被称作半控型器件。以上特点反映到晶闸管的伏安特性上如图1-10所示。

图中，第Ⅰ象限为正向特性，第Ⅲ象限为反向特性。$I_G = 0$ 时，器件两端施加正向电压，呈正向阻断状态，只有很小的正向漏电流流过。正向电压超过临界极限即正向转折电压 U_{bo}，则漏电流急剧增大，器件开通；随着门极电流幅值的增大，正向转折电压降低。导通后的晶闸管特性和二极管的正向特性相仿，晶闸管本身的电压降很小，在1V左右。导通期间，如果门极电流为零，并且阳极电流降至接近于零的某一数值 I_H 以下，则晶闸管又回到正向阻断状态，I_H 称为维持电流。晶闸管上施加反向电压时，伏安特性类似二极管的反向特

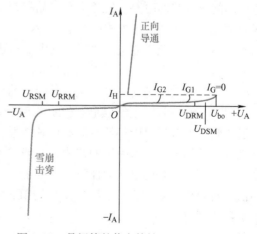

图1-10　晶闸管的伏安特性（$I_{G2} > I_{G1} > I_G$）

性；当反向电压超过一定限度到反向击穿电压后，反向漏电流急剧增大，导致晶闸管发热损坏。晶闸管的门极触发电流从门极流入晶闸管，从阴极流出，阴极是晶闸管主电路与控制电路的公共端，门极触发电流也往往是通过触发电路在门极和阴极之间施加触发电压而产生的。为保证可靠、安全地触发，触发电路所提供的触发电压、电流和功率应限制在可靠触发区。

1.3.2 晶闸管的主要参数

普通晶闸管在反向稳态下，一定处于阻断状态；在正向工作时，可能处于导通状态（通态），也可能处于阻断状态（断态）。

1. 电压定额

（1）断态重复峰值电压 U_{DRM} 是在门极断路而结温为额定值时，允许重复加在器件上的正向峰值电压。国标规定重复频率为 50Hz，每次持续时间不超过 10ms。规定断态重复峰值电压 U_{DRM} 为断态不重复峰值电压（即断态最大瞬时电压）U_{DSM} 的 90%。断态不重复峰值电压应低于正向转折电压 U_{bo}，所留裕量大小由厂家自行规定。

（2）反向重复峰值电压 U_{RRM} 是在门极断路而结温为额定值时，允许重复加在器件上的反向峰值电压。规定反向重复峰值电压 U_{RRM} 为反向不重复峰值电压（即反向最大瞬时电压）U_{RSM} 的 90%。反向不重复峰值电压应低于反向击穿电压，所留裕量大小由厂家自行规定。

（3）通态（峰值）电压 U_{TM} 是指晶闸管通以某一规定倍数的额定通态平均电流时的瞬态峰值电压。

通常取晶闸管的 U_{DRM} 和 U_{RRM} 中较小的标值作为该器件的额定电压。选用时，额定电压要留有一定裕量，一般取额定电压为正常工作时晶闸管所承受峰值电压的 2~3 倍。

2. 电流定额

（1）通态平均电流 $I_{T(AV)}$ 也称额定电流，是指晶闸管在环境温度为 40℃ 和规定的冷却状态下，稳定结温不超过额定结温时所允许流过的最大工频正弦半波电流的平均值。

决定晶闸管允许电流大小的是管芯的结温，而结温的高低是由允许的发热条件决定的，造成晶闸管发热的原因是损耗，影响晶闸管发热的条件主要有散热器尺寸、器件与散热器的接触情况、采用的冷却方式（自然冷、风冷、水冷等）以及环境温度等，晶闸管发热和冷却的条件不同，其允许通过的通态平均电流值也不一样。从管芯发热的角度看，表征热效应的电流应以有效值表示，不论流经晶闸管的电流波形如何，只要电流的有效值相等，其发热就是相同和等效的。因此，只要流过晶闸管的任意波形电流的有效值等于该器件通态平均电流（即额定电流）的有效值，则管芯的发热一样，其通过的电流就是允许的。在实际电路中，流过晶闸管的波形可能是任意的非正弦波形，应按实际电流与通态平均电流有效值相等的原则来选取晶闸管，并留一定的裕量，一般取 1.5~2 倍。

当流过晶闸管的电流为任意的非正弦半波电流时，将非正弦半波电流的有效值 I_T' 或平均值 I_d' 折合成等效的正弦半波电流平均值去选择晶闸管的额定值。设 K_f' 为非正弦半波的波形系数，则有

$$I_T' = K_f' I_d' = 1.57 I_{T(AV)} \tag{1-5}$$

$$I_{T(AV)} = \frac{K'_f I'_d}{1.57} = \frac{I'_T}{1.57} \tag{1-6}$$

实际选用时，一般取 1.5~2 倍的安全裕量，则有

$$I_{T(AV)} = (1.5 \sim 2)\frac{K'_f I'_d}{1.57} = (1.5 \sim 2)\frac{I'_T}{1.57} \tag{1-7}$$

当给定晶闸管的额定电流 $I_{T(AV)}$ 后，流过该晶闸管任意波形允许的电流平均值为

$$I'_d = \frac{1.57 I_{T(AV)}}{(1.5 \sim 2)K'_f} \tag{1-8}$$

（2）维持电流 I_H　使晶闸管维持导通所必需的最小电流，一般为几十到几百毫安，与结温有关，结温越高，则 I_H 越小。

（3）擎住电流 I_L　晶闸管刚从断态转入通态并移除触发信号后，能维持导通所需的最小电流，对同一晶闸管来说，通常 I_L 约为 I_H 的 2 ~ 4 倍。

（4）浪涌电流 I_{TSM}　指由于电路异常情况引起的并使结温超过额定结温的不重复性最大正向过载电流。

3. 动态参数

（1）断态电压临界上升率 du/dt　指在额定结温和门极开路的情况下，不导致晶闸管从断态到通态转换的外加电压最大上升率，如果电压上升率过大，使充电电流足够大，就会使晶闸管误导通。

（2）通态电流临界上升率 di/dt　指在规定条件下，晶闸管能承受而无有害影响的最大通态电流上升率，如果电流上升太快，则晶闸管刚一导通，便会有很大的电流集中在门极附近的小区域内，从而造成局部过热而使晶闸管损坏。

1.4　典型的全控型器件

在晶闸管问世后不久，门极关断晶闸管就已经出现。20 世纪 80 年代以来，信息电子技术与电力电子技术在各自发展的基础上相结合而产生了新一代高频化、全控型、采用集成电路制造工艺的电力电子器件，从而将电力电子技术又带入了一个崭新时代。门极关断晶闸管、功率晶体管、功率场效应晶体管和绝缘栅双极晶体管就是全控型电力电子器件的典型代表。目前门极关断晶闸管和功率晶体管已逐步被性能更优越的功率场效应晶体管和绝缘栅双极晶体管所取代。本节主要介绍目前广泛使用的功率场效应晶体管和绝缘栅双极晶体管。

1.4.1　功率场效应晶体管

功率场效应晶体管简称功率 MOSFET 或更精练地简称 MOS 管。功率 MOSFET 是用栅极电压来控制漏极电流，因此它的一个显著特点是驱动电路简单，需要的驱动功率小；第二个显著特点是开关速度快，工作频率高；但功率 MOSFET 电流容量相对较小，耐压较低，多用于功率不超过 10kW 的电力电子装置。

1. 功率 MOSFET 的结构和类型

功率 MOSFET 按导电沟道可分为 P 沟道和 N 沟道。当栅极电压为零时漏源极之间就存在导电沟道的称为耗尽型；对于 N（P）沟道器件，栅极电压大于（小于）零时才存在导电沟道的称为增强型。功率 MOSFET 的内部结构断面示意图、电气图形符号及实物图如图 1-11 所示。在功率 MOSFET 应用中以 N 沟道增强型为主，本节主要介绍 N 沟道增强型功率 MOSFET。

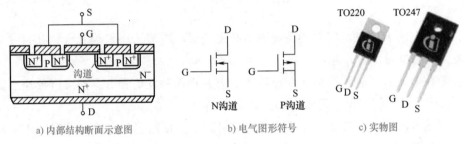

| a) 内部结构断面示意图 | b) 电气图形符号 | c) 实物图 |

图 1-11　功率 MOSFET 的内部结构断面示意图、电气图形符号及实物图

增强型功率 MOSFET 有三个极：G（栅极）、D（漏极）和 S（源极），对于 N 沟道功率 MOSFET，如果在栅极与源极之间加一正电压 U_{GS}，当 U_{GS} 电压大于功率 MOSFET 的开启电压（也称为阈值电压或门槛电压）U_T（或 U_{TH}）时，漏极和源极开始导电，U_{GS} 超过 U_T 越多，导电能力越强，漏极电流 I_D 越大，业界通常将 U_{GS} 的幅值选取为 10～15V。

2. 功率 MOSFET 的基本特性

（1）静态特性　漏极电流 I_D 和栅源极间电压 U_{GS} 的关系称为功率 MOSFET 的转移特性，如图 1-12a 所示，I_D 较大时，I_D 与 U_{GS} 的关系近似线性。图 1-12b 为功率 MOSFET 的漏极伏安特性，即输出特性。从图中同样可以看到我们熟悉的截止区（对应于 GTR 的截止区）、饱和区（对应于 GTR 的放大区）和非饱和区（对应于 GTR 的饱和区）三个区域。这里饱和及非饱和的概念与 GTR 不同，饱和是指漏源极间电压增加时漏极电流不再增加，非饱和是指漏源极间电压增加时漏极电流相应增加。功率 MOSFET 工作在开关状态，即在截止区和非饱和区之间来回转换。

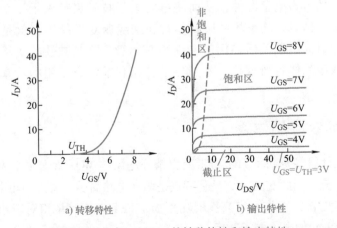

| a) 转移特性 | b) 输出特性 |

图 1-12　功率 MOSFET 的转移特性和输出特性

（2）等效电路模型及动态特性　从功率 MOSFET 的等效电路模型（如图 1-13 所示）可以看出，每两个极之间存在着结电容，而且漏源极间有个反并的寄生二极管，称为体二极管，由于体二极管的存在，使得在漏源极间加反向电压时器件导通，使用时应注意这个寄生二极管的影响。

这里以感性开关模型 Boost 电路（如图 1-14 所示）为例来分析功率 MOSFET 的导通和关断过程，电感用直流电流源表示，在较短的开关周期内电感电流可以认为保持恒定，二极管在功率 MOSFET 关断期间为电流提供通路并将功率 MOSFET 的漏极电压钳位到输出电压。

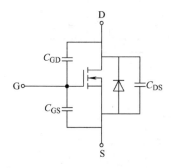
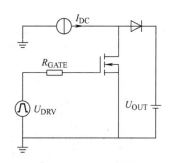

图 1-13　功率 MOSFET 的等效电路模型　　　　图 1-14　Boost 电路模型

图 1-15a 中，R_{HI} 为驱动电路输出电阻，R_{GI} 为 MOSFET 栅极内阻。如图 1-15b 所示，功率 MOSFET 导通过程分为 4 个阶段。

1）栅源极间电压从 0V 上升到门槛电压 U_{TH}，绝大部分栅极电流用于给 C_{GS} 充电，功率 MOSFET 漏极电流和漏极电压保持不变。

2）一旦栅源极间电压达到 U_{TH}，功率 MOSFET 开始承载电流，该阶段 U_{GS} 电压从 U_{TH} 上升到密勒平台电压 $U_{GS,Miller}$，功率 MOSFET 工作于线性区，漏极电流和栅源极间电压成比例上升，栅极电流流过 C_{GS} 和 C_{GD}，漏源极间电压保持输出电压不变。

3）栅源极间电压已经上升到足够高（$U_{GS,Miller}$），使功率 MOSFET 能够承载全部负载电流而二极管电流下降到零，驱动电路提供的所有栅极电流用于给 C_{GD} 放电使漏源极间电压迅速下降而栅源极间电压维持不变（形成密勒平台）。

4）该阶段 U_{GS} 从 $U_{GS,Miller}$ 上升到最终的驱动电压，使功率 MOSFET 进入深度饱和，U_{GS} 电压的最终幅值决定了最终的通态电阻；栅极电流用于给 C_{GS} 和 C_{GD} 充电，漏极电流不变，随着 U_{GS} 上升，饱和深度增加而导通电阻减小，所以漏源极间电压略有降低。

关断过程也分为 4 个阶段（见图 1-16）：

1）关断延迟：输入电容 C_{ISS}（$C_{ISS} = C_{GS} + C_{GD}$）放电，栅源极间电压从初始电压下降到密勒平台电压，栅极电流由 C_{ISS} 电容自身提供，电流流经 C_{GS} 和 C_{GD}，由于饱和深度变浅（MOSFET 导通电阻 $R_{DS(ON)}$ 增加）使得漏源极间电压略有增加，漏极电流维持不变。

2）栅源极间电压维持在密勒平台电压不变，漏源极间电压从饱和压降（$I_D \times R_{DS(ON)}$）上升到最终的断态电压（输出直流电压），由于栅源极间电压维持不变，栅极电流实际是在给 C_{GD} 电容充电。

3）漏源极间电压上升到输出直流电压后，续流二极管开始导通，使功率 MOSFET 电流能够减小，栅源极间电压从密勒平台电压 $U_{GS,Miller}$ 下降到门槛电压 U_{TH}，大部分栅极电流由

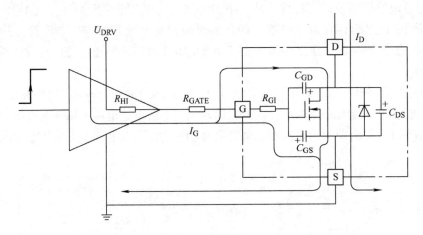

a) 电路状态

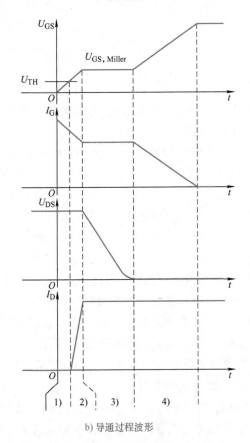

b) 导通过程波形

图 1-15 功率 MOSFET 导通过程

C_{GS} 流出，功率 MOSFET 处于线性工作区，随着栅源极间电压的下降，漏极电流也相应下降到零。

4）功率 MOSFET 的栅极输入电容完全放电，U_{GS} 进一步下降到零，大部分栅极电流由 C_{GS} 流出，漏极电流维持为零，漏源极间电压维持为输出直流电压不变。

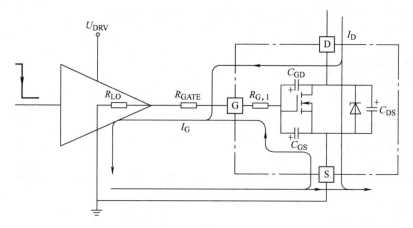

a) 电路状态

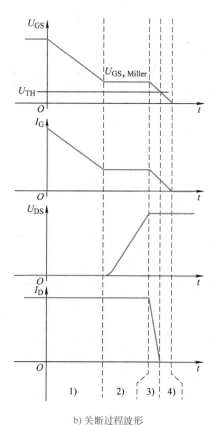

b) 关断过程波形

图 1-16　功率 MOSFET 关断过程

3. 功率 MOSFET 的主要参数

这里以 Infineon 公司 CoolMOS 系列 IPP60R099P6 为例介绍功率 MOSFET 在实际使用中需要关注的主要参数。IPP60R099P6 的参数及特性见表 1-1 ~ 表 1-6。

（1）漏-源击穿电压　这是标称 MOSFET 电压定额的参数，从表 1-3 中可以看出，该款 MOSFET 的额定电压为 600V，如果漏源极间电压超过此值（包括瞬态电压尖峰），则 MOSFET 可能击穿损坏。

表 1-1　IPP60R099P6 的关键性能参数

参　　数	数　　值	单　　位
漏-源击穿电压	650	V
漏源导通电阻最大值	0.099	Ω
栅极电荷典型值	119	nC
脉冲漏极电流	112	A
输出电容存储能量（400V）	9.3	μJ
体二极管电流变化率	300	A/μs

表 1-2　IPP60R099P6 的极限工作参数

参数	符号	数值			单位	注/测试条件
		最小	典型	最大		
连续漏极电流	I_D	—	—	37.9	A	T_C=25℃
				24		T_C=100℃
脉冲漏极电流	$I_{D.pulse}$	—	—	112	A	T_C=25℃
单脉冲雪崩能量	E_{AS}	—	—	796	mJ	I_D=6.6A，U_{DD}=50V
重复脉冲雪崩能量	E_{AR}	—	—	1.2		I_D=6.6A，U_{DD}=50V
重复脉冲雪崩电流	I_{AR}	—	—	6.6	A	
电压变化率耐受能力	dU/dt	—	—	50	V/ms	U_{DS}=0～480V
栅源电压	U_{GS}	−20	—	20	V	静态
		−30	—	30		AC(f＞1Hz)
功耗TO-220，TO-247，TO-263封装	P_{tot}	—	—	278	W	T_C=25℃
功耗TO-220 FullPAK封装	P_{tot}	—	—	35		
工作和储存温度	T_j，T_{stg}	−55	—	150	℃	

表 1-3　IPP60R099P6 的静态特性

参数	符号	数值			单位	注/测试条件
		最小	典型	最大		
漏-源击穿电压	$U_{(BR)DSS}$	600	—	—	V	U_{GS}=0V，I_D=0.25mA
栅极门槛电压	$U_{GS(th)}$	2.5	3	3.5		U_{DS}=U_{GS}，I_D=1.21mA
零栅压漏极电流	I_{DSS}	—	—	5	μA	U_{DS}=600V，U_{GS}=0V，T_J=25℃
		—	50	—		U_{DS}=600V，U_{GS}=0V，T_J=150℃
栅-源极漏电流	I_{GSS}	—	—	100	nA	U_{GS}=20V，U_{DS}=0V
漏源导通电阻	$R_{DS(ON)}$	—	0.09	0.099	Ω	U_{GS}=10V，I_D=18.1A，T_J=25℃
		—	0.23	—		U_{GS}=10V，I_D=18.1A，T_J=150℃
栅极电阻	R_G	—	1.6	—	Ω	f=1MHz，open drain

表1-4 IPP60R099P6 的动态特性

参 数	符号	数 值			单位	注/测试条件
		最小	典型	最大		
输入电容	C_{ISS}	—	2660	—		$U_{GS} = 0V$, $U_{DS} = 100V$,
输出电容	C_{OSS}	—	154	—		$f = 1MHz$
能量相关有效输出电容	$C_{o(er)}$	—	100	—	pF	$U_{GS} = 0V$, $U_{DS} = 0 \sim 480V$
时间相关有效输出电容	$C_{o(tr)}$	—	500	—		$I_D = constant$, $U_{GS} = 0V$, $V_{DS} = 0 \sim 480V$
开通延迟时间	$t_{d(on)}$	—	15	—		
上升时间	t_r	—	12	—	ns	$U_{DD} = 400V$, $U_{GS} = 13V$, $I_D = 18.1A$, $R_G = 1.7\Omega$
关断延迟时间	$t_{d(off)}$	—	75	—		
下降时间	t_f	—	6	—		

表1-5 IPP60R099P6 的栅极电荷特性

参 数	符 号	数 值			单位	注/测试条件
		最小值	典型值	最大值		
栅源电荷	Q_{gs}	—	14	—		
栅漏电荷	Q_{gd}	—	61	—	nC	$U_{DD} = 480V$, $I_D = 18.1A$,
栅极总电荷	Q_g	—	(119)	—		$U_{GS} = 0 \sim 10V$
栅极平台电压	$U_{plateau}$	—	5.4	—	V	

表1-6 IPP60R099P6 体二极管特性

参 数	符 号	数 值			单位	注/测试条件
		最小值	典型值	最大值		
导通压降	U_{SD}	—	0.9	—	V	$U_{GS} = 0V$, $I_F = 18.1A$, $T_J = 25℃$
反向恢复时间	t_{rr}	—	(580)	—	ns	$U_R = 400V$, $I_F = 18.1A$, $di_F/dt = 100A/\mu s$
反向恢复电荷	Q_{rr}	—	13	—	μC	
峰值反向恢复电流	I_{rrm}	—	43	—	A	

注: I_F 为体二极管正向电流; U_R 为体二极管施加的反向电压。

（2）连续漏极电流 I_D 和脉冲漏极电流 $I_{D.pulse}$ 这是标称 MOSFET 电流定额的参数，从表1-2可以看出，该款 MOSFET 两个电流参数分别为：I_D 在壳温25℃和100℃时分别为37.9A 和24A，而 $I_{D.pulse}$ 在壳温25℃时为112A。

（3）栅源极间电压 U_{GS} 标称栅源极间耐压水平的参数，栅源极之间的绝缘层很薄，其正负电压幅值超过 ±20V、动态时超过 ±30V，将导致绝缘层击穿。

（4）极间电容 从 MOSFET 的等效电路模型可以看出，MOSFET 的三个电极之间分别存在极间电容 C_{GS}、C_{GD} 和 C_{DS}，一般厂家会提供漏源极短路时的输入电容 C_{ISS}、共源极输出电容 C_{OSS} 和反向转移电容 C_{RSS}。它们之间的关系是

$$C_{\mathrm{ISS}} = C_{\mathrm{GS}} + C_{\mathrm{GD}} \quad C_{\mathrm{RSS}} = C_{\mathrm{GD}} \quad C_{\mathrm{OSS}} = C_{\mathrm{DS}} + C_{\mathrm{GD}} \tag{1-9}$$

这些结电容的参数对 MOSFET 的特性有很大的影响，它们会直接影响到 MOSFET 的开关速度及开关过程漏源极间电压的变化速率。

（5）漏源导通电阻 $R_{\mathrm{DS(ON)}}$　　指 MOSFET 在导通状态下漏源极间的等效电阻。它的大小直接影响到 MOSFET 的导通损耗，而且漏源导通电阻是随着 MOSFET 温度的升高而增大的，也就是 MOSFET 的漏源导通电阻为正温度系数（如图 1-17 所示），该温度特性使 MOSFET 适合并联使用。

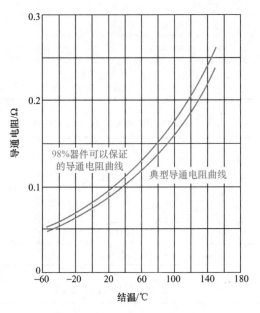

$R_{\mathrm{DS(ON)}}{=}f(T_{\mathrm{J}})$；$I_{\mathrm{D}}{=}18.1\mathrm{A}$；$U_{\mathrm{GS}}{=}10\mathrm{V}$

图 1-17　结温和漏源导通电阻的关系曲线

（6）体二极管的反向恢复特性　　体二极管的反向恢复特性对 MOSFET 的性能有很大影响，比如 Infineon 公司的体二极管具有快恢复特性的 MOS 管型号后会带有 CFD 标识（价格也比同等电压电流定额而体二极管为普通二极管特性的要高）。这个参数对桥式电路的可靠性有很大影响，一般桥式电路宜选用体二极管具有快恢复特性的 MOSFET。

漏源极间的耐压、漏极最大允许电流和最大耗散功率决定了功率 MOSFET 的安全工作区。一般来说，功率 MOSFET 不存在二次击穿问题，这是它的一大优点。在实际使用中，仍应注意留适当的裕量。

1.4.2　绝缘栅双极晶体管

GTR 和 GTO 晶闸管是双极型电流型驱动器件，通流能力很强，开关速度较低，所需驱动功率大，驱动电路复杂；而 MOSFET 是单极型电压驱动器件，开关速度快，输入阻抗高，热稳定性好，所需驱动功率小而且驱动电路简单。将这两类器件取长补短结合而成的复合器件通常称为 Bi - MOS 器件。绝缘栅双极晶体管（Insulated - Gate Bipolar Transistor，IGBT）

综合了 GTR 和 MOSFET 二者的优点，具有良好的特性，自 1986 年投入市场后，取代了 GTR 和 GTO 晶闸管的市场，成为中、大功率电力电子设备的主导器件，并在继续提高电压和电流容量。

1. IGBT 的结构和工作原理

IGBT 也是三端器件：栅极 G、集电极 C 和发射极 E，如图 1-18 所示。

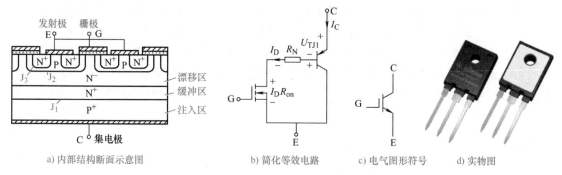

a) 内部结构断面示意图　　b) 简化等效电路　　c) 电气图形符号　　d) 实物图

图 1-18　IGBT 的内部结构断面示意图、简化等效电路、电气图形符号及实物图

由 IGBT 的简化等效电路可以看出，它是用双极型晶体管与 MOSFET 组成的达林顿结构，相当于一个由 MOSFET 驱动的厚基区 PNP 型晶体管。图中 R_N 为晶体管基区内的调制电阻。因此，IGBT 的驱动原理与 MOSFET 基本相同，是一种场控器件，两者的驱动电路基本可以互相替代使用。当 u_{GE} 为正且大于开启电压 $U_{GE(th)}$ 时，MOSFET 内形成沟道并为晶体管提供基极电流进而使 IGBT 导通。当栅极与发射极间施加反向电压或不加信号时，MOSFET 内的沟道消失，晶体管的基极电流被切断使得 IGBT 关断。

2. IGBT 的基本特性

（1）静态特性　IGBT 的转移特性描述的是 I_C 与 U_{GE} 间的关系，与 MOSFET 转移特性类似，如图 1-19a 所示。开启电压 $U_{GE(th)}$ 是 IGBT 能实现导通的最低栅射极间电压，$U_{GE(th)}$ 随温度升高而略有下降，在 25℃ 时，$U_{GE(th)}$ 的值一般为 2～6V。

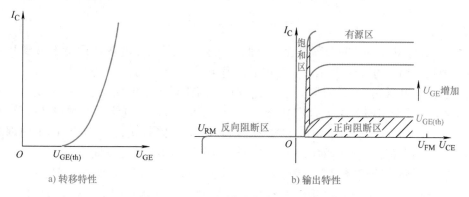

a) 转移特性　　　　　　　　b) 输出特性

图 1-19　IGBT 的转移特性和输出特性

图 1-19b 所示为 IGBT 的输出特性（伏安特性），描述的是以 U_{GE} 为参考变量时，I_C 与 U_{CE} 间的关系，分为三个区域：正向阻断区、有源区和饱和区，分别与 GTR 的截止区、放大

区和饱和区相对应。此外，当 $u_{CE} < 0$ 时，IGBT 为反向阻断工作状态。在电力电子电路中，IGBT 工作在开关状态，因而是在正向阻断区和饱和区之间来回转换。

（2）动态特性　IGBT 导通过程与 MOSFET 相似，因为导通过程中 IGBT 在大部分时间作为 MOSFET 运行。如图 1-20 所示，从驱动电压 u_{GE} 的前沿上升至其幅值 U_{GEM} 的 10% 的时刻，到集电极电流 i_C 上升至其幅值 I_{CM} 的 10% 的时刻，这段时间称为开通延迟时间 $t_{d(on)}$。而 i_C 从 $10\% I_{CM}$ 上升至 $90\% I_{CM}$ 所需时间为电流上升时间 t_{ri}。集射极间电压 u_{CE} 的下降过程分为 t_{fv1} 和 t_{fv2} 两段：t_{fv1} 为 IGBT 中 MOSFET 单独工作的电压下降过程，在该过程中栅射极间电压 u_{GE} 维持不变，即处在米勒平台；后者为 MOSFET 和 PNP 型晶体管同时工作的电压下降过程。由于 u_{CE} 下降时 IGBT 中 MOSFET 的栅漏电容增加，而且 IGBT 中的 PNP 型晶体管由放大状态转入饱和状态也需要一个过程，因此 t_{fv2} 段电压下降过程变缓。只有在 t_{fv2} 段结束时，IGBT 才完全进入饱和状态。同样，开通时间 t_{on} 可以定义为开通延迟时间与电流上升时间及电压下降时间之和。

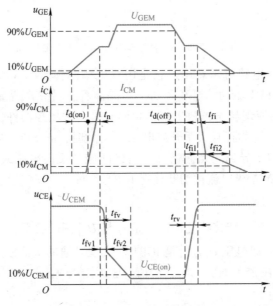

图 1-20　IGBT 的开关过程

IGBT 关断与 MOSFET 的关断过程也相似。从驱动电压 u_{GE} 的脉冲后沿下降到其幅值的 90% 的时刻起，到集射极间电压 u_{CE} 上升至幅值 10%，这段时间称为关断延迟时间 $t_{d(off)}$。随后是集射极间电压 u_{CE} 上升时间 t_{rv}，在这段时间内栅射极间电压 u_{GE} 维持不变。集电极电流从 $90\% I_{CM}$ 下降至 $10\% I_{CM}$ 的这段时间称为电流下降时间 t_{fi}。电流下降时间又可分为 t_{fi1} 和 t_{fi2} 两段。t_{fi1} 对应 IGBT 内部的 MOSFET 的关断过程，i_C 下降较快；t_{fi2} 对应 IGBT 内部的 PNP 型晶体管的关断过程，这段时间内 MOSFET 已经关断，IGBT 又无反向电压，所以 N 型基区内的少子复合缓慢，造成 i_C 下降较慢。t_{fi2} 对应的集电极电流被形象地称为拖尾电流（Tailing Current）。由于此时集射极间电压已经建立，较长的电流下降时间会产生较大的关断损耗。关断延迟时间、电压上升时间与电流下降时间之和为关断时间 t_{off}。正是由于 IGBT 关断时的电流拖尾现象，增大了关断损耗并减慢了其关断速度，从而限制了其开关频率，实际应用中 IGBT 的开关频率通常取 100kHz 以下（几十 kHz）。

3. IGBT 的主要参数

除了前面提到的各参数外，IGBT 的主要参数还包括：

（1）最大集射极间电压 U_{CES}　这是由内部 PNP 型晶体管所能承受的击穿电压确定的。

（2）最大集电极电流　包括额定直流电流 I_C 和 1ms 脉宽最大电流 I_{CP}。

（3）最大集电极功耗 P_{CM}　正常工作温度下允许的最大功耗。

IGBT 的特性和参数特点可以总结如下：

1）开关速度高，开关损耗小。在电压 1000V 以上时，开关损耗只有 GTR 的 1/10，与功率 MOSFET 相当。

2）相同电压和电流定额时，安全工作区比 GTR 大，且具有耐脉冲电流冲击能力。

3）高压时通态压降比 MOSFET 低，特别是在电流较大的区域。

4）输入阻抗高，输入特性与 MOSFET 类似。

5）与 MOSFET 和 GTR 相比，耐压和通流能力还可以进一步提高，同时可保持开关频率较高的特点。

4. IGBT 的擎住效应和安全工作区

从图 1-18 的 IGBT 结构可以看出，在 IGBT 内部寄生着一个 N^-PN^+ 型晶体管和作为主开关器件的 P^+N^-P 型晶体管组成的寄生晶闸管。其中 N^-PN^+ 型晶体管的基极与发射极之间存在体区短路电阻，P 形体区的横向空穴电流会在该电阻上产生电压降，相当于对 J_3 结施加一个正偏压，一旦 J_3 导通，栅极就会失去对集电极电流的控制作用，导致集电极电流增大，造成器件功耗过高而损坏。这种电流失控的现象，就像普通晶闸管被触发以后，即使撤销触发信号晶闸管仍然维持导通的机理一样，因此被称为擎住效应或自锁效应。引发擎住效应的原因，可能是集电极电流过大，也可能是 du_{CE}/dt 过大，温度升高也会加重发生擎住效应的危险。

根据最大集电极电流、最大集射极间电压和最大集电极功耗可以确定 IGBT 在导通工作状态的参数极限范围，即正向偏置安全工作区；根据最大集电极电流、最大集射极间电压和最大允许电压上升率 du_{CE}/dt，可以确定 IGBT 在阻断工作状态下的参数极限范围，即反向偏置安全工作区。

擎住效应曾经是限制 IGBT 电流容量进一步提高的主要因素之一，但经过多年的努力，自 20 世纪 90 年代中后期开始，这个问题已得到很好的解决。

此外，为满足实际电路的要求，IGBT 往往与反并联的快速二极管封装在一起，制成模块，成为逆导器件，选用时应加以注意。

1.5　电力电子器件的驱动

电力电子技术是采用电力电子器件构成特定的功率电路拓扑进行电能变换的技术，不同的功率电路拓扑中，通过控制电路以一定规律控制电力电子器件的导通与关断从而完成特定的电能变换功能（见图 1-1），电力电子器件的驱动电路则是主电路与控制电路之间的接口。驱动电路的基本任务及要求如下：

1）使电力电子器件工作在较理想的开关状态，缩短开关时间，减小开关损耗，对装置的运行效率、可靠性和安全性都有重要的意义。

2）对器件或整个装置的一些保护措施也往往设在驱动电路中，或通过驱动电路实现。

3）将信息电子电路（控制芯片等）传来的信号按控制目标的要求，转换为加在电力电子器件控制端和公共端之间使其导通或关断的信号。

4）对半控型器件，只需提供导通控制信号。

5）对全控型器件，既要提供导通控制信号，又要提供关断控制信号。

6）驱动电路还要提供控制电路与主电路之间的电气隔离环节，通常采用光隔离（光耦）或磁隔离（驱动变压器）。

1.5.1　晶闸管驱动

对于使用晶闸管的电路，在晶闸管阳极加正向电压后，还必须在其门极与阴极之间加上触发电压，晶闸管才能从阻断变为导通，习惯上称为触发控制，提供这个触发电压的电路称为晶闸管的触发电路，它决定每个晶闸管的触发导通时刻，是晶闸管装置中不可缺少的重要组成部分。控制电路和主电路的隔离通常是必要的，隔离可由变压器或光耦实现。

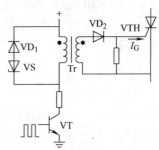

基于脉冲变压器和晶体管放大器的驱动电路如图 1-21 所示，当控制系统发出的高电平驱动信号加至晶体管放大器后，变压器 Tr 输出电压经 VD$_2$ 输出脉冲电流 I_G 触发 VTH 导通。当控制系统发出的驱动信号为零后，VD$_1$、VS 续流，变压器励磁电感复位防止变压器饱和。

图 1-21　晶闸管的驱动电路

1.5.2　功率 MOSFET 和 IGBT 的驱动

功率 MOSFET 和 IGBT 是电压驱动型器件，由于其结电容的存在，开关过程中结电容有个充放电的过程而影响到其开关速度。对驱动电路的要求如下：

1）为快速建立驱动电压，要求驱动电路具有较小的输出电阻。

2）使功率 MOSFET 或 IGBT 导通的驱动电压幅值一般取 10 ~ 15V。

3）关断时必要情况下可施加一定幅值的负驱动电压（一般取 – 15 ~ – 5V），有利于减小关断时间和关断损耗。

4）在栅极串入一只低值电阻（数十欧左右）可以减小寄生振荡。

功率 MOSFET 和 IGBT 的驱动电路基本相同，大多情况下两者可以相互替代，这里以功率 MOSFET 驱动电路为例对业界目前常用的驱动电路进行分析。

1. 以地为参考电平的门极驱动电路

（1）PWM 控制器直接驱动　如图 1-22 所示，用 PWM 控制器直接驱动 MOS 管，应用中应注意：PWM 控制器或许离 MOS 管比较远，将在布局走线中引入杂散电感，杂散电感减慢了开关速度，欠阻尼时会导致驱动波形出现振荡，布局应尽量使 PWM 控制器靠近 MOS 管且加宽驱动电路的 PCB 走线；PWM 控制器的峰值电流驱动能力有限，功耗问题需要关注，尤其在频率较高的情况下；旁路电容需就近跨接在驱动器的电源引脚和地引脚之间，通常取值 0.1 ~ 1μF；在 NPN 型晶体管双极性输出级情况下，外并肖特基二极管为反向谐振电流（寄生电感和 MOS 管结电容的振荡电流）提供通路以保护输出级。

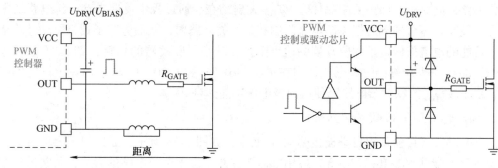

图 1-22 PWM 控制器直接驱动

（2）双极性图腾柱驱动器 如图 1-23 所示，该驱动电路特点：增强了峰值电流驱动能力，解决了 PWM 控制器直接驱动时的功耗问题；紧靠 MOS 管放置，减小了驱动环路面积和杂散电感；分立的驱动电路需要独立的旁路电容放置在图示位置，为提高噪声抑制能力，两个旁路电容之间需串平波电阻 R 或者电感；两个 PN 结互相保护可防止反向击穿。

（3）加速（关断）电路 通常驱动加速电路是指关断加速，因为 MOS 管的导通过程通常伴随续流二极管的关断过程（如 Boost 电路），MOS 管的导通速度受限于二极管的反向恢复特性，与驱动电路本身的驱动能力关系不大。

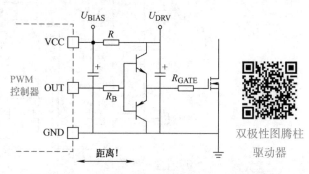

图 1-23 双极性图腾柱驱动器

双极性图腾柱驱动器

MOS 管的关断速度取决于栅极驱动电路，关断时从 MOS 管栅极流出的电流越大，栅极输入电容放电越快，开关时间越短，开关损耗越低；更大的放电电流可以通过减小放电回路的阻抗或者关断时在栅极施加负压得到。但同时应注意：越快的关断速度伴随 MOS 管呈现越高的 di/dt 和 du/dt，加速（关断）电路有可能增加波形的振荡，带来电应力超标和 EMI 等问题。下面介绍两种简单常用的加速（关断）电路。

图 1-24a 所示为反并联二极管关断电路，R_{GATE} 的大小调节导通速度；VD_{OFF} 在关断栅极放电电流较大（$I_G > U_{D.FWD}/R_{GATE}$，$U_{D.FWD}$ 为二极管正向压降）时起作用，减小了关断时间，并改善了 du/dt 抗扰性；但栅极放电电流仍然必须流过驱动器的输出阻抗。

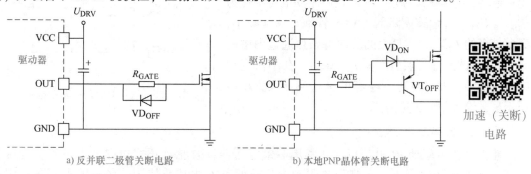

加速（关断）
电路

a) 反并联二极管关断电路　　　　b) 本地PNP晶体管关断电路

图 1-24 加速（关断）电路

图 1-24b 所示为本地 PNP 型晶体管关断电路，R_{GATE} 可以调节导通速度，VD_{ON} 为导通电流提供通路，同时钳位保护关断晶体管 VT_{OFF} 发射结在导通过程中反向击穿。该电路最主要的优点是关断晶体管的导通把关断电流限制在最小的环路内，从而旁路了栅极驱动环路杂散电感、可能的电流采样电阻和驱动器的输出阻抗，减小了驱动器的功耗；VT_{OFF} 不会进入饱和状态，能够快速开关；门极电压被钳在 $U_{DRV} + 0.7V$ 和 $GND - 0.7V$，消除了过电压应力风险；由于 VT_{OFF} 的发射结电压降使得门极电压不能达到 0V。

2. 高压侧非隔离门级驱动电路

这种驱动方式目前常用自举栅极驱动 IC 实现，如图 1-25 所示，通常用于驱动桥式电路桥臂上下管，常见的如 IR21814 等。应用中需要注意：由于杂散电感的影响，关断过程中高压侧 MOS 管源极 VS（桥臂上下管的中点电位）对 COM 可能出现负压，导致驱动 IC 进入锁定状态；负载动态时，防止自举电容电压降低到触发欠电压锁定保护；注意控制地和功率地分离；布局中尽量减小栅极的高峰值电流环路和自举电路的高峰值电流环路。

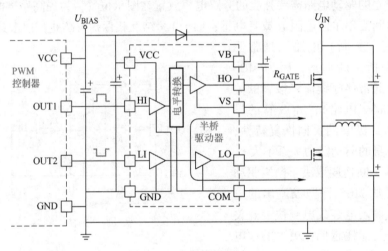

图 1-25　自举栅极驱动 IC

3. 容性耦合门极驱动电路

如图 1-26 所示，C_C 在关断时为栅极提供负向驱动电压 $-U_{CL}$，提高了关断速度，改善了 MOS 管的 du/dt 抗扰性，降低了高频开关应用中受干扰误导通的可能性；电容 C_C 的分压导致正向驱动电压降低为 $U_{DRV} - U_{CL}$，导通速度降低，MOS 管饱和深度减小，导致更高的 $R_{DS(ON)}$；最大的负向电压可通过图中的齐纳二极管钳位限制；$U_C = U_{DRV} \times D$，在小占空比时负压过小，大占空比下电容电压过高导致驱动电压不足，设计中要折中考虑。

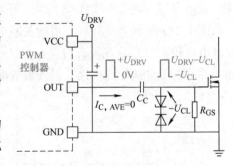

图 1-26　容性耦合门极驱动电路

4. 变压器耦合驱动

在自举栅极驱动 IC 出现以前，常用驱动变压器耦合驱动桥式电路的上下管，变压器耦合驱动也常见于一、二次侧隔离驱动，目前两种方式都有使用，各有特点：自举栅极驱动 IC 驱动简单，但存在开关延迟的问题，不能单独进行一、二次侧隔离驱动；变压器耦合驱动可以忽略开关延迟的问题，但电路器件和设计略显复杂，一、二次侧隔离驱动最常用。

（1）单端变压器驱动电路　如图 1-27 所示，该电路常用于单输出 PWM 控制器驱动不共地的高端 MOSFET（如 Buck 电路中的开关管），和一次绕组串联的耦合电容在 MOS 管关断时为励磁电感提供复位电压；占空比的突变对励磁电感和耦合电容 C_C 组成的 LC 谐振槽是一个动态激励，通常情况下，和电容串联的小阻值电阻 R_C 可以衰减这个振荡。

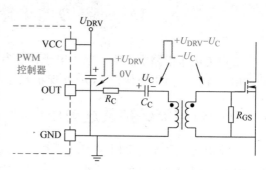

图 1-27　单端变压器驱动电路

（2）双端变压器驱动电路　图 1-28 为半桥或全桥功率变换电路拓扑中常用的双端变压器驱动电路。图 1-28a 所示为常见的半桥电路上下管变压器驱动电路，解决了上 MOS 管的源极电压与电路公共端（GND）不共地的问题，确保其 GS 端正常的驱动电压。图 1-28b 为全桥电路上下管变压器驱动电路，驱动变压器二次侧通常需要加本地关断电路，尤其在高频

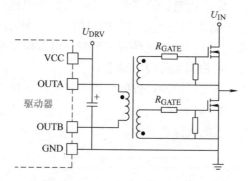

a) 半桥电路上下管变压器驱动电路

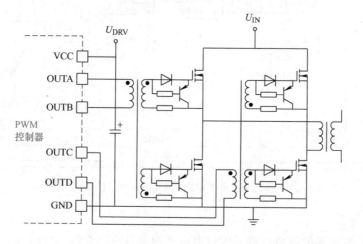

双端变压器
驱动电路

b) 全桥电路上下管变压器驱动电路

图 1-28　双端变压器驱动电路

应用中，由于驱动变压器的漏感对快速变化的驱动信号呈现高阻抗，本地关断电路可以提高关断速度、减少关断损耗和提高 du/dt 抗扰性。

1.6 电力电子器件及装置的保护

在电力电子电路中，除了电力电子器件参数选择合适，驱动电路设计良好外，采用合适的过电压保护、过电流保护、du/dt 保护和 di/dt 保护也是必要的。

1.6.1 过电流保护及过电压保护

通常电力电子系统同时采用电子电路、快速熔断器、断路器等几种过电流保护及过电压保护措施，以提高保护的可靠性和合理性。这里以图 1-29 所示通信电源系统为例说明电力电子系统中常用的过电流保护及过电压保护方案。

1. 过电流保护

过电流包括输出过载、短路及电路工作状态异常出现的开关管误导通引起的电路短路等情况，图 1-29 中过电流保护措施包括：

1）基于电子电路的第一保护措施：检测开关管电流，当电流达到设定保护值时，封锁开关管驱动脉冲达到保护开关管避免过电流损坏的目的；对于输出短路及过载，通过检测输出电流反馈至控制电路（芯片），当输出短路或过载时，电源模块输出进入间歇输出的"打嗝"模式(或直接关闭输出，可根据实际要求确定)。

2）快速熔断器作为电子电路保护的后备保护和电子电路无法保护的电路区段异常（如整流桥损坏导致的短路）时的过电流保护。

3）断路器作为系统级的过电流保护措施。

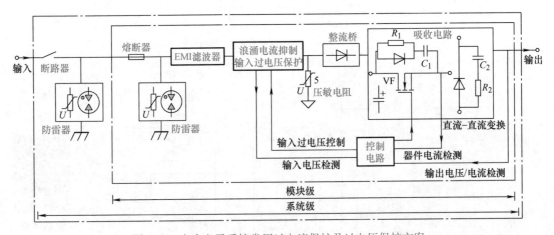

图 1-29　电力电子系统常用过电流保护及过电压保护方案

2. 过电压保护

电力电子装置可能的过电压有外因过电压和内因过电压两种。外因过电压主要来自雷击和系统中的操作过程（由合闸或分闸操作过程引起）等。内因过电压主要来自电力电子装置内部器件的开关过程，其中包括：

（1）换相过电压　晶闸管或与全控型器件反向并联的续流二极管在换相结束后不能立刻恢复阻断，因而有较大的反向电流流过，当恢复阻断能力时，该反向电流急剧减小，会由线路电感在器件两端感应出过电压。

（2）关断过电压　全控型器件关断时，正向电流迅速降低而由线路电感在器件两端感应出的过电压。

对于外因过电压，电力电子系统通常在其系统配电柜进线处设置防雷器，同时在每个模块内部设置有防雷电路，通过防雷电路的压敏电阻将进入模块后级的电压等级限制在一定范围（残压），同时通过放电管泄放雷电流。

对于内因过电压，通常采取 *RCD* 或 *RC* 吸收电路（缓冲电路），以限制电力电子器件在关断过程中的 du/dt，吸收电压尖峰并减小器件的开关损耗。几种常用的缓冲电路如图 1-30 所示。

开关关断时 du/dt 很大，并出现很高的过电压，缓冲电路的作用是吸收器件的关断过电压，抑制 du/dt，减小关断损耗，电路基本原理是：在开关关断时，IGBT 的 C 极（或 MOS-FET 的 D 极）电压快速上升，通过 *RCD* 电路的 VD 或者 *RC* 电路的 *R* 给电容充电，由于电容电压不能突变，从而限制关断时 C 极（D 极）电压上升速率而减小电压尖峰。器件开通时，电容 *C* 上的电荷通过电阻 *R* 放电，为下一次关断做准备。图 1-31 为有/无缓冲电路的开关电压波形。

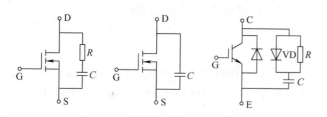

图 1-30　几种常用的缓冲电路

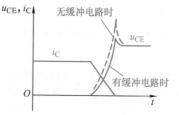

图 1-31　有/无缓冲电路的
开关电压波形对比

1.6.2　过热保护

由于电力电子器件在工作过程中存在开关损耗和导通损耗，所以其温度会上升，但是功率半导体器件均有其安全工作区所允许的工作温度（结温），在任何情况下都不允许超过其规定值。为此，必须要对其进行散热。一般有以下三种散热方式：

1）自然散热，只适用于小功率应用场合。

2）风扇散热，适用于中等功率应用场合。

3）水冷散热，适用于大功率应用场合，例如大功率 IGBT 和晶闸管等应用电路。

通常电力电子器件需要加装散热器散热以降低其工作温度，同时大功率电力电子装置大多配置有风扇以辅助散热，除此之外，可以在开关管表面或者散热器上加装温度传感器（如热敏电阻）以检测器件壳温，当达到设定的保护温度时控制电路封锁其驱动脉冲以保护开关管发生热击穿失效。

1.7　电力电子器件的串并联使用

对大功率的电力电子装置，当单个电力电子器件的电压或电流定额不能满足要求时，往往需要将电力电子器件串联或并联起来工作。

1.7.1　晶闸管的串并联使用

1. 晶闸管的串联

当晶闸管额定电压小于要求时，可以用两个以上同型号器件相串联，理想串联情况希望器件分压相等，但因特性分散性，使器件实际电压分配不均匀。串联的器件流过的漏电流总是相同的，但由于静态伏安特性的分散性，各器件所承受的电压是不等的。如图 1-32a 所示，两个晶闸管串联，在同一漏电流 I_R 下所承受的正向电压是不同的。若外加电压继续升高，则承受电压高的器件将首先达到转折电压而导通，使另一个器件承受全部电压也导通，两个器件都失去控制作用。同理，反向时，因伏安特性不同而不均压，可能使得其中一个器件先反向击穿，另一个随之击穿。这种由于器件静态特性不同而造成的均压问题称为静态不均压问题。

为达到静态均压，首先应选用参数和特性尽量一致的器件，此外可以采用电阻均压，如图 1-32b 中的 R_P。R_P 的电阻值应比任何一个器件阻断时的正、反向电阻小得多，这样才能使每个晶闸管分担的电压取决于均压电阻的分压。

类似的，由于器件动态参数和特性的差异造成的不均压问题称为动态不均压问题。为达到动态均压，同样首先应选择动态参数和特性尽量一致的器件，另外，还可以用 RC 并联支路作动态均压，如图 1-32b 所示。对于晶闸管来讲，采用门极强脉冲触发可以显著减小器件导通时间上的差异。

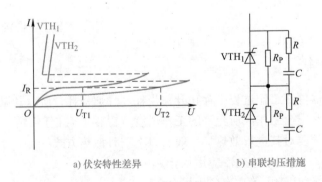

a) 伏安特性差异　　　　　b) 串联均压措施

图 1-32　晶闸管的串联

2. 晶闸管的并联

大功率晶闸管装置中，常用多个器件并联来承担较大的电流。同样，晶闸管并联就会分别因静态和动态特性参数的差异而存在电流分配不均匀的问题。均流不佳，有的器件电流不足，有的过载，有碍提高整个装置的输出，甚至造成器件和装置损坏。

均流的首要措施是挑选特性参数尽量一致的器件，此外还可以采用均流电抗器。同样，用门极强脉冲触发也有助于动态均流。

当需要同时串联和并联使用晶闸管时，通常采用先串后并的方法连接。

1.7.2　功率 MOSFET 和 IGBT 的并联

功率 MOSFET 的通态电阻具有正温度系数，并联运行时具有电流自动均衡能力，因而并联使用比较容易，但通常只能是同一厂家同一型号的管子并联使用，同时要保证并联使用的 MOSFET 及其驱动电路的走线和布局应尽量做到对称，散热条件也要尽量一致。

IGBT 的通态压降一般在 1/2～1/3 额定电流以下的区段具有负的温度系数，在以上的区段则具有正温度系数，因而在并联使用时也具有一定的电流自动均衡能力，易于并联使用。当然，不同的 IGBT 产品其正、负温度系数的具体分界点不一样。实际并联使用 IGBT 时，在器件参数（同一厂家同一型号）、电路布局和走线、散热条件等方面也应尽量一致。

习题与思考题

1. 功率二极管主要分为哪几类？各有什么特点？

2. 什么是功率二极管的反向恢复现象？反向恢复电流对电力电子电路有什么影响？

3. 晶闸管导通和关断的条件什么？

4. 图 1-33 中曲线表示流过电力电子器件的电流波形，其最大值为 I_m，试计算各图的电流平均值、电流有效值。

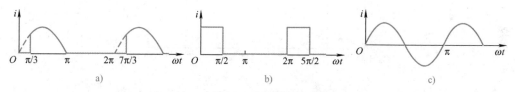

图 1-33　习题与思考题 4 图

5. 功率 MOSFET 实际使用中需要重点关注哪些参数？

6. IGBT 为什么不能用于开关频率太高的场合？

7. 根据实际电路特点，功率 MOSFET 驱动电路有哪些常见类型？

8. 电力电子装置中，常见的保护措施有哪些？

第2章

直流-直流变换电路

直流-直流变换电路（DC‐DC Converter）的功能是将一组电参数的直流电能变换为另一组电参数直流电能的电路，包括直接直流变换电路和间接直流变换电路。直接直流变换电路也称斩波电路，这种情况下输入与输出之间不隔离。间接直流变换电路是在直流变流电路中增加了交流环节，在交流环节中通常采用变压器实现输入输出间的隔离，因此也称为带隔离的直流-直流变换电路或直-交-直电路。习惯上，DC‐DC变换器包括以上两种情况，甚至更多地指后一种情况。

虽然用模拟电子学的方法也能进行直流电能的变换，但这些变换损耗很大，如图2-1所示的电阻分压和串联线性稳压方式。串联线性直流电源是直流稳压电源的传统形式，因为线性工作的调整管上存在较大的压降，这种电源存在效率低、体积大等缺点。现代的DC‐DC变换电路普遍应用开关变换技术，大大提高了变换效率，这种变换器常常被称为开关变换器或开关电源。

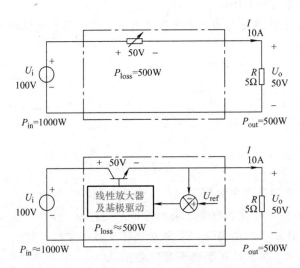

图 2-1　电阻分压和串联线性稳压方式及损耗分析

DC‐DC变换电路有很广泛的应用，它可应用于直流电动机调速（直流脉冲调速电源）、开关电源及功率因数校正等场合，尤其是在开关电源中应用最为广泛，如手机和便携式计算机充电器、电视机电源和电动汽车充电桩充电模块等。

直接直流变换电路的种类较多，这里主要介绍目前业界较为常用的降压斩波电路、升压斩波电路、电流可逆斩波电路及桥式可逆斩波电路。同样根据目前行业的应用情况，对于间接直流变换电路，主要介绍反激变换电路、正激变换电路（以实用的双管正激为例）、半桥变换电路、推挽变换电路和全桥变换电路的结构和基本工作原理。

在直流-直流变换电路中，几个常用的基本概念：

1）周期：电力电子器件的开关周期，用 T_s 表示。

2）频率：电力电子器件的开关频率，用 f 或 f_s 表示。

3）占空比 D（Duty Cycle）：电力电子开关的导通时间（t_{on}）与开关周期 T_s 的比值：

$$D = t_{on}/T_s$$

4）脉冲宽度调制（PWM）：T_s 不变，改变 t_{on} 的控制方式。

5）脉冲频率调制（PFM）：t_{on} 不变，调节 T_s（也就是改变频率）的控制方式。

直流-直流变换电路的控制方式如图 2-2 所示。

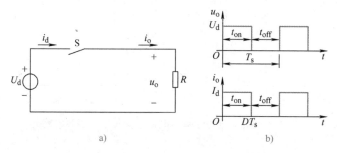

图 2-2　直流-直流变换电路的控制方式

2.1　基本斩波电路

2.1.1　降压斩波电路

降压斩波电路（Buck Converter）也称 Buck 电路，是输入输出非隔离型直流-直流变换电路中常用的一种功率变换电路，其功能是将某一电压等级的直流输入电压变换为另一更低等级固定直流电压或可调直流电压的电力电子变换电路。

Buck 电路的基本电路结构及工作等效电路如图 2-3 所示，由一个 MOSFET（也可以为 IGBT）、一个二极管、一个电感 L 和滤波电容 C 构成，输入直流电压为 U_i，直流输出平均电压为 U_o，设 VF 的开关频率为 f，占空比为 D，则电感电流连续模式下输入输出电压满足如下关系：

$$U_o = DU_i \tag{2-1}$$

由于占空比 $0 < D < 1$，所以输出电压低于输入电压，故称其为降压斩波电路。

电路的工作原理分析：电路初始上电，VF 开通时，等效电路如图 2-3b 所示，在第一个 t_{on} 时间内，电感电流以斜率 $di_L/dt = (U_i - u_o)/L$ 从零开始线性增加，如图 2-4 所示。由于初始电容电压 u_o 为零，在 DT_s 时刻，VF 关断，二极管 VD 导通续流电感电流（电感电流不能突变），见图 2-3c 所示，电感承受反向电压 $-u_o$，电感电流线性下降，满足关系 $-u_o = Ldi_L/dt$，由于初始状态电容电压为零，第一个 t_{on} 时间电容电压几乎不变，其端电压接近 0，因此电感电流下降的斜率接近 0。在通电的开始几个周期中，电感电流存在净增长，随着输出电容的缓慢充电，其端电压逐渐上升，在重复数个周期后，随着电容的充和和输出电压

降压斩波电路
工作状态

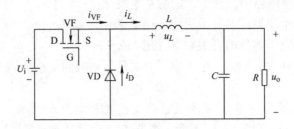

a) Buck电路的基本电路结构

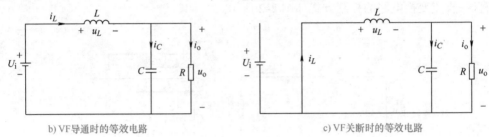

b) VF导通时的等效电路   c) VF关断时的等效电路

图 2-3   Buck 电路的基本电路结构及工作等效电路

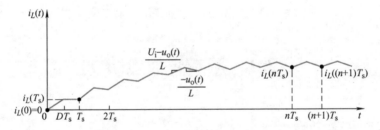

图 2-4   Buck 电路进入稳态工作前后的电感电流变化过程

u_o 的增长，在 VF 关断期间电感电流的下降斜率逐渐增大，最终达到一个状态：t_{on} 期间电流的增长量等于 t_{off} 期间电流的减小量，也就是在一个开关周期内电感电流的净增长为零，则电路进入到稳态，稳态时各点工作波形（CCM 模式）如图 2-5 所示。对任何变换器来说，稳态时一个周期中电感电流的净增长为 0，这是一个普遍规律，由此得到，VF 导通期间：

$$U_i - U_o = L \frac{\mathrm{d}i_L}{\mathrm{d}t} = L \frac{\Delta i_L}{t_{on}} \tag{2-2}$$

VF 关断期间：

$$-U_o = L \frac{\mathrm{d}i_L}{\mathrm{d}t} = L \frac{\Delta i_L}{t_{off}} \tag{2-3}$$

由于在一个周期中，电感电流净增长为零，则得到

$$\frac{U_i - U_o}{L} t_{on} = \frac{U_o}{L} t_{off} \tag{2-4}$$

即

$$(U_i - U_o) t_{on} = U_o (T_s - t_{on}) \tag{2-5}$$

上式表明：在一个开关周期中，电感施加的正电压与该电压的持续时间乘积等于所施加负电压和其持续时间的乘积，如图 2-6 所示，也就是正负伏秒积相等，这是电感稳定工作而不饱和的理论基础。

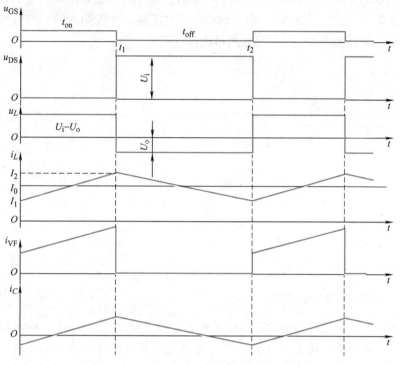

图 2-5 稳态工作波形（CCM 模式）

由式(2-5)可以化简得出

$$U_o = \frac{t_{on}}{T_s} U_i = D U_i \qquad (2-6)$$

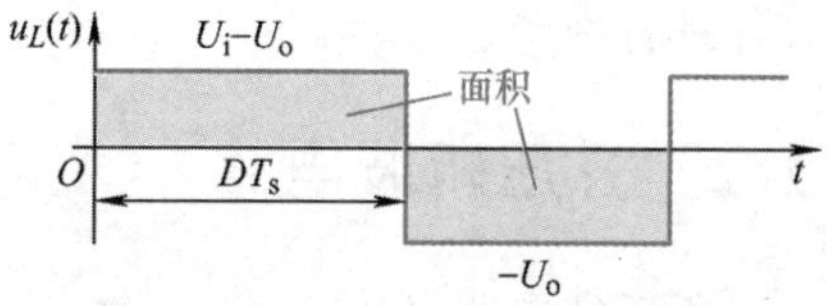

忽略电路工作时产生的损耗，输入输出能量守恒，则有

$$U_i I_i = U_o I_o \quad 即 \quad I_i = D I_o \qquad (2-7)$$

式中，I_i 为输入平均电流；I_o 为输出平均电流。

电感电流脉动值为

$$\Delta i_L = \frac{U_i - U_o}{L} t_{on} = \frac{U_i(1-D)}{L} D T_s = \frac{U_i D(1-D)}{L f_s} \qquad (2-8)$$

电感电流的脉动造成输出电容的充放电（电感电流大于负载电流时充电、电感电流小于负载电流时放电），在电容上体现为纹波电压，如图 2-7 所示，可以通过下式计算：

$$\Delta Q = \frac{1}{2} \times \frac{1}{2} \times \Delta i_L \frac{1}{2} T_s = \frac{\Delta i_L}{8 f_s} \qquad (2-9)$$

$$\Delta u = \frac{\Delta Q}{C} = \frac{\Delta i_L}{8 f_s C} = \frac{U_i D(1-D)}{8 L C f_s^2} = \frac{U_o(1-D)}{8 L C f_s^2} \qquad (2-10)$$

前面分析了 Buck 电路电感电流连续模式（简称 CCM）时的工作状态，这种状态的特点是电感电流始终大于零。随着电感电流的减小，出现一个周期内电感电流的起始点和终点可能正好处于零位的现象，如图 2-8 所示，这种状态称为电感电流临界连续。如果电感电流继

图 2-6 伏秒积相等原则

续减小，则会出现图 2-9 所示的在一个周期结束之前电感电流已经下降为零的现象，这种状态称为电感电流断续模式（DCM）。由于脉动电感电流在一个周期内的平均值为输出负载电流，所以随着负载电流的减小，电感电流可能出现断续。

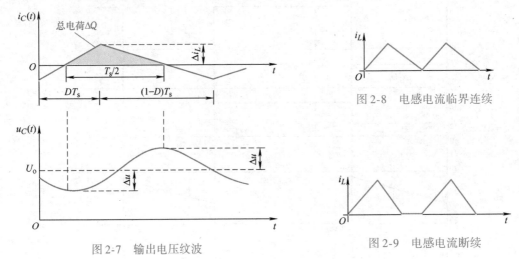

图 2-7　输出电压纹波　　　　　　　　图 2-8　电感电流临界连续

图 2-9　电感电流断续

注意：电感电流断续后，由于实际电感电流下降时间小于 $T_s - t_{on}$，输入输出电压将不再满足式(2-6) 的关系，输出电压高于电感电流连续模式时的输出电压。所以，要在任何负载下得到稳定的输出电压设定值，必须采用闭环控制方式，这也是开关稳压电源能够在输入电压和负载变化时稳定输出电压的基本原理，这将在后续的直流-直流变换器的 PWM 控制部分进行分析。

2.1.2　升压斩波电路

升压斩波电路（Boost Converter）也称为 Boost 电路，是一种输入输出非隔离型升压变换电路，以 MOSFET 作为开关器件的基本电路结构及工作时的等效电路如图 2-10 所示。在电感电流连续模式下，输入输出电压满足关系式：

$$U_o = \frac{1}{1-D} U_i \tag{2-11}$$

由于占空比 $0 < D < 1$，所以输出电压高于输入电压，因此称为升压变换电路。

当 MOSFET 导通时，等效电路模型如图 2-10b 所示，电感充电储能，其电流线性上升，在此期间，负载电流由电容 C 放电提供。

VF 导通期间：

$$U_i = L \frac{\mathrm{d} i_L}{\mathrm{d} t} = L \frac{\Delta i_L}{t_{on}} \tag{2-12}$$

VF 关断期间：

$$U_i - U_o = L \frac{\mathrm{d} i_L}{\mathrm{d} t} = L \frac{\Delta i_L}{t_{off}} \tag{2-13}$$

根据一个周期内电感满足的伏秒积为零的结论，得到

$$(U_i - U_o) t_{off} + U_i t_{on} = 0 \tag{2-14}$$

升压斩波电路

工作状态

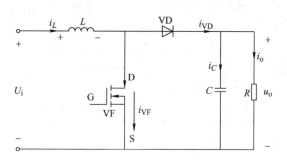

a) Boost电路基本结构

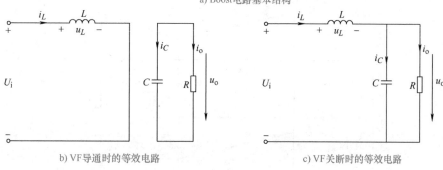

b) VF导通时的等效电路　　　　c) VF关断时的等效电路

图 2-10　Boost 电路基本结构及工作时的等效电路

化简得到

$$U_o = \frac{1}{1-D}U_i \tag{2-15}$$

忽略电路工作时的损耗，输入功率等于输出功率，即

$$U_i I_i = U_o I_o \tag{2-16}$$

得到输入电流和输出电流的关系式为

$$I_i = \frac{1}{1-D}I_o \tag{2-17}$$

由式(2-12) 可以得到电感电流脉动量为

$$U_i = L\frac{d i_L}{dt} = L\frac{\Delta i_L}{t_{on}} \tag{2-18}$$

$$\Delta i_L = \frac{U_i}{L}t_{on} = \frac{D U_i}{f_s L} \tag{2-19}$$

考虑到输出电压脉动很小，一周期内电容充放电平衡，根据图 2-11 中的 i_C 波形，VF 导通期间，电容 C 提供负载电流，其端电压由正峰值下降到负峰值，ΔQ 对应的时间为 t_{on}，与 Buck 电路的分析类似，电容纹波电压为

$$\Delta u_C = \frac{1}{C}\int_0^{t_{on}} i_C dt = \frac{1}{C}\int_0^{t_{on}} i_o dt = \frac{I_o t_{on}}{C} = \frac{I_o D}{f_s C} \tag{2-20}$$

与 Buck 电路类似，电感电流也存在连续、临界连续和断续的模式，分析方法与 Buck 电路类似，这里不再详细分析。

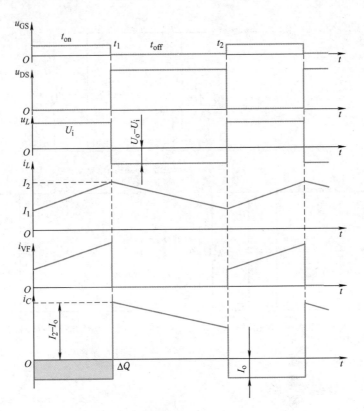

图 2-11 Boost 电路工作波形（CCM 模式）

2.1.3 电流可逆斩波电路

斩波电路用于拖动直流电动机时，常要使电动机既可电动运行，又可再生制动，将能量回馈电源。

电流可逆斩波电路的电路图如图 2-12a 所示，VT_1 和 VD_1 构成降压斩波电路，由电源向直流电动机供电，电动机为电动运行，工作于第 1 象限；VT_2 和 VD_2 构成升压斩波电路，把直流电动机的动能转变为电能反馈到电源，使电动机作再生制动运行，工作于第 2 象限。电流可逆斩波电路为降压斩波电路与升压斩波电路的组合，此电路电动机的电枢电流可正可负，但电压只能是一种极性，故其可工作于第 1 象限和第 2 象限。需要注意的是，若 VT_1 和 VT_2 同时导通，将导致电源短路，进而会损坏电路中的开关器件或电源，因此必须防止出现这种情况。

当电路只作为降压斩波器运行时，VT_2 和 VD_2 总处于断态；只作为升压斩波器运行时，则 VT_1 和 VD_1 总处于断态。两种工作情况与前面讨论的完全一样。此外，该电路还有第三种工作方式，即在一个周期内交替地作为降压斩波电路和升压斩波电路工作。在这种工作方式下，当降压斩波电路或升压斩波电路的电流断续而为零时，使另一个斩波电路工作，让电流反方向流过，这样，电动机电枢回路总有电流流过。例如，当降压斩波电路的 VT_1 关断后，由于积蓄的能量少，经一短时间电抗器 L 的储能即释放完毕，电枢电流为零。这时使 VT_2 导通，由于电动机反电动势 E_m 的作用使电枢电流反向流过，电抗器 L 积蓄能量。待 VT_2 关断后，由于 L 积蓄的能量和 E_m 共同作用使 VD_2 导通，向电源返送能量。当反向电流变为零，即 L 积蓄的能量释放完毕时，再次使 VT_1 导通，又有正向电流流通。如此循环，两个斩波电路交替工作。图 2-12b 是这种工作方式下的输出电压、电流波形，图中在负载电流 i_o 的波形上还标出了流过各器件的电流。

这样，在一个周期内，电枢电流沿正、负两个方向流通，电流不断，所以响应很快。

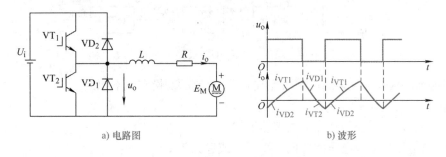

a) 电路图   b) 波形

图 2-12 电流可逆斩波电路及其工作波形

2.1.4 桥式可逆斩波电路

电流可逆斩波电路虽可使电动机的电枢电流可逆，实现电动机的两象限运行，但其所能提供的电压极性是单向的。当要使电动机进行正、反转以及可电动又可制动时，就必须将两个电流可逆斩波电路组合起来，分别向电动机提供正向和反向电压，即成为桥式可逆斩波电路，如图 2-13 所示。

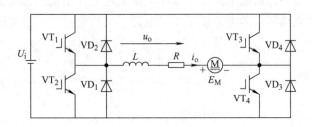

图 2-13 桥式可逆斩波电路

当使 VT_4 保持通态时，该斩波电路就等效为图 2-12a 所示的电流可逆斩波电路，向电动机提供正电压，可使电动机工作于第 1、2 象限，即正转电动和正转再生制动状态。此时，需防止 VT_3 导通造成电源短路。

当使 VT_2 保持为通态时，VT_3、VD_3 和 VT_4、VD_4 等效为又一组电流可逆斩波电路，向电动机提供负电压，可使电动机工作于第 3、4 象限。其中 VT_3 和 VD_3 构成降压斩波电路，向电动机供电使其工作于第 3 象限即反转电动状态，而 VT_4 和 VD_4 构成升压斩波电路，可使电动机工作于第 4 象限即反转再生制动状态。

2.2　隔离型直流-直流变换电路

隔离型直流-直流变换电路的结构如图 2-14 所示，同基本斩波电路相比，隔离型直流-直流变换电路中增加了交流环节，因此也称为直-交-直变换电路。

图 2-14　隔离型直流-直流变换电路的结构

采用这种结构较为复杂的电路来完成直流-直流的变换有以下原因：

1）输出端与输入端需要隔离。

2）某些应用中需要相互隔离的多路输出。

3）输出电压与输入电压的比例远小于 1 或远大于 1。

4）交流环节采用较高的工作频率，可以减小变压器和滤波电感、滤波电容的体积和重量。通常，工作频率应高于 20kHz 这一人耳的听觉极限，以免变压器和电感产生刺耳的噪声。随着电力电子器件和磁性材料技术的进步，电路的工作频率已达几百千赫兹至几兆赫兹，进一步缩小了体积和重量。

由于工作频率较高，逆变电路通常使用全控型器件 MOSFET 和 IGBT，整流电路中通常采用快恢复二极管或通态压降较低的肖特基二极管，在低电压输出的电路中，还采用低导通电阻的 MOSFET 构成同步整流电路，以进一步降低损耗。

隔离型直流-直流变换电路分为单端电路和双端电路两大类。在单端电路中，变压器中流过的是直流脉动电流；而双端电路中，变压器中的电流为正负对称的交流电流。下面将要介绍的电路中，正激电路和反激电路属于单端电路，半桥电路、全桥电路和推挽电路属于双端电路。

2.2.1　反激电路

反激电路（Flyback Converter）的电路结构如图 2-15 所示，变压器一次绕组和二次绕组的极性相反。在反激电路中，变压器除了实现电隔离和电压匹配之外，还有储存能量的作用，前者是变压器的属性，后者则是电感的属性，因此有的文献称之为电感变压器（可看作一对相互耦合的电感）。

电感电流连续模式（CCM）反激电路的工作过程：VF 导通时，输入电压加于变压器一次侧（上正下负），变压器一次绕组电流 i_1 线性上升，二次绕组电压 $u_2 = n_{21} U_i$（$n_{21} = N_2/N_1$），根据同名端的关系，二次电压下正上负，

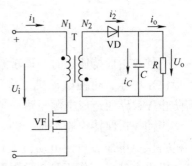

图 2-15　反激电路

它使二极管 VD 反偏截止，$i_2 = 0$，负载电流由电容 C 放电维持，本阶段的等效电路如图 2-16a

所示。在该阶段中，变压器作为电感从电源吸收能量，一次绕组电感 L_1 电流线性上升，满足关系

$$U_i = L_1 \frac{\Delta i_1}{t_{on}} \tag{2-21}$$

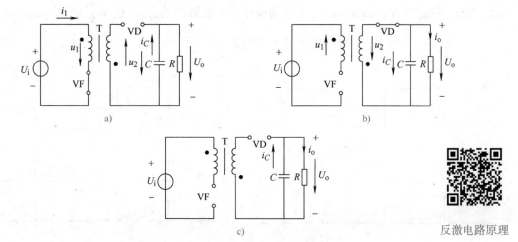

图 2-16 反激电路等效工作电路

当 VF 关断后，原先存储在 L_1 中的能量不能突变，为维持磁通连续，变压器一次电压和二次电压极性改变，u_2 为上正下负，迫使二极管 VD 正偏导通，电感储能转化为电能向负载供电和为 C 充电。本阶段的等效电路如图 2-16b 所示。由图可见，一旦二极管 VD 导通，u_2 便被钳位在输出电压 U_o 上，若 C 值很大，u_o 无纹波，则 $u_2 = U_o$，u_2 电压在一次绕组两端的反射电压为 $n_{12} U_o$（$n_{12} = N_1/N_2$），极性下正上负，在此电压下，L_1 电流线性下降，满足关系

$$U_1 = -n_{12} U_o = -\frac{N_1}{N_2} U_o = L_1 \frac{\Delta i_1}{t_{off}} \tag{2-22}$$

二极管导通后，变压器一次电压被输出反射电压钳位为 $n_{12} U_o$，根据电感 L_1 伏秒积相等的原则，得到

$$U_i t_{on} = \frac{N_1}{N_2} U_o (T_s - t_{on}) \tag{2-23}$$

化简上式得到

$$U_o = \frac{N_2}{N_1} \cdot \frac{D}{1-D} U_i \tag{2-24}$$

MOSFET 关断期间其 D、S 极间承受的电压为

$$u_{DS} = U_i + \frac{N_1}{N_2} U_o \tag{2-25}$$

将式（2-24）带入式（2-25）得

$$u_{DS} = U_i + \frac{N_1}{N_2} U_o = U_i + \frac{D}{1-D} U_i = \frac{1}{1-D} U_i \tag{2-26}$$

由式（2-26）可知：在输入电压较高时，需要控制占空比以抑制 MOSFET 的 D、S 极间

电压，通常输入电压在 300 ~ 400V 时，应控制占空比小于 50%，以免需要的 MOSFET 耐压过高造成选择开关管的困难。

CCM 波形如图 2-17 所示。在电感 L_1 电流断续模式（DCM）下，波形如图 2-18 所示，当电感电流为零时，变压器一次电流为零，相应的二极管 VD 关断，变压器一次侧不再有二次反射电压，则这时 MOSFET 的 D、S 极间电压会由断续前的 $u_{DS} = U_i + \dfrac{N_1}{N_2} U_o$ 变为 $u_{DS} = U_i$，这种模式下 MOSFET 的 D、S 极间电压波形如图 2-19 所示。

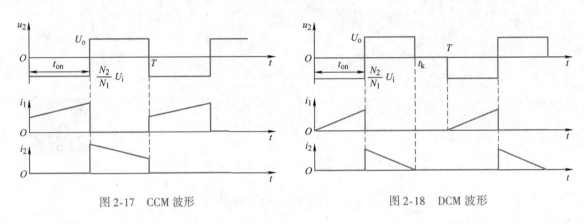

图 2-17 CCM 波形　　　　　　　　　　　图 2-18 DCM 波形

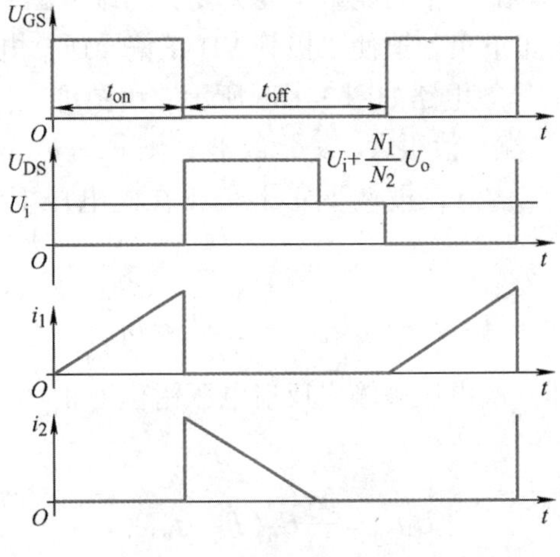

图 2-19 反激电路波形（DCM）

在电感电流断续模式下，输入输出电压关系为

$$U_o = U_i t_{on} \sqrt{\frac{R}{2LT_s}} \tag{2-27}$$

式中，T_s 为开关管开关周期；t_{on} 为开关管导通时间。从式(2-27) 可知，输出电压随负载的减小而升高，在空载的极限情况下，输出电压趋于无穷大，这将损坏电路中的元器件，所以应避免负载开路状态，但变换器空载运行不可避免，通常输出电压的稳定通过闭环反馈环节控制，因此应避免闭环环路开路，否则空载状态下将会导致很高的输出电压。

2.2.2 正激电路

反激电路由于受到变压器储能的限制，输出功率较正激电路小。常规单管正激电路中变压器需要另加专门的复位绕组，实际上较为少用，其原理可参阅相关资料。它们的共同弱点是功率管正向阻断电压较高，为了降低功率管电压，扩大应用范围，出现了图 2-20 所示的双管正激电路。

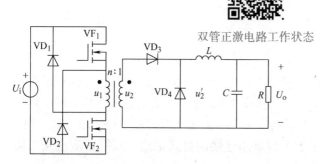

图 2-20 双管正激电路

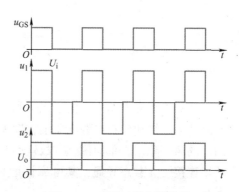

图 2-21 双管正激电路波形

当 VF_1 和 VF_2 同时施加驱动信号时（两管驱动信号同步），两管同时开通，变压器一次侧所加电压为输入电压 U_i，极性为上正下负，二极管 VD_3 导通，直流电源经 VF_1、VF_2 和 VD_3 向负载供电；当 VF_1 和 VF_2 同时关断后，输出滤波电感电流不能突变，VD_4 导通续流输出滤波电感电流 i_L；为了维持变压器磁化电流 i_m 连续，VD_1 和 VD_2 正偏导通，变压器一次电压 $u_1 = -U_i$，$u_2 = -U_i/n$，VD_3 反偏截止，i_m 由 VF_1、VF_2 转移到 VD_1 和 VD_2 中。由于一次电压 $u_1 = -U_i$，变压器磁化电流 i_m 线性下降并沿 VD_1 和 VD_2 流向输入电源，将原先存储在磁场中的能量转化为电场能量。由此可见，VD_1 和 VD_2 起着磁心复位电路的作用，只要占空比 $D \leqslant 0.5$，磁心便能实现磁复位。由于 i_m 升降的斜率相同，故在 $t = 2t_{on}$ 之后，$i_m = 0$，VD_1 和 VD_2 关断，一次侧各器件处于断态，变压器一次电压 $u_1 = 0$，输出滤波电感电流继续沿 VD_4 续流。

变压器二次电压经 VD_3 后为幅值 U_i/n（n 为一次侧、二次侧匝比）的脉冲电压（见图 2-21），经 LC 滤波后得到输出电压 U_o 为

$$U_o = \frac{1}{n}\frac{t_{on}}{T_s}U_i = \frac{1}{n}D\,U_i \tag{2-28}$$

变压器磁心复位原理：VF_1、VF_2 导通后，变压器的励磁电流由零开始，随着时间的增加而线性增长，直到 VF_1、VF_2 关断。VF_1、VF_2 关断后到下一次导通的时段内，必须设法使励磁电流降回到零，否则下一个开关周期中，励磁电流将在本周期结束时的剩余值上继续增加，并在以后的开关周期中依次累积起来，变得越来越大，从而导致变压器的励磁电感饱和。励磁电感饱和后，励磁电流会迅速地增长，最终损坏电路中的开关器件。因此在 VF_1、VF_2 关断后使励磁电流降回零是非常重要的，这一过程称为变压器的磁心复位。磁心复位过程各物理量的变化如图 2-22 所示，在 VF_1、VF_2 关断后，变压器励磁电流通过 VD_1、VD_2 流回电源，并在反向电压（$-U_i$）下线性地下降为零。从 VF_1、VF_2 关断到励磁电流下

降到零所需的时间为 t_{rst}，VF_1、VF_2 处于断态的时间必须大于 t_{rst}，以保证 VF_1、VF_2 下次导通前励磁电流能够降为零，使变压器磁心可靠复位。

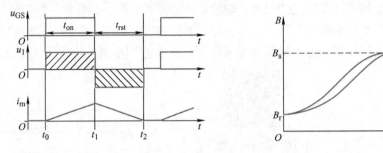

图 2-22　磁心复位过程

在双管正激电路中，由于 VD_1 和 VD_2 在 VF_1 和 VF_2 关断之后导通，VF_1 和 VF_2 的最高正向阻断电压被钳位在电源电压上，即 $U_{DSm} = U_i$。由图 2-22 可知，变压器铁心只工作于磁化曲线的第一象限，单向磁化，故铁心利用率不高。由于桥的上下臂 VF_1、VF_2 和 VD_1、VD_2 反串连接，无共态导通，其可靠性远高于上下臂顺串连接的桥式电路。双管正激电路的弱点是：

1）由于磁复位的需要，$D < 0.5$，电路直流电压利用率不高、电压调节范围小。

2）变压器二次电压高，相应地 VD_3 和 VD_4 的电压应力大，限制了在高直流输出电压场合的应用。

3）输出电压和电流的脉动较大。

2.2.3　半桥电路

半桥电路的基本结构如图 2-23 所示，其工作原理如下：一般取两个输入电容 C_1 和 C_2 的容量相同，当 VF_1 和 VF_2 均关断时，两个电容 C_1 和 C_2 的中点 A 的电位 U_A 是输入电压 U_i 的一半，即 $U_{C1} = U_{C2} = U_i/2$。VF_1 和 VF_2 的驱动信号为两个反相的 PWM 信号，VF_1 导通、VF_2 关断时，电容 C_1 将通过 VF_1 和变压器一次绕组 W_1 放电，同时电容 C_2 充电。在 VF_1 关断之前，U_A 将上升到（$U_i/2 + \Delta U$）。为了防止 VF_1、VF_2 同时导通，在 VF_1 关断瞬间，不允许 VF_2 立即导通，在 VF_1 和 VF_2 同时关断期间，一次绕组上是没有电压的，两个电容上的电压 U_{C1} 和 U_{C2} 均接近输入电压的一半。当 VF_2 导通、VF_1 关断时，电容 C_1 将被充电，电容 C_2 将放电，

半桥电路
工作状态

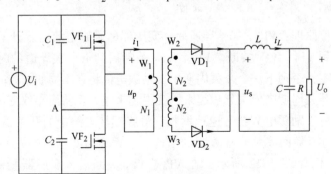

图 2-23　半桥电路的基本结构

A 点电位 U_A 在 VF_2 关断前将下降到（$U_i/2 - \Delta U$）。因此 A 点的电位在 VF_1 和 VF_2 开关过程中将在 $U_i/2$ 的电位上在 $\pm \Delta U$ 范围内上下波动。

当滤波电感 L 的电流连续时，有

$$\frac{U_o}{U_i} = \frac{N_2}{N_1} \frac{t_{on}}{T} \qquad (2-29)$$

半桥电路工作波形如图 2-24 所示。

半桥电路的特点是：在前半个周期内流过高频变压器的电流与在后半个周期内流过的电流大小相等方向相反，变压器的铁心工作在 $B—H$ 磁滞回线的两端，磁心得到了充分利用；在一个开关管导通时，处于截止状态的另一个开关管所承受的电压与输入电压相等；半桥电路中两个开关管的占空比略有不同时，由于电容 C_1 和 C_2 的充放电作用，A 点电位将随之浮动，对变压器一次电流的正负半周有自平衡作用，使变压器不易发生偏磁现象；施加在变压器上的电压只是输入电压的一半，欲得到与下面将要介绍的推挽电路或全桥电路相同的输出功率，开关管必须流过两倍的电流；上管需要隔离驱动。半桥电路适用于数百瓦至数千瓦的开关电源。

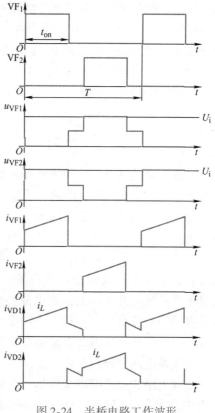

图 2-24 半桥电路工作波形

2.2.4 推挽电路

推挽电路的基本结构如图 2-25 所示，VF_1 和 VF_2 交替导通，在绕组 N_{11} 和 N_{12} 两端分别形成相位相反的交流电压。VF_1 导通时，二极管 VD_1 处于通态；VF_2 导通时，二极管 VD_2 处于通态；当两个开关都关断时，VD_1 和 VD_2 都处于通态，各分担一半的电流。VF_1 或 VF_2 导通时电感 L 的电流逐渐上升，两个开关都关断时，电感 L 的电流逐渐下降。VF_1 和 VF_2 断态时承受的峰值电压均为 $2U_i$。

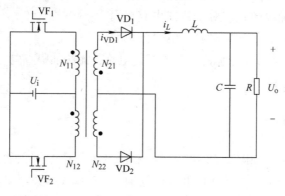

图 2-25 推挽电路的基本结构

推挽电路
工作状态

如果 VF_1 和 VF_2 同时导通，就相当于变压器一次绕组短路，因此应避免两个开关同时导通，每个开关各自的占空比不能超过 50%，还要留有死区。

电路工作波形如图 2-26 所示，当滤波电感 L 的电流连续时

$$\frac{U_o}{U_i} = \frac{N_2}{N_1} \frac{2t_{on}}{T} \qquad (2\text{-}30)$$

推挽电路的特点是：开关断态时承受的峰值电压均为 $2U_i$，所以推挽电路适合于输入电压比较低的应用场合；两个 MOSFET 的 S 极直接相连到输入电源负极，开关管驱动容易；变压器一次回路中只有一个开关，通态损耗小；变压器一次电压为输入电压，只用两个开关管即可获得较大的输出功率，适合于几百瓦~几千瓦的开关电源；推挽电路没有半桥电路的电流自平衡作用，在两个开关管占空比有误差时，变压器将出现直流偏磁现象。

直流偏磁问题分析及防止：

桥式电路和推挽电路变压器一次励磁电压波形如图 2-27 所示，当正负半波完全对称时，有 $U_1 t_1 = U_2 (t_3 - t_2)$，平均电压为零，无直流电流。当出现 $U_1 t_1 \neq U_2 (t_3 - t_2)$ 时（波形不对称），平均电压不为零，出现一个直流电压 U_{dc} 施加于一次绕组，由于绕组直流电阻一般很小，就导致比较大的直流励磁电流产生磁感应强度 B_{dc}；通常磁性材料有饱和磁感应强度 B_s 的限制，使得变压器允许的磁感应强度变化量 $\Delta B = B_s - B_{dc}$ 变小，变压器传递功率的能力下降，最恶劣的结果是直接导致变压器磁路饱和，变压器失效，因此必须加以防止。对于桥式电路，可以在变压器一次绕组上串入一个电容，电容的隔直作用将消除直流电流，有效防止偏磁。对于推挽电路，无法加隔直电容，通常采用瞬时电流控制方式来避免磁路饱和。

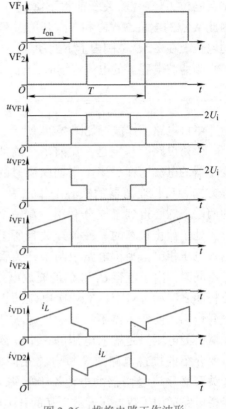

图 2-26　推挽电路工作波形

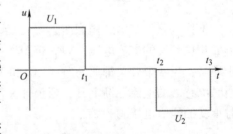

图 2-27　励磁电压工作波形

2.2.5　全桥电路

全桥电路的基本结构如图 2-28 所示，同一桥臂上下两个开关管互补导通，相对角的两个开关管同时导通与关断。当 VF_1 和 VF_4 导通、VF_2 和 VF_3 关断时，变压器建立磁化电流并向负载传递能量；当开关管 VF_2 和 VF_3 导通、VF_1 和 VF_4 关断时，变压器建立反向磁化电流，也向负载传递能量，这时磁心工作在 B—H 磁化曲线的另一侧。在 VF_1、VF_4 导

通期间（或 VF$_2$ 和 VF$_3$ 导通期间），施加在一次绕组上的电压约等于输入电压 U_i。与半桥电路相比，一次绕组上的电压增加了一倍，而每个开关管承受的电压仍为输入电压，电路工作波形如图 2-29 所示。

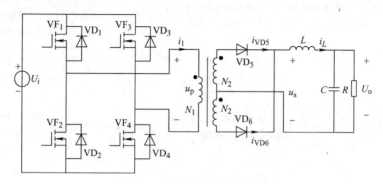

图 2-28 全桥电路的基本结构

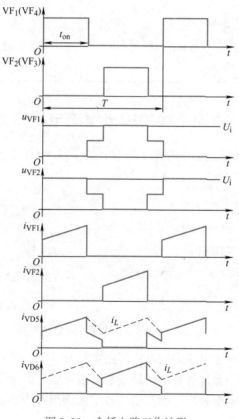

图 2-29 全桥电路工作波形

全桥电路
工作状态

当滤波电感电流连续时，有

$$\frac{U_o}{U_i} = \frac{N_2}{N_1} \frac{2t_{on}}{T} \tag{2-31}$$

全桥电路适用于数百瓦至数百千瓦的开关电源。

隔离型直流-直流变换电路比较见表 2-1。

表 2-1 隔离型直流-直流变换电路的比较

电路	优 点	缺 点	功率范围	应用领域
反激	电路非常简单，成本很低，可靠性高，驱动电路简单	难以达到较大的功率，变压器单向励磁，利用率低	几瓦~几百瓦	小功率电子设备、消费电子设备电源、手机充电器及多路输出辅助电源等
双管正激	电路简单，成本较低，可靠性高	变压器单向励磁，利用率低，需要隔离驱动电路	几百瓦~几千瓦	可靠性要求较高的中、小功率电源
半桥	变压器双向励磁，没有变压器磁偏问题，开关较少，成本低	有直通问题，可靠性低，需要隔离驱动电路	几百瓦~几千瓦	各种工业电源、计算机电源等
全桥	变压器双向励磁，容易达到大功率	结构复杂，成本高，有直通问题，可靠性低，需要多组隔离驱动电路	几百瓦~几百千瓦	大功率开关电源
推挽	变压器双向励磁，变压器一次电流回路只有一个开关，通态损耗小，驱动简单	有偏磁问题	几百瓦~几千瓦	低输入电压开关电源

2.2.6 隔离型直流-直流变换的输出整流电路

双端电路中常用的整流电路形式有全波整流电路和全桥整流电路。其原理如图 2-30 所示。

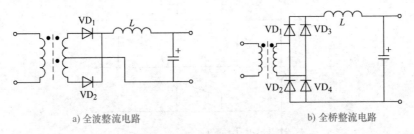

a) 全波整流电路　　　　　　　　　　b) 全桥整流电路

图 2-30 全波整流电路和全桥整流电路

全波整流电路的优点在于电感 L 的电流回路中只有一个二极管压降，损耗小，而且整流电路中只需要两个二极管，器件数较少；缺点是二极管断态时承受的反压较高，为两倍的交流电压幅值，对器件耐压要求较高，而且变压器二次绕组有中心抽头，结构较复杂。由于上述特点，全波整流电路适合于输出电压较低的情况。

全桥整流电路的优点是二极管在断态承受的电压仅为交流电压幅值，变压器的绕组简单；缺点是电感 L 的电流回路中存在两个二极管压降，损耗较大，而且电路中需要 4 个二极管，器件数较多。全桥整流电路适合于高压输出的应用场合。

当电路的输出电压非常低时，可以采用图 2-31a 所示的同步整流电路，利用低电压大电流定额的 MOSFET 具有非常小的导通电阻（几毫欧）的特性降低整流电路的导通损耗，进一步提高效率。这种电路的缺点是需要对 VF$_1$ 和 VF$_2$ 的通与断进行控制，增加了控制电路的复杂性。实际使用中，为了简化驱动电路，通常将两个 MOSFET 接成共 S 极且与输出电路共地的形式，如图 2-30b 所示，这里利用了 MOSFET 的逆导特性。

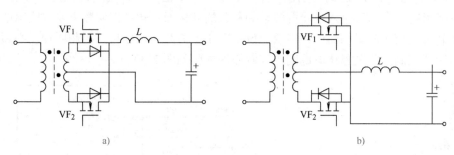

图 2-31　同步整流电路

2.3　直流-直流变换电路的控制技术

2.3.1　直流-直流变换电路 PWM 控制的基本原理

1. PWM 信号的产生

直流-直流变换电路通常采用 PWM 控制方式，PWM 驱动控制信号一般都采用锯齿波或三角波与脉宽控制信号比较的方法产生，其原理如图 2-32a 所示，在锯齿波或三角波大于或小于直流调制信号 U_r 时，产生输出脉冲信号，调节 U_r 大小可以调节脉冲宽度，即调节占空比 D 的大小，见图 2-32b。锯齿波和三角波 u_c 称为载波，其频率决定主电路中开关管的开关频率；脉宽控制信号 U_r 称为调制波或控制。图中载波（锯齿波）没有负值，是单极性的，称为单极性调制。如果载波有正负值，调制波可以是正负直流，这称为双极性调制。直流 PWM 控制方式就是用控制电路产生的脉宽调制信号对直流-直流变换电路开关器件的通断进行控制。

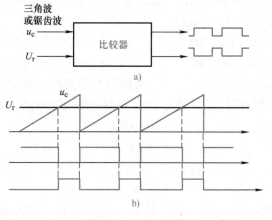

PWM 信号
的产生

图 2-32　PWM 控制

2. 稳压控制原理（闭环控制）

由上述分析可知，只要改变脉宽控制信号 U_r 的大小，则其与三角波（或锯齿波）比较得到的 PWM 信号脉冲宽度（占空比）会发生相应的变化。在直流-直流变换器或开关稳压电源中，输出电压会随着输入电压的波动和负载的变化而变化，但实际中要求输出电压不受输入电压和负载变化的影响而保持需要的设定电压，为此，根据自动控制原理，必须对输出电压进行闭环控制。开关稳压电源闭环控制原理框图如图 2-33 所示。

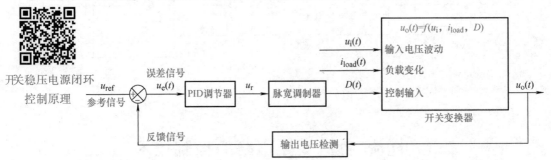

图 2-33　开关稳压电源闭环控制原理框图

开关稳压电源的输出电压是输入电压 u_i、负载电流 i_{load} 和占空比 D 的函数，输入电压或负载变化引起输出电压波动而偏离设定值，相应的反馈信号发生改变，在其与参考信号 u_{ref} 比较后得到误差信号 u_e，误差信号经过 PID 调节器进行比例放大、积分和微分运算，其输出信号 u_r 作为调制（控制）信号与三角波载波（或锯齿波载波）比较后得到占空比信号 D，通过改变占空比调节输出电压抵消由于输入电压或负载变化引起的输出电压变化，直到输出电压重新回到设定值而误差信号为零时，调节过程完成。从输入电压或负载变化引起输出电压变化开始，到通过闭环调节使输出电压重新回到设定值的过程称为动态过程。

3. PWM 控制芯片简介

PWM 控制常采用专用控制芯片，根据所选择的直流-直流变换电路的不同电路拓扑，可以选择相应合适的集成控制芯片，比如半桥采用 SG3525、移相全桥采用 UC3875、LLC 谐振变换器采用 NCP1397、反激采用常见的 UC3842/3/4/5 系列等，当然控制芯片的型号不是唯一的，各公司的型号及命名各不相同，可根据实际需要选择。下面以 SG3525（如图 2-34 所示）为例介绍 PWM 控制信号发生电路。

SG3525 的输入电源电压 U_{CC1} 为 8 ~ 35V，片内基准电压用于产生 5.1V 片内电源，给片内电路供电，并带有欠电压保护功能。

振荡电路由一个双门限比较器、一个恒流源和外接充放电电容 C_T 组成。作用是使外接电容 C_T 恒流充电，构成锯齿波的上升沿，由比较器接通放电电路，形成锯齿波的下降沿。

锯齿波的上升时间为 　　　　　　　　$t_1 = 0.7 R_T C_T$ 　　　　　　　　　　　　　　(2-32)

锯齿波的下降时间为 　　　　　　　　$t_2 = 3 R_D C_T$ 　　　　　　　　　　　　　　(2-33)

锯齿波的周期为 　　　　$T = t_1 + t_2 = (0.7 R_T + 3 R_D) C_T$ 　　　　　　　　　(2-34)

振荡频率为 　　　　　　$f_s = 1/[(0.7 R_T + 3 R_D) C_T]$ 　　　　　　　　　　(2-35)

式中，C_T、R_T、R_D 均为外接电容和电阻，且 $R_T \gg R_D$，因此锯齿波的上升时间远大于下降时间。调节 R_D 即可改变 t_2，故 R_D 可用来调节两路 PWM 输出信号的死区（确保两开关管的驱

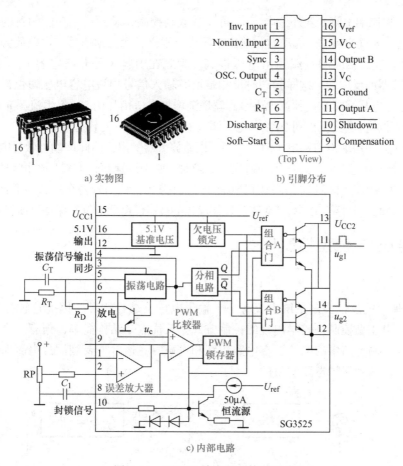

a) 实物图　　　　　　b) 引脚分布

c) 内部电路

图2-34　SG3525脉宽调制控制芯片

动信号有一定的时间间隔以免两开关管同时导通造成电路短路)。

振荡电路可以通过引脚3引入同步信号,实现锯齿波的外同步。

PWM发生器由PWM比较器组成。振荡电路产生的输出信号u_c从PWM比较器同相端输入,误差放大器输出的脉宽控制信号u_e从反相端输入,PWM比较器输出PWM信号。PWM比较器后的PWM锁存器锁存PWM信号,可以屏蔽环境干扰影响。

SG3525内部带有一个误差放大器,并可以通过引脚9和引脚1的外接电路组成比例或比例积分调节器。经引脚2外接电位器RP可以调节脉冲宽度(通常接电压给定信号,可由基准电压分压得到或采用TL431设置精准给定电压),脉宽调节信号也可以经引脚9外接(误差放大器采用外置运放)。

分相电路由触发器组成,其输入是振荡电路输出的时钟信号u_K,并以u_K的前沿触发,其输出是频率减半的互补信号。

组合门A和B的输入是:PWM信号、分相信号、时钟信号和欠电压封锁信号,其输出是两列相位互补的正脉冲(u_A和$\overline{u}_A$,u_B和$\overline{u}_B$),用于控制后级的输出电路。

SG3525的输出级由两个NPN型晶体管组成推挽电路,关断速度快。其电源电压U_{CC2}一般为15V,输出正脉冲信号幅值为15V,可输出100mA电流。引脚11和引脚14输出的脉冲互差为180°。

软起动：控制端引脚 8 若外接电容 C_1 可作软起动控制，设置这一功能的目的是抑制系统起动时输出电压的过冲幅度。起动时，输出电压尚未建立，无反馈信号，误差放大器输出电压 u_e 很高，脉宽很宽，相应的直流输出电压很高。为此在引脚 8 处并联电容 C_1，其端压接向 PWM 信号比较器的反相端，这样起动时反相端所有输入信号均被电容电压钳位，电容电压由于电容被恒流充电从零缓升，脉宽也由窄到宽逐渐增加。C_1 由片内 50μA 恒流源充电，随 C_1 电压升高，输出脉冲占空比从小到 50% 变化，调节 C_1 的值可以改变软起动时间。

故障封锁：当引脚 10 有高电平时，封锁了误差放大器输出，因此该端可做过电流保护等使用。当电源系统发生过电流、过电压和超温等故障时，必须迅速封锁 PWM 脉冲信号以保护功率器件安全，上述故障都以高电平信号加到 SG3525 的引脚 10，该信号将直接送到组合门输入端并使内置晶体管导通，电容 C_1 放电，PWM 比较器反相端被钳位至低电位并保持封锁状态。

2.3.2 电压/电流型控制模式

1. 电压型控制

图 2-35 所示的反馈控制系统中仅有一个输出电压反馈控制环，因此这种控制方式称为电压型控制。电压型控制是较早出现的控制方式，其优点是结构简单，但有一个显著的缺点是不能有效地控制电路中的电流，在电路短路和过载时，通常需要利用过电流保护电路来停止开关工作，以达到保护电路的目的。

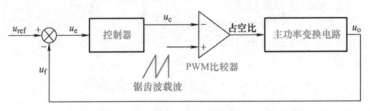

图 2-35 电压型控制

2. 电流型控制

针对电压型控制的缺点，出现了电流型控制方式。图 2-36 给出了电流型控制系统的框图，表明在电压反馈环内增加了电流反馈控制环，电压控制器的输出信号作为电流环的参考信号，给这一信号设置限幅，就可以限制电路中的最大电流，达到短路保护和过载保护的目的，还可以实现恒流控制。

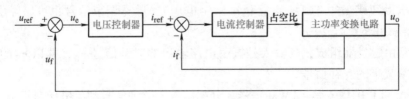

图 2-36 电流型控制

电流型控制方式有多种不同的类型，其中最为常用的是峰值电流控制和平均电流控制。反激变换器通常采用峰值电流控制方式，而开关电源的输出限流等采用平均电流控制方式。图 2-37 为常见的电流型集成控制芯片 UC3842 的内部结构及其控制的反激变换器。

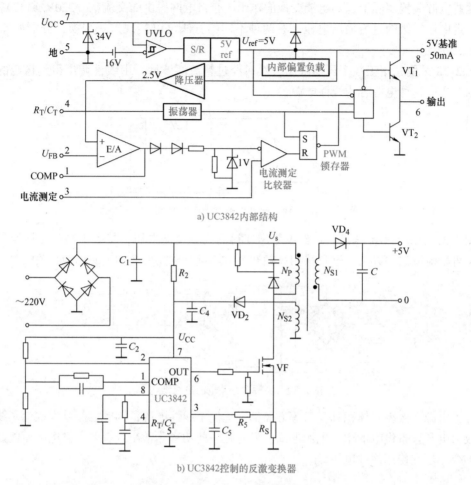

a) UC3842内部结构

b) UC3842控制的反激变换器

图 2-37　电流型集成控制芯片 UC3842 的内部结构及其控制的反激变换器

UC3842 的内部结构如图 2-37a 所示。图 2-37b 是用 UC3842 控制的反激变换器。电路中 R_2、$(C_2 + C_4)$ 构成起动电路，在 $(C_2 + C_4)$ 上的电压达到芯片起动电压时电路起动，然后由变压器 N_{S2} 绕组与二极管 VD_2、C_4 构成自馈电路产生模块 UC3842 的电压闭环反馈信号并提供芯片的工作电压。与 MOSFET S 极串联的电阻用于电流反馈，电流采样信号和电压环输出比较产生占空比信号，同时逐个周期限制了开关管的电流峰值。因此该电路有电压、电流的双闭环。高频变压器接有 RCD 缓冲电路，用于吸收尖峰电压。

2.4 开 关 电 源

在各种电子设备中，需要不同的直流电压供电，如数字电路需要 5V、3.3V、2.5V 等，模拟电路需要 ±12V、±15V 等，手机充电器需要 5V，通信设备需要 48V，电动汽车充电桩充电模块的输出为几百伏的直流电压等，这就需要专门设计电源装置来提供这些电压，通常要求电源装置能达到一定的稳压精度，还要能够提供足够大的电流。

这些电源装置实际上起到电能变换的作用，它将电网提供的交流电（220V或380V）变换为一定电压等级的直流输出电压。有两种不同的方法可以实现这一变换，分别如图2-38和图2-39所示。

图2-38采用先用工频变压器降压，然后经过整流滤波后，由线性调压得到稳定的输出电压的办法。这种电源称为线性电源。

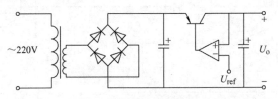

图2-38　线性电源基本电路结构

图2-39采用先整流滤波、后经高频逆变得到高频交流电压，然后由高频变压器隔离及降压、再整流滤波的办法。这种采用高频开关方式进行电能变换的电源称为开关电源。

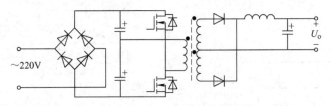

图2-39　半桥型开关电源电路结构

开关电源在效率、体积和重量等方面都远远优于线性电源，因此已经基本取代了线性电源，成为电子设备供电的主要电源形式，只有在一些功率非常小或者要求供电电压纹波非常小的场合，还在使用线性电源。

2.4.1　开关电源主功率电路

开关电源的主功率电路能量变换过程如图2-40所示。下面以SG3525为主控制芯片的半桥变换器（如图2-41所示）为例介绍开关电源的主功率电路和控制电路。

图2-40　开关电源的主功率电路能量变换过程

开关电源主功率电路
电能变换过程

1. EMI滤波器

为了满足有关的电磁干扰（EMI）标准，防止开关电源产生的高频开关噪声进入电网，或者防止电网的噪声进入开关电源内部，干扰开关电源的正常工作，必须在开关电源的输入端设置EMI滤波器。图2-42所示为一种常用的EMI滤波器结构，该滤波器能同时抑制共模和差模干扰信号。C_{c1}、L_c和C_{c2}构成的低通滤波器用来抑制共模干扰信号，其中L_c称为共模电感，其两组线圈匝数相等，但绕向相反，对差模信号的阻抗为零，而对共模信号产生很大的阻抗。C_{d1}、L_d和C_{d2}构成的低通滤波器则用来抑制差模干扰信号。

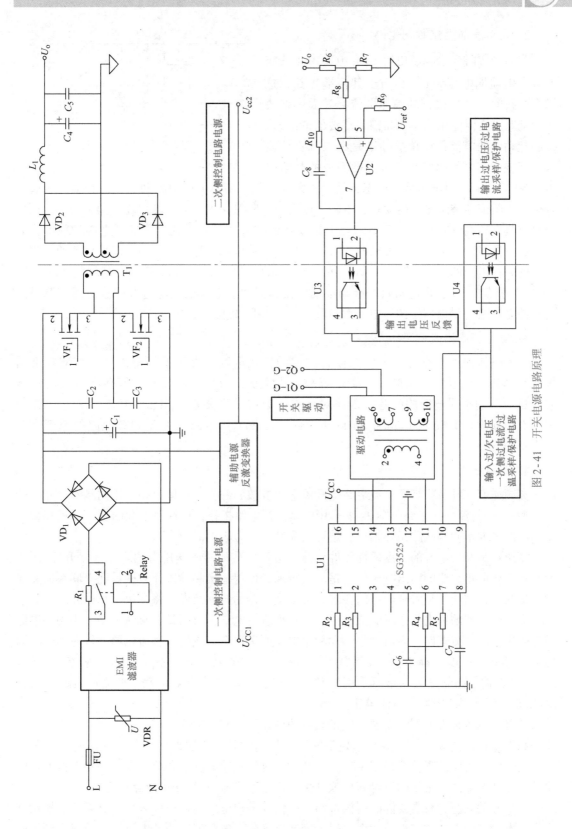

图2-41 开关电源电路原理

2. 起动浪涌电流抑制电路

开启电源时,给滤波电容 C_1 充电,由于滤波电容充电前端电压为 0,相当于其两端短路,这样上电瞬间会产生很大的浪涌电流,其大小取决于起动时的交流电压的相位和输入滤波器的阻抗。抑制起动浪涌电流最简单的办法是在电源交流输入和滤波电容之间串联具有负温度系数的热敏电

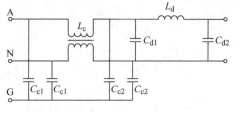

图 2-42　EMI 滤波器

阻 (NTC),起动时电阻处于冷态,呈现较大的电阻,从而可抑制起动电流;起动完成后随着热敏电阻流通持续电流的发热,电阻温度升高,阻值大大降低,其损耗也随之减小,以保证电源具有较高的效率。由于电阻在电源工作的过程中具有损耗,降低了电源的效率,因此,该方法只适合小功率开关电源。对于大功率开关电源,将上述热敏电阻换成普通功率电阻,同时在电阻的两端并联晶闸管开关(或者采用继电器),电源起动时晶闸管开关关断(继电器触点断开),由电阻限制起动浪涌电流,当滤波电容的充电过程完成之后,触发晶闸管使之导通(继电器线圈得电、触点闭合)而将限流电阻短路。

3. 输入整流滤波电路

输入整流滤波电路普遍采用二极管构成的桥式电路或直接采用整流桥,直流侧采用大电容滤波,该电路结构简单、工作可靠、成本低,效率也比较高,但存在输入电流谐波含量大、功率因数低的问题,因此对功率因数有较高要求的中、大功率开关电源普遍采用有源功率因数校正(Power Factor Correction,PFC)电路。关于 PFC 电路的原理将在第 5 章中介绍。

4. 高频逆变-变压器-高频整流电路

高频逆变-变压器-高频整流电路是开关电源的核心部分,具体电路采用的是本章介绍的隔离型直流-直流变换电路,图 2-41 采用的是半桥电路拓扑,可针对不同的功率等级和输入输出电压选取不同的电路拓扑结构,选择的原则可参考表 2-1。

变压器是开关电源的关键磁性元件,开关电源中变压器的作用有两个:一是升/降压以配合占空比取得需要的输出电压;二是电气隔离,使得输出和输入通过磁量建立联系而无电的直接联系,这通常是安全规范的要求。关于变压器的原理及设计将在第 7 章中介绍。

高频变压器的输出为高频交流电压,要获得直流电压,必须具有整流电路。小功率电源通常采用半波整流电路,而对于中、大功率电源则采用全波或桥式整流电路,针对不同的输出电压等级,可以选择不同的高频整流电路(桥式整流、全波整流或同步整流),详见 2.2.6 节。输出高频整流电路所采用的整流二极管需具有快恢复特性,整流后再通过高频 LC 滤波则可获得所需要的直流电压。

随着微电子技术的不断发展,电子设备的体积不断减小,与之相适应,要求开关电源的体积和重量也不断减小,提高开关频率并保持较高的效率是主要的途径。为了达到这一目标,高性能开关电源中普遍采用了软开关技术,这将在第 6 章中介绍。其中 LLC 谐振变换电路是目前开关电源中常用的一种新型软开关、高效率直流-直流变换电路拓扑。

一个开关电源有时需要同时提供多组不同值的输出电压,这可以采用给高频变压器设计多个二次绕组的方法来实现,每个绕组分别连接到各自的整流和滤波电路,就可以得到不同

电压的多组输出，而且这些不同的输出之间是相互隔离的，如图 2-43 所示的多路输出反激变换器。值得注意的是，仅能从这些输出中选择一路作为输出电压反馈，因此也就只有这一路电压的稳压精度较高，其他路的稳压精度都较低，而且其中一路的负载变化时，其他路的电压也会跟着变化。

除了交流输入之外，很多开关电源的输入为直流，如来自电池或者另一个开关电源的输出，这样的开关电源被称为直流-直流变换器（DC - DC Converter）。

直流-直流变换器分为隔离型和非隔离型两类，隔离型多采用反激、正激、半桥、推挽和全桥等隔离型电路，非隔离型采用 Buck、Boost 等电路。

在通信交换机、巨型计算机等复杂的电子装置中，供电的路数太多，总功率太大，难以用一个开关电源完成，因此出现了分布式的电源系统。通信交换机中的分布式供电系统如图 2-44 所示。其中一次电源完成交流-直流的隔离变换，其输出连接到直流母线上，直流母线的电压为 48V，直流母线连接到交换机中每块电路板上，电路板上都有自己的 DC - DC 变换器，将 48V 转换为电路所需的各种电压。

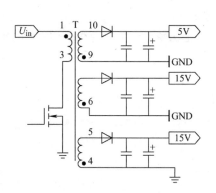

图 2-43　多路输出反激变换器

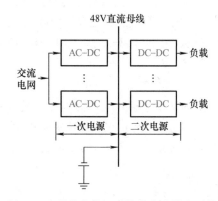

图 2-44　通信交换机中的分布式供电系统

为了保证停电的时候交换机还能正常工作，在 48V 直流母线上还连接了大容量的蓄电池组，在通信电源系统中，蓄电池组的负极接 48V 母线，正极接地，因此母线对地的电压实际为 - 48V。

在分布式电源系统中，一次电源的总功率要略大于二次电源的总功率，由于二次电源的数量大，因此总功率也较大，这样，一次电源也必须具有较大的功率。考虑到可靠性、可维护性和成本等问题，通常一次电源采用多个开关电源并联的方案，每个开关电源仅仅承担一部分功率。并联运行的每个开关电源有时也被称为"模块"，当其中个别模块发生故障时，系统还能够继续运行，被称为"冗余"。

例如，系统需要的总功率为 P，而模块的功率为 P/N，由 $N + M$ 个模块并联运行，则其中不多于 M 个模块发生故障时，系统仍然能够正常工作，这叫"$N + M$ 冗余"。

2.4.2　开关电源控制电路

控制电路是开关电源的重要组成部分，它决定开关电源的稳态及动态性能。目前，开关电源常见的控制方式有两种：一是采用专用模拟控制芯片，根据所选择的 DC - DC 变换部分的不同电路拓扑，可以选择相应合适的集成控制芯片。二是基于DSP（Digital Signal Processor）的数字化控制，称为数字化开关电源。两种控制方式各有优缺点，模拟控制不需要软件设计，基于模拟控制的开关电源调节速度及动态响应快，但芯片外围电路元器件数量多，且难以实现复杂的控制要求。数字控制外围模拟元器件数目少，可以实现一些先进、复杂的控制方法，但控制算法的运算速度受限于微处理器芯片的工作频率和运算能力，造成控制点在时间轴上的离散化，引入了纯滞后环节，有可能不能满足频带要求较宽的系统控制要求，造成开关电源动态响应较差，适合于要求具有通信和监控等功能的系统电源。

 **习题与思考题**

1. 降压变换电路如图2-3a所示，输入电压为（$1 \pm 10\%$）$\times 27V$，输出电压为15V，最大输出功率为120W，最小输出功率为10W，开关管工作频率为30kHz。求：

（1）占空比的变化范围。

（2）保证整个开关周期电感电流连续时的电感值。

（3）当输出纹波电压 $\Delta U_o = 100mV$ 时，滤波电容的大小。

2. 升压变换电路如图2-10a所示，输入电压为（$1 \pm 10\%$）$\times 27V$，输出电压为45V，输出功率为750W，效率为95%。求：

（1）最大占空比。

（2）如果要求输出电压为60V，是否可能？为什么？

3. 在图2-45所示的降压斩波电路中，已知 $U_i = 200V$，$R = 10\Omega$，L 值极大，$E_m = 50V$。采用脉宽调制控制方式，当 $T = 40\mu s$，$t_{on} = 20\mu s$ 时，计算输出电压平均值 U_o 和输出电流平均值 I_o。

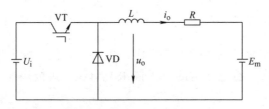

图2-45　习题与思考题3图

4. 定性分析反激变换器电流连续和断续两种工作模式下（考虑变压器漏感）：

（1）MOSFET的D、S极间电压波形。

（2）负载变化对输出电压的影响。

5. 隔离型DC–DC变换电路中变压器的主要作用是什么？

6. 画出推挽变换器的电路结构图并分析其优缺点。

7. 画出开关电源主功率电路的基本组成结构框图。

8. 隔离型DC–DC变换电路（双端电路）输出整流电路形式有哪几种？分析各自的优缺点及适用场合。

9. 试述直流变换电路或开关电源PWM信号的产生及输出稳压控制原理。

第3章

直流–交流变换电路 ◂•━━

3.1 概　　述

3.1.1 逆变的概念

直流电转变成交流电，这种对应于整流的逆向过程，定义为逆变（Inversion），凡能将直流电能转换成交流电能的变换电路泛称逆变电路。众所周知，在已有的电能生产方式中，化学能电池和太阳电池等属于直流电源，当需由这些电源向交流负载供电时就必须经过 DC – AC 变换。当然由公共电网向交流负载供电是最普遍的方式，但随着生产的发展，有相当一部分用电负载对交流电源有特殊要求，例如交流电机变频调速需要可变频率和可变幅值的交流电压；或者要求交流电压在很窄范围内维持恒定，这些都是公共电网无法满足的。由于在实际生产和生活中，交流性质的负载十分常见，所以逆变电路的用途也十分广泛。

逆变电路分为有源逆变和无源逆变两种。有源逆变是指逆变电路的交流侧接交流电网，即将直流电能变换为交流电能后直接回馈给电网，这种逆变电路输出交流电的频率和大小与电网相同。例如，电力机车下坡行驶时，使直流电动机作为发电机制动运行，机车的位能转变为电能，反送到交流电网中；另外，目前常见的光伏并网发电系统，也是有源逆变典型的应用实例。

如果变流电路的交流侧不与电网连接，而是直接接到负载，即把直流电逆变为某一频率或可变频率的交流电供给负载，称为无源逆变。在不加说明时，逆变电路多指无源逆变电路，本章讲述的就是无源逆变电路。

为了区别于公共电网，将具有不同于公共电网参数和质量的各式交流电源泛称为特殊交流电源。最初这些电源都是为满足各种工业生产要求而产生的，故以前称之为工业特殊电源，但随着办公自动化和家电行业的蓬勃发展，这些电源已陆续从工业生产领域扩展到其他方面，下面列举其常用的几种。

3.1.2 特殊交流电源的分类

1. 变频变压电源

变频调速是交流调速的基本方式，为保持电动机气隙磁通恒定以防止铁心饱和，必须使定子电压与频率同步变化。因此变频调速电源实际上是一种变频变压（Variable Voltage & Variable Frequency，VVVF）电源。目前这类电源多采用间接变频方式，因而也包含逆变电路。在这种应用中，逆变器又称变频器，能够输出频率和幅值可调的交流电。变频变压电路多用于交流电动机的变频调速中，频率可调范围从接近0到几百赫兹。

2. 恒压恒频电源

恒压恒频（Constant Voltage & Constant Frequency，CVCF）电源的典型代表是不间断电源设备（UPS）。对于诸如计算机一类的负载，电源电压波动、频率漂移、瞬间干扰和突然中断等现象都会造成损失，因此要求由优质不间断电源设备供电。这类电源的电压稳定度、频率稳定度、波形保真度和不间断性都优于公共电网。

这类电源的结构也采用间接式变换，因而整个系统包含整流、静止开关、逆变和电池四个基本部分。

3. 感应加热交流电源

在金属冶炼、焊接、压铸及热处理等场合，经常需要中频或高频交流电进行感应加热，而普通供电的交流电网往往无法满足要求，此时一般会采用无源逆变电路来得到所需要频率和大小的交流电源，保证频率可以在一定范围内变换。这类电源的典型结构是采用间接频率变换方案，即通过整流电路将来自公共电网的交流电能先变换成直流电能，再经过逆变电路变换成负载所需频率的交流电能。

4. 有源逆变电源

这类电源的典型代表是直流输电系统，同交流输电方式相比，直流输电方式具有更多优点。随着半导体变流技术的发展，已为这种输电方式提供了可能性。直流输电系统也采用间接变流方案，在送电端先将交流电能转换为直流电能；在受电端再重新将直流电能转换为交流电能，因而也包含逆变电路。但它与前述几种逆变电路存在以下不同：

1）逆变电路以终端电网为负载，为了使得各地电网相互连接，输电线路在终端并网，也即逆变输出交流电能馈入当地电网，这种以电网为负载，向电网馈电的逆变器称为有源逆变器，目前多采用相控方式（第5章详述）。

2）为了减小线路损耗，提高输电效率，多采用高压格局。

有源逆变电路的另一用途是绕线转子异步电动机的调速系统，在该系统中将转差功率通过整流/逆变电路反馈回电网。

3.1.3 逆变电路的基本用途及分类

1. 直接变换

直接将太阳电池或化学能电池等直流能源转换为负载所需要的交流电能，称为直接变换。

2. 间接变换

前述几种特殊交流电源均采用 AC - DC - AC 的多级转换方式（在很多文献中称之为含直流环节的交流变换电路），显然在这类电源中逆变电路承担 DC - AC 转换的任务。在新型的直流开关电源中，为了实现小型轻量化和输入输出间的电隔离以及电压匹配，也采用了 DC - AC - DC 的间接式变换（在有些文献中称之为含交流环节的直流变换电路），在这类电源中，由逆变电路将直流电能转换成高频交流电能，由高频变压器实现电隔离并在二次侧经高频整流转换成直流电能。

逆变电路按照不同的分类标准可以有多种分类方式，常见的有：

1）按照输出波形：分为方波逆变电路和正弦波逆变电路。

2）按照输入直流电源性质：当输入直流电源为电流源时，称为电流型逆变电路；当输入直流电源为电压源时，称为电压型逆变电路。

本章以常用的电压型方波逆变电路及正弦脉宽调制逆变电路为主分析逆变电路的原理及其控制方式。

3.2 电压型方波逆变电路

3.2.1 单相电压型方波逆变电路

1. 基本原理

逆变电路的主要功能是将直流电逆变成某一频率或可变频率的交流电供给负载。最基本的逆变电路是单相桥式逆变电路，它可以很好地说明逆变电路的工作原理，其电路结构如图 3-1a 所示。

图中，U_d 为输入直流电压；R 为逆变器的输出负载。当开关 S_1、S_4 闭合，S_2、S_3 断开时，逆变器输出电压 $u_o = U_d$；当开关 S_1、S_4 断开，S_2、S_3 闭合时，输出电压 $u_o = -U_d$。只要以频率 f_s（周期 $T_s = 1/f_s$）交替切换开关 S_1、S_4 和 S_2、S_3 通断，则在电阻 R 上就会获得图 3-1b 所示的交变电压波形，这样，输入直流电压 U_d 变成了输出交流电压 u_o。

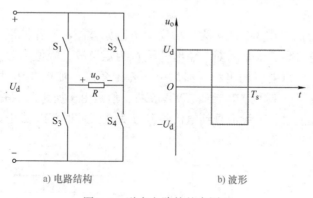

a) 电路结构   b) 波形

图3-1 逆变电路的基本原理

2. 常见的逆变电路结构

（1）推挽逆变电路 图3-2 所示为推挽逆变电路原理图和工作波形。直流电压通过一个三绕组变压器（二次绕组与一次绕组匝数比为 N）及两个功率开关 VF_1 和 VF_2 交替向负载供电，实现了输出侧负载两端电压 u_o 极性的改变，即实现了直流电向交流电的转换。

具体分析如下：在①阶段，VF_2 有栅极信号可以驱动导通，因此变压器一次侧两个绕组的同名端电压极性为 +，故二次绕组感应的电压极性也是同名端电压极性为 +，负载侧两端电压为上正下负，而同时由于 VF_2 导通、VF_1 截止，有 $u_{VF2} = 0$，$u_{VF1} = 2U_i$。在②阶段，VF_1 和 VF_2 均没有驱动信号，都不导通，变压器二次绕组没有感应电压，负载两端电压为0，且

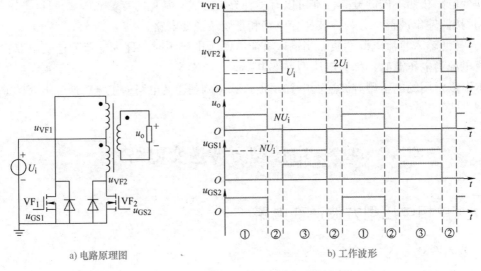

a) 电路原理图　　　　　　　　b) 工作波形

图 3-2　推挽逆变电路原理图和工作波形

VF_1 和 VF_2 两端电压都为 U_i。在③阶段，VF_1 有栅极信号驱动导通，因此变压器一次侧两个绕组的同名端电压极性为负，故二次绕组感应的电压极性也是同名端为负，负载侧两端电压为上负下正，而同时由于 VF_1 导通、VF_2 截止，有 $u_{VF1} = 0$，$u_{VF2} = 2U_i$。推挽逆变电路在工作过程中的任意时刻，都只有一个功率半导体器件工作，或两个器件均不导通，所以器件损耗较小，适用于低电压大电流的场合。值得注意的是，因为变压器的非理想耦合特性有可能导致功率开关器件承受的电压远远大于两倍的输入直流电压，所以选择功率器件的时候需要特别关注。

（2）半桥逆变电路　图 3-3 所示为半桥逆变电路原理图和工作波形。VT_1 和 VT_2 在一个周期内交替导通，各自导通半个周期。输出电压 u_o 为矩形波，幅值为 $U_m = U_d/2$。此电路所带负载为感性负载，所以电流输出波形滞后电压一定角度，如图 3-3b 所示，在 t_2 时刻前，VT_1 导通、VT_2 关断；在 t_2 时刻 VT_2 导通、VT_1 关断，但是由于所带负载是感性负载，所以电流不能立刻反向，先通过 VD_2 续流直到电流达到零为止，此时 VD_2 截止、VT_2 正式导通，电流反向。其余工作过程类似。

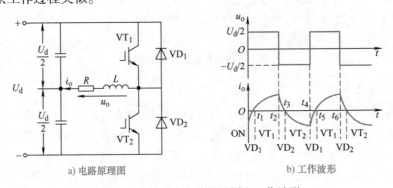

a) 电路原理图　　　　　　　　b) 工作波形

图 3-3　半桥逆变电路原理图和工作波形

半桥逆变电路的特点是结构简单、器件少、输出电压是输入直流电压的一半，适用于中小功率逆变电路。

（3）全桥逆变电路　全桥逆变电路原理图和工作波形如图3-4所示。全桥逆变电路可以看成是两个半桥逆变电路的组合，四个开关管 VT_1 和 VT_4 组成一对，VT_2 和 VT_3 组成另一对，成对桥臂同时导通，两对管子交替各导通180°，输出电压波形同半桥逆变电路的 u_o，但电压幅值为半桥逆变电路的两倍，即 $U_m = U_d$；i_o 波形和半桥逆变电路的 i_o 相同，幅值增加一倍。全桥逆变电路是单相逆变电路中应用最为广泛的电路结构。

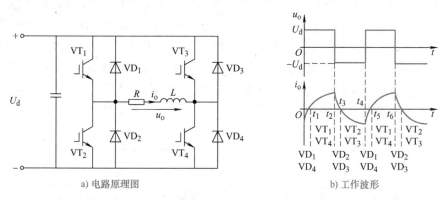

a) 电路原理图　　　　　　　　b) 工作波形

图3-4　全桥逆变电路原理图和工作波形

输出电压定量分析：把幅值为 U_d 的矩形波 u_o 展开成傅里叶级数得

$$u_o = \frac{4U_d}{\pi}\left(\sin\omega t + \frac{1}{3}\sin3\omega t + \frac{1}{5}\sin5\omega t + \cdots\right) \tag{3-1}$$

基波幅值为

$$U_{o1m} = \frac{4U_d}{\pi} = 1.27\,U_d \tag{3-2}$$

基波有效值为

$$U_{o1} = \frac{4U_d}{\pi\sqrt{2}} = 0.9\,U_d \tag{3-3}$$

上述公式对于半桥逆变电路也是适用的，只是式中的 U_d 要换成 $U_d/2$。

3. 电压型方波逆变电路的特点

（1）输出电压不可调　方波逆变电路输出电压基波有效值 U_{o1} 仅取决于直流电压 U_d，当 U_d 为恒定值时，U_{o1} 便相应保持不变。但在实用中，诸如交流电动机的调速，加热电源的功率调节，优质电源在外部干扰下的电压稳定，都要求逆变电路输出端电压在不同范围内连续可调，为满足上述要求，方波逆变电路可以采取以下措施：

1）采用直流电压 U_d 为连续可调的直流环节：例如采用相控整流电路，或采用不可控整流电路加 DC – DC 变换电路的方式，如图3-5所示。

2）采用逆变桥间移相调压方式或移相式方波逆变电路。

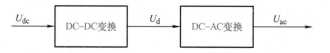

图3-5　不可控整流电路加 DC – DC 变换电路调节输出电压

单相电压型方波逆变电路工作模态

比较以上各方案，相控整流不仅网侧功率因数低，还会对电网产生污染；加 DC - DC 变换电路则变换级数增多，系统效率低且造价高；桥间移相调压过于复杂，在功率器件开关容量低、单机容量小的时期曾采用过，现在用以实现电压调节则显然得不偿失。据此采用移相式方波逆变电路为宜。

所谓移相式方波逆变电路，是指通过驱动信号相位调节实现输出电压调节的方波逆变电路。其主电路结构与图 3-4 相同（顺便指出，半桥电路不能使用），但是其驱动信号时序改为图 3-6 所示。由图可见，u_{GE1} 和 u_{GE2}、u_{GE3} 和 u_{GE4} 的驱动信号仍然保持互补相位关系，但 u_{GE1} 与 u_{GE4}（u_{GE2} 与 u_{GE3}）却不再同相，u_{GE3} 和 u_{GE4} 分别超前于 u_{GE2} 和 u_{GE1} 一电角度 θ，该角度在 $0 \sim \pi$ 范围内连续可调。根据这一相位关系，可将桥路中的 VT_1 和 VT_2 组成的上下臂称为基准臂，而将 VT_3 和 VT_4 的臂称为移相臂。调压原理是依靠改变移相臂的相位角 θ 来改变输出电压波形，从而改变输出电压基波有效值 U_{o1}，实现桥内调压的目的。

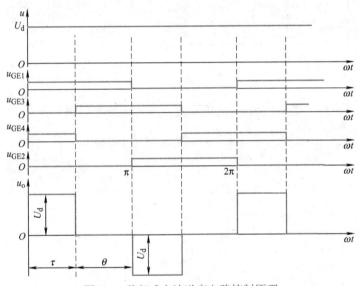

图 3-6　移相式方波逆变电路控制原理

（2）输出电压谐波含量高

（3）直流电压利用率较高　由式（3-2）可知，单相电压型方波逆变电路的直流电压利用率 $A_u = 1.27$，以后可以知道，和其他逆变电路相比，该利用率相对较高，这是方波逆变电路的优点。

根据以上方波逆变电路特点的分析，对逆变电路功能提出以下要求：

1）兼具变频调压功能：即逆变电路具有内部调压功能。

2）输出电压谐波含量低：尤其是低次谐波含量，因为对于相同强度，谐波次数越低，需要的滤波参数值越大。

3）直流电压利用率要高。

3.2.2　三相电压型方波逆变电路

1. 电路结构

实际中应用最为广泛的是三相桥式逆变电路，以 IGBT 作为开关器件的三相电压型桥式逆变电路的基本电路结构如图 3-7 所示，可以看成是由三个半桥单相逆变电路组合而成。

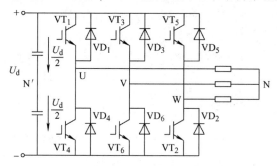

图 3-7　三相电压型桥式逆变电路的基本电路结构

2. 控制方式

三相电压型桥式逆变电路采用 180° 导电方式，每桥臂导电 180°，同一相上下两管交替导电，各相开始导电的角度相差 120°，任一瞬间有三个桥臂同时导通：$VT_1 VT_2 VT_3 \rightarrow VT_2$ $VT_3 VT_4 \rightarrow VT_3 VT_4 VT_5 \cdots$ 每次换相都是在同一相上下两臂之间进行，也称为纵向换相，开关管驱动顺序为 $VT_1 \rightarrow VT_2 \rightarrow VT_3 \rightarrow VT_4 \rightarrow VT_5 \rightarrow VT_6$，依次相隔 60°。

3. 波形分析

负载各相到电源中性点 N′ 的电压：对于 U 相，VT_1 导通时，$u_{UN'} = U_d/2$；当 VT_4 导通时，$u_{UN'} = -U_d/2$，$u_{UN'}$、$u_{VN'}$、$u_{WN'}$ 波形如图 3-8 所示。

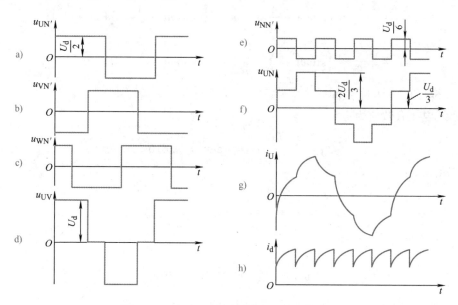

图 3-8　三相电压型桥式逆变电路工作波形

负载线电压可由下式得出

$$\left.\begin{array}{l} u_{UV} = u_{UN'} - u_{VN'} \\ u_{VW} = u_{VN'} - u_{WN'} \\ u_{WU} = u_{WN'} - u_{UN'} \end{array}\right\} \tag{3-4}$$

负载相电压可由下式求得

$$\left.\begin{array}{l} u_{UN} = u_{UN'} - u_{NN'} \\ u_{VN} = u_{VN'} - u_{NN'} \\ u_{WN} = u_{WN'} - u_{NN'} \end{array}\right\}$$

(3-5)

负载中性点和电源中性点间电压为

$$u_{NN'} = \frac{1}{3}(u_{UN'} + u_{VN'} + u_{WN'}) - \frac{1}{3}(u_{UN} + u_{VN} + u_{WN}) \qquad (3-6)$$

负载三相对称时有 $u_{UN} + u_{VN} + u_{WN} = 0$，于是得到

$$u_{NN'} = \frac{1}{3}(u_{UN'} + u_{VN'} + u_{WN'}) \qquad (3-7)$$

由上面分析可以得到 u_{UN}、u_{VN}、u_{WN} 波形，见图 3-8，三相波形形状相同，相位依次相差 120°；负载已知时，可由 u_{UN} 波形求出 i_U 波形；一相上下两桥臂间的换相过程和半桥电路相似；桥臂 1、3、5 的电流相加可得直流侧电流 i_d 的波形，i_d 每 60° 脉动一次，直流电压基本无脉动，因此逆变器从交流侧向直流侧传送的功率是脉动的，这是电压型逆变电路的一个特点。

4. 定量分析

(1) 输出线电压　把 u_{UV} 展开成傅里叶级数得

$$\begin{aligned} u_{UV} &= \frac{2\sqrt{3}\,U_d}{\pi}\left(\sin\omega t - \frac{1}{5}\sin5\omega t - \frac{1}{7}\sin7\omega t + \frac{1}{11}\sin11\omega t + \cdots\right) \\ &= \frac{2\sqrt{3}\,U_d}{\pi}\left(\sin\omega t + \sum_n \frac{1}{n}(-1)^k\sin n\omega t\right) \end{aligned}$$

(3-8)

式中，$n = 6k \pm 1$，k 为自然数。

输出线电压有效值为

$$U_{UV} = \sqrt{\frac{1}{2\pi}\int_0^{2\pi} u_{UV}^2 \mathrm{d}\omega t} = 0.816\,U_d \qquad (3-9)$$

基波幅值为

$$U_{UV1m} = \frac{2\sqrt{3}}{\pi}U_d = 1.1\,U_d \qquad (3-10)$$

基波有效值为

$$U_{UV1} = \frac{U_{UV1m}}{\sqrt{2}} = \frac{\sqrt{6}}{\pi}U_d = 0.78\,U_d \qquad (3-11)$$

(2) 负载相电压　把 u_{UN} 展开成傅里叶级数得

$$\begin{aligned} u_{UN} &= \frac{2\,U_d}{\pi}\left(\sin\omega t + \frac{1}{5}\sin5\omega t + \frac{1}{7}\sin7\omega t + \frac{1}{11}\sin11\omega t + \cdots\right) \\ &= \frac{2\,U_d}{\pi}\left(\sin\omega t + \sum_n \frac{1}{n}\sin n\omega t\right) \end{aligned}$$

(3-12)

式中，$n = 6k \pm 1$，k 为自然数。

负载相电压有效值为

$$U_{\mathrm{UN}} = \sqrt{\frac{1}{2\pi}\int_0^{2\pi} u_{\mathrm{UN}}^2 \mathrm{d}\omega t} = 0.471\ U_{\mathrm{d}} \qquad (3\text{-}13)$$

基波幅值为

$$U_{\mathrm{UN1m}} = \frac{2U_{\mathrm{d}}}{\pi} = 0.637\ U_{\mathrm{d}} \qquad (3\text{-}14)$$

基波有效值为

$$U_{\mathrm{UN1}} = \frac{U_{\mathrm{UN1m}}}{\sqrt{2}} = 0.45\ U_{\mathrm{d}} \qquad (3\text{-}15)$$

注意：为防止同一相上下两桥臂开关器件直通，采取"先断后通"的方法。

5. 三相电压型方波逆变电路的特点

（1）输出电压谐波含量高

（2）输出电压不可调　和单相逆变电路相仿，三相电压基波幅值仅取决于直流电压 U_{d}，当 U_{d} 为恒值时，输出电压便无法调节。为了调节输出电压，传统的方法是采用相控整流电路、不控整流电路与直流变换电路级联等。

（3）直流电压利用率低　三相电路直流电压利用率 A_u 为

$$A_u = U_{\mathrm{UN1m}}/U_{\mathrm{d}} \qquad (3\text{-}16)$$

式中，U_{UN1m} 为相电压基波幅值。

根据式(3-14)得，$A_u = 0.637$，三相电压型方波逆变电路的直流电压利用率并不高。

3.3　正弦脉宽调制逆变电路

通过前面的介绍，方波逆变电路已经解决了调频、调压等问题，对于诸如感应加热等应用场合已经不存在问题，但是如果将方波逆变电路应用于电动机调速和高性能 UPS 之类的场合，存在的主要问题是谐波含量偏高。因此，解决谐波问题是逆变电源应用于这些场合的关键。本节所要介绍的逆变电路脉冲宽度调制（PWM）技术是最为常见的谐波控制方法，同时能够容易地实现调压和调频功能，是目前应用最广泛的逆变电路控制方式。

PWM 技术在逆变电路中应用最为广泛，在大量应用的逆变电路中，大部分都是 PWM 逆变电路。可以说 PWM 技术正是有赖于在逆变电路中的应用，才得到快速的发展，也确立了它在电力电子技术中的重要地位。

PWM 逆变电路是指利用全控型器件的通断，按一定的规律对逆变电路输出的脉冲宽度进行调制，既可以改变输出电压的大小，也可以改变输出电压的频率。这种电路的特点是可以得到和正弦波近似等效的输出波形、减小了谐波、功率因数高、动态响应快，而且电路结构简单。

3.3.1　正弦脉宽调制技术的理论基础

采样控制理论有一个重要结论：当形状不同但面积相等的窄脉冲加在线性环节上时，得到的输出效果基本相同。图 3-9 所示的分别是矩形波、三角形波、正弦半波窄脉冲和以理想单位脉冲函数为波形的电压源 $u(t)$ 施加于 RL 负载上的情况。当负载时间常数远大于激励脉冲持续时间时，响应 $i(t)$ 基本一致，只在上升段有所不同，响应持续时间较长的下降段体现了低频成分，持续时间较短的上升段体现了响应的高频分量，因此各个响应按傅里叶级数分析时在低频段基本一致，差别存在于高频段。当激励脉冲越窄（或负载时间常数与脉冲持续时间相差越大）时，则响应的高频段所占比例越小，整个响应越接近。

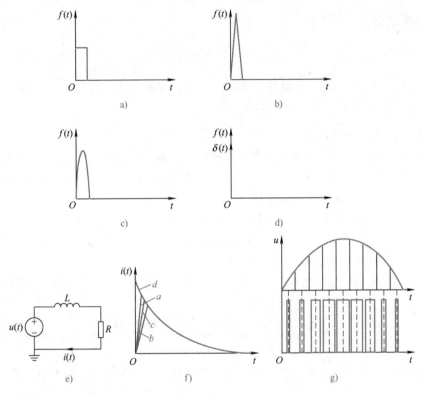

图 3-9 不同波形电压源 $u(t)$ 施加于 RL 负载上的情况

线性系统周期性窄脉冲群的最终响应可以等效为各个窄脉冲引起响应的叠加，以时间为自变量的激励函数加在惯性环节上的响应就可以被等效为按时间段与之面积相等的窄脉冲序列加在同一环节上得到的响应。

利用等面积序列脉冲等效正弦半波相应时间段的面积就形成了一系列脉宽随正弦波瞬时值变动的脉冲序列——正弦脉宽调制（Sinusoidal Pulse Width Modulation，SPWM）波，如图 3-9g 所示。开关功率变换器输出为脉冲函数，利用高频 SPWM 波施加于负载，并配置低通滤波环节就能够产生需要的低频正弦响应，这就是 SPWM 技术的基本原理。

1. 产生 SPWM 波的基本方法——自然采样法

按照三角波（或锯齿波）与正弦波比较，产生 SPWM 脉冲序列的方法称为自然采样法；这里的三角波或锯齿波称为载波，正弦波称为调制波。正弦波在不同相位角时其值不同，与三角波相交所得脉冲宽度也不同，当正弦波频率变化和幅值变化时，各个脉冲宽度也相应地发生变化。自然采样法如图 3-10 所示，利用模拟电路可以方便地实现这个功能，将正弦波与三角波施加于比较器的两个输入端，u_c 为三角载波，周期为 T_c；u_r 为正弦调制波，周期为

T_r。当 $u_r > u_c$ 时，输出高电平；当 $u_r < u_c$ 时，输出低电平。一般有 $T_r > T_c$，波形峰值 $u_{rm} \leqslant u_{cm}$。比较器输出为 SPWM 波，如果半个周期中只有正脉冲，则为单极性调制；输出脉冲有正有负则称为双极性调制。这种方法在模拟控制方式中比较常用。

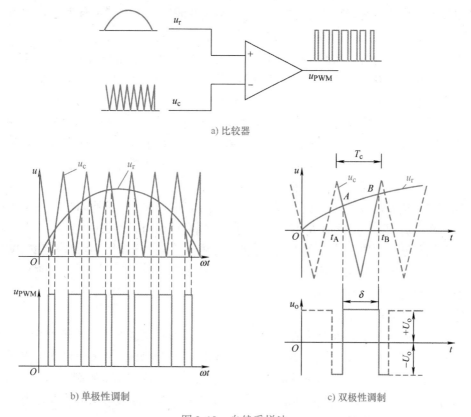

图 3-10　自然采样法

　　采用自然采样法进行脉宽调制，过程简单易懂，但当进行计算机控制时，由于载波（三角波）的每个周期都有一个脉冲输出，每个脉冲关于三角波中点是不对称的，所以导致计算量偏大，实时性较差，波形准确度较差。因此这种方法在数字控制系统一般不常用。

2. 产生 SPWM 波的基本方法——规则采样法

　　将输出脉冲中点和三角波中点重合，使得每个脉冲关于三角波峰值左右对称，这种改进可以大大减少计算工作量。三角波两个正峰值之间为一个采样周期 T_c。自然采样法中，脉冲中点不和三角波一周期的中点（即负峰点）重合，规则采样法使两者重合，每个脉冲的中点都以相应的三角波中点为对称，使计算大为简化。

　　规则采样法原理：如图 3-11 所示，在三角波的负峰值时刻 t_D 对正弦信号波采样得 D 点，过 D 点作水平直线和三角

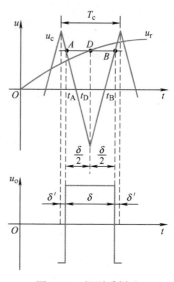

图 3-11　规则采样法

波分别交于 A、B 点，在 A 点时刻 t_A 和 B 点时刻 t_B 控制开关器件的通断，脉冲宽度和用自然采样法得到的脉冲宽度非常接近。

3. 同步调制与异步调制

载波频率 f_c 与调制波频率 f_r 之比 $N = f_c/f_r$，称为载波比。根据载波和调制波是否同步及载波比的变化情况，PWM 调制方式分为异步调制和同步调制。

异步调制：指载波信号和调制波信号不同步的调制方式，通常保持 f_c 固定不变，当 f_r 变化时，载波比 N 是变化的；在调制波信号的半周期内，PWM 波的脉冲个数不固定，相位也不固定，正负半周期的脉冲不对称，半周期内前后 1/4 周期的脉冲也不对称。当 f_r 较低时，N 较大，一周期内脉冲数较多，脉冲不对称产生的不利影响较小；当 f_r 增高时，N 减小，一周期内的脉冲数减少，PWM 脉冲不对称的影响就变大。对于三相 PWM 逆变电路来说，三相输出的对称性也变差。因此，在采用异步调制方式时，希望采用较高的载波频率，以使在调制波频率较高时仍能保持较大的载波比。

同步调制：载波比 N 等于常数，并在变频时使载波和调制波保持同步。在基本同步调制方式下，调制波频率 f_r 变化时 N 不变，调制波一周期内输出脉冲数固定；在三相电路中公用一个三角波载波，且取 N 为 3 的整数倍，使三相输出对称。同时，为使一相的 PWM 波正负半周镜对称，N 应取奇数。当逆变电路输出频率很低时，即 f_r 很低时，f_c 也很低，由调制带来的谐波不易滤除，当负载为电动机时也会带来较大的转矩脉动和噪声；f_r 很高时，f_c 会过高，使开关器件难以承受。

分段同步调制：为了克服上述缺点，可以采用分段同步调制的方法，即逆变电路的输出频率范围划分成若干个频段（把 f_r 划分成若干个频段），每个频段内保持载波比 N 恒定，不同频段 N 不同。在 f_r 高的频段采用较低的 N，使载波频率不致过高，限制在功率开关器件允许的范围内。在 f_r 低的频段采用较高的 N，使载波频率不致过低而对负载产生不利影响。各频段的载波比取 3 的整数倍且为奇数为宜。

同步调制比异步调制复杂，但用微机控制时容易实现；可在低频输出时采用异步调制方式，高频输出时切换到同步调制方式，这样把两者的优点结合起来，和分段同步调制方式效果接近。

不同调制方式的频率关系如图 3-12 所示。

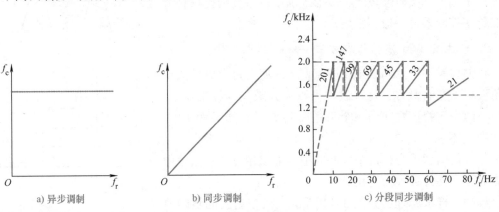

a) 异步调制　　　b) 同步调制　　　c) 分段同步调制

图 3-12　同步调制和异步调制

3.3.2　单相 SPWM 逆变电路

图 3-13 所示为采用 IGBT 作为开关器件的单相电压型桥式逆变电路主电路，通过 SPWM 方式进行逆变电路的控制，基本思路是：用模拟电路构成三角载波 u_c 和正弦调制波 u_r 发生电路，用比较器来确定它们的交点，在 u_r 和 u_c 的交点时刻控制 IGBT 的通断，产生 SPWM 波形；工作时 VT_1 和 VT_2 通断互补，VT_3 和 VT_4 通断也互补。

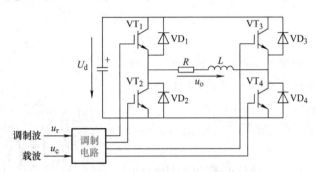

图 3-13　单相电压型桥式逆变电路主电路

1. 单极性 PWM 控制方式

如图 3-14 所示，u_r 为正弦调制波，载波 u_c 在 u_r 正半周为正极性的三角波，在 u_r 负半周为负极性的三角波。四个开关的控制规律如下：

u_r 正半周，VT_1 保持通态，VT_2 保持断态；当 $u_r > u_c$ 时使 VT_4 通、VT_3 断，也就是 u_r 和 u_c 比较得到的 PWM 脉冲去控制 VT_4 的导通与关断，而 VT_3 和 VT_4 的驱动脉冲互补。这样，在 VT_1 和 VT_4 导通时，在电流为正的区间，负载电流流通 VT_1 和 VT_4，$u_o = U_d$；在负载电流为负的区间，负载电流流通 VD_1 和 VD_4，同样 $u_o = U_d$。VT_4 关断时，负载正电流流通 VT_1 和 VD_3，$u_o = 0$；在电流为负的区间，通过 VT_3 和 VD_1 续流，同样 $u_o = 0$。

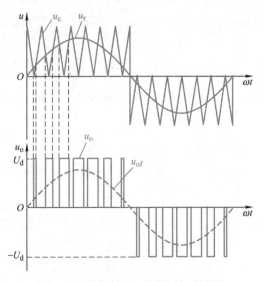

图 3-14　单极性 PWM 控制方式波形

通过上面的分析，可以得到如下结论：在调制波（交流）正半周，通过调制波和载波比较得到的 PWM 脉冲控制 VT_4 的通断，而让 VT_3 和 VT_4 互补交替通断；VT_1 一直保持导通，VT_2 保持关断，则会在负载两端得到和 PWM 脉冲形状相同的负载电压波形，只是 PWM 波形的幅值变成了 U_d。也就是负载两端得到幅值为 U_d 的 SPWM 波形。

同样的道理，在 u_r 负半周，VT_1 保持断态，VT_2 保持通态，当 $u_r < u_c$ 时使 VT_3 通、VT_4 断，$u_o = -U_d$；当 $u_r > u_c$ 时使 VT_3 断、VT_4 通，$u_o = 0$，则同样在负载两端得到幅值为 $-U_d$ 的 SPWM 波形。

2. 双极性 PWM 控制方式

如图 3-15 所示，双极性调制方式下，在 u_r 的半个周期内，三角载波有正有负，所得 PWM 波也有正有负；在 u_r 一周期内，输出 PWM 波只有 $\pm U_d$ 两种电平，同样在调制信号 u_r 和载波信号 u_c 的交点控制器件的通断。

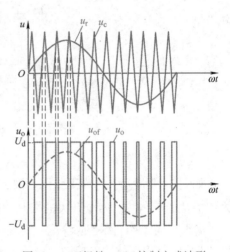

u_r 正负半周，对各开关器件的控制规律相同：当 $u_r > u_c$ 时，给 VT_1 和 VT_4 导通信号，给 VT_2 和 VT_3 关断信号，当负载电流 $i_o > 0$ 时，VT_1 和 VT_4 流通负载电流，如 $i_o < 0$，则 VD_1 和 VD_4 续流负载电流，但无论电流正负，输出电压总是有 $u_o = U_d$；当 $u_r < u_c$ 时，给 VT_2 和 VT_3 导通信号，给 VT_1 和 VT_4 关断信号，如 $i_o < 0$，VT_2 和 VT_3 流通负载电流，如 $i_o > 0$，VD_2 和 VD_3 续流负载电流，但无论电流正负，总是有 $u_o = -U_d$。

图 3-15　双极性 PWM 控制方式波形

3. 单极倍频正弦脉宽调制

单极倍频正弦脉宽调制采用双极性三角波与正弦波比较，驱动信号产生规律如下：
对 VT_1 和 VT_2：

$$u_r > u_c \text{ 时 } VT_1 \text{ 驱动，} VT_2 \text{ 截止}$$
$$u_r < u_c \text{ 时 } VT_2 \text{ 驱动，} VT_1 \text{ 截止}$$

对 VT_3 和 VT_4：

$$u_r + u_c < 0 \text{ 时 } VT_3 \text{ 驱动，} VT_4 \text{ 截止}$$
$$u_r + u_c > 0 \text{ 时 } VT_4 \text{ 驱动，} VT_3 \text{ 截止}$$

调制波形如图 3-16 所示，$u_{g1} \sim u_{g4}$ 分别为开关 $VT_1 \sim VT_4$ 的驱动信号，单极倍频正弦脉宽调制输出电压 u_o 是单极性的，在正半周只有正脉冲，负半周只有负脉冲。若每周期各管有 N 个脉冲，则输出电压由 $2N$ 个脉冲组成，因此称为倍频控制。倍频控制以较少的开关次数得到较高调制频率的效果，单极倍频正弦脉宽调制在单相变频器中使用较多。

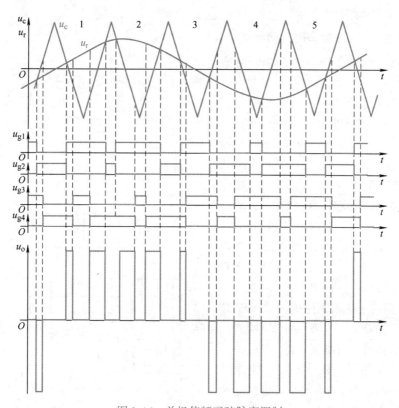

图 3-16　单极倍频正弦脉宽调制

3.3.3　三相 SPWM 逆变电路

1. 电路结构

三相 SPWM 逆变电路和三相方波逆变电路结构相同，图 3-17 为采用 IGBT 作为开关器件的三相电压型桥式 SPWM 逆变电路结构，和三相电压型桥式方波逆变电路的区别仅在于控制信号的时序分布。

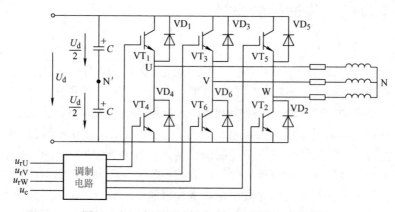

图 3-17　三相电压型桥式 SPWM 逆变电路结构

2. 脉冲控制策略

1）三相的 PWM 控制公用三角波载波 u_c。

2）三相的调制信号 u_{rU}、u_{rV} 和 u_{rW} 依次相差 120°。

3）三相的控制规律相同。调制信号与三角波比较形成三相 SPWM 波分别控制三个桥臂，u_{rU} 与三角波比较得到的 PWM 脉冲控制 VT_1 和 VT_4；u_{rV} 与三角波比较得到的 PWM 脉冲控制 VT_3 和 VT_6；u_{rW} 与三角波比较得到的 PWM 脉冲控制 VT_5 和 VT_2。同一桥臂上下开关管驱动脉冲互补。以 U 相的控制规律为例：当 $u_{rU} > u_c$ 时，VT_1 导通、VT_4 关断，有 $u_{UN'} = U_d/2$。当 $u_{rU} < u_c$ 时，VT_4 导通而 VT_1 关断，$u_{UN'} = -U_d/2$，因此 $u_{UN'}$ 的 PWM 波形只有 $\pm U_d/2$ 两种电平，VT_1 和 VT_4 的驱动信号始终是互补的。当给 VT_1（VT_4）导通信号时，可能是 VT_1（VT_4）导通，也可能是二极管 VD_1（VD_4）续流导通，由阻感负载中电流的方向来决定，这和单相电压型桥式 SPWM 逆变电路在双极性控制时的情况相同。V 相和 W 相的控制方式和 U 相相同，电路波形如图 3-18 所示。

u_{UV} 波形可由 $u_{UN'} - u_{VN'}$ 得出，输出线电压 PWM 波由 $\pm U_d$ 和 0 三种电平构成；同分析三相方波逆变电路同样的方法，可

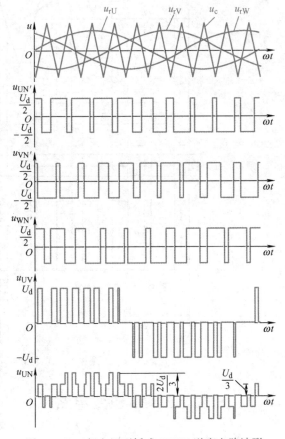

图 3-18　三相电压型桥式 SPWM 逆变电路波形

以得到负载相电压 SPWM 波由 $\pm \frac{2}{3}U_d$、$\pm \frac{1}{3}U_d$ 和 0 共 5 种电平组成。

3.3.4　逆变器输出滤波器的设计

1. 输出滤波器的作用

逆变器虽然能够完成 DC - AC 的变换，但是逆变器的输出电压和电流在幅值上总是离散的，例如电压型逆变器的输出电压就只有高电平、零和低电平三种形式，相对于需要幅值连续变化的交流负载来说，这种输出电压中所含谐波分量就明显太丰富了，尤其对于 CVCF 一类的电源，由于负载对输出电压的失真度要求较严，即使采用 SPWM 调制，输出电压失真度也往往高于允许值，因而需要进一步抑制谐波含量；另外，CVCF 电源输出基波频率往往是恒定的，因此在逆变器输出和负载之间附加滤波器是消除多余高次谐波的主要手段。大部分高频开关工作的逆变器都是使用滤波器来获得理想输出，交流电动机一般是将电动机的漏电抗作为滤波元件。滤波器的主要任务是尽可能地衰减谐波成分，同时不影响所需要的频谱成分的幅值和相位，理论上应该不存在能量损耗。

2. 常用滤波器的结构

常用的滤波器是 *LC* 低通滤波器，为分析方便，此处以电阻性负载为例，可以非常方便地推导出图 3-19 所示的 *LC* 二阶低通滤波器的传递函数为

$$W_{\text{filter}}(s) = \cfrac{1}{L_o C_o s^2 + \cfrac{L_o}{R_o} s + 1} \tag{3-17}$$

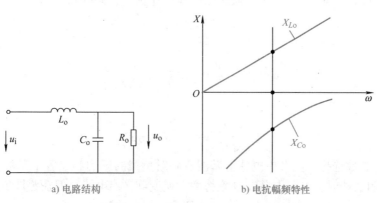

a) 电路结构　　　　　　　　　　　　b) 电抗幅频特性

图 3-19　电感输入型低通滤波器

由式(3-17）可以看到，在负载不同的情况下，这一传递函数可以有不同的表达方式，在理论分析的情况下，该模型可以满足要求。*LC* 低通滤波器，在一般负载和非理想特性的影响下，其幅频特性和相频特性可能有所偏移，但是谐振频率、倍频衰减等指标变化不大。

3. 滤波器主要参数

（1）谐振频率

$$f_0 = \frac{1}{2\pi\sqrt{L_o C_o}} \tag{3-18}$$

（2）滤波器特征阻抗

$$Z = \sqrt{\frac{L_o}{C_o}} \tag{3-19}$$

（3）品质因数

$$Q = \frac{R_o}{Z} \tag{3-20}$$

（4）滤波能力（谐波电压衰减率）

$$B_o = \ln\frac{U_{\text{kim}}}{U_{\text{kom}}} \tag{3-21}$$

式中，U_{kim} 和 U_{kom} 分别是滤波器输入端和输出端的最低次谐波电压幅值。

（5）滤波器与电阻负载的传递函数

$$W_{\text{filter}}(s) = \frac{\omega_0^2}{s^2 + \cfrac{\omega_0}{Q}s + \omega_0^2} \tag{3-22}$$

式中，谐振角频率 $\omega_0 = 2\pi f_0$。

根据式(3-22)可以分析滤波器的幅频特性和相频特性,在品质因数 Q 不是特别低的情况下,以 ω_0 为转折角频率,对于角频率远远小于转折频率的输入信号,滤波器对其幅度的增益为0dB,既不衰减也不增大,滤波后相移为零;对于频率远远高于转折频率的输入信号,滤波器按照 $-40\text{dB}/10$ 倍频进行幅值衰减,相移约180°。一般滤波器的转折频率远远大于输出的基波频率,但远远小于开关频率。

4. 滤波参数的选择

1)逆变电路输出频率为 f,最低次谐波电压频率为 f_k,则要求

$$f \ll f_0 \ll f_k \tag{3-23}$$

2)按滤波能力选择 f_0

$$f_0 = \frac{f_k}{0.5(e^{B_o} + e^{-B_o})} = \frac{1}{2\pi\sqrt{L_o C_o}} \tag{3-24}$$

3)特征阻抗选择

$$Z = \sqrt{\frac{L_o}{C_o}} = (0.5 \sim 0.8)R_o \tag{3-25}$$

4) L_o、C_o 参数选择,应考虑电感上基波压降对负载的影响和电容上基波电流对逆变器的影响。纯电阻负载时,电容上基波电流将增大逆变器输出电流,但在感性负载时,容性电流与感性电流方向相反,只要 C_o 不过大,逆变桥电流反而减小。

5. 滤波器的设计步骤

1)确定滤波转折频率:考虑最大设计负载,不影响最高输出频率的幅值和相位,同时在能够尽量衰减谐波幅值的前提下,转折频率应选择在最高输出频率和最低高频谐波频率之间,一般为两者的对数中点。

2)将逆变器的输出看作理想电压源,根据逆变电路的工作模式、开关频率和电流纹波的需要来确定滤波电感的大小,一般来说,开关频率越高、滤波电感越大,则开关电路的输出纹波电流就越小。

在 LC 二阶滤波器中,滤波器的参数与逆变器的特性及控制性能密切相关。一般来说,只要 LC 乘积一致,相对较大的滤波电感和相对较大的滤波电容对滤波器的幅频和相频稳态特性的影响是一致的,但是对于暂态特性、损耗的影响却不一样,必须严格设计。

3.4 逆变电路的应用——太阳能光伏发电技术

太阳能光伏发电是太阳能利用的一种重要形式,是采用光伏电池将太阳能转换为电能的发电方式,而且随着技术的不断进步,光伏发电有可能是最具发展前景的发电技术之一。光伏电池的基本原理为半导体的光伏效应,即在太阳光照射下产生光电压现象。1954 年美国贝尔实验室首次发明了以 PN 结为基本结构的具有实用价值的晶体硅光伏电池,从此光伏电池首先在太空技术中得到广泛应用,现在已经发展到地面上的推广应用。

3.4.1 光伏电池及其电气特性

1. 光伏电池原理分类

光伏电池是一种基于半导体材料光生伏特效应、具有将太阳能直接转换成电能输出功能

的半导体器件。大多数光伏电池通常属于 P 型半导体和 N 型半导体组合而成的 PN 结型光伏电池。通过扩散工艺，在 P 型硅片上形成 N 型区，在 P 区和 N 区交界处形成一个 PN 结。由于在 PN 结区附近电子和空穴的相互扩散，从而在 PN 结区形成一个由 N 区指向 P 区的内建电场。如果太阳光照射在光伏电池上，并且被光伏电池吸收，则具有足够能量的光子在 P 型硅和 N 型硅中将电子从共价键中激发出来，产生电子-空穴对。PN 结附近的电子和空穴复合之前，被内建电场相互分离，从而使电子向带正电的 N 区运动，空穴向带负电的 P 区运动。通过 PN 结的电荷分离，在 P 区和 N 区之间产生一个对外可测试的电压。

如图 3-20 所示，在 PN 结内建电场作用下，N 区的空穴向 P 区运动，而 P 区的电子向 N 区运动，从而造成在光伏电池受光面有大量电子积累，而在背光面有大量空穴积累。如果光伏电池上、下表面连接金属电极，并用导线接上负载，则只要有太阳光照，就会有电流流过负载。当光伏电池上没有太阳光线照射时，其电气特性表现为二极管特性。

对单体晶体硅光伏电池来说，开路电压的典型数值为 0.5 ~ 0.6V，输出电流为 20 ~ 25mA，虽然输出电流随着光照强度的增加而增加，但是，由于光伏电池单元输出电压很

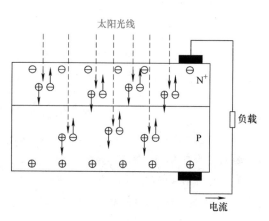

图 3-20　晶体硅光伏电池原理示意图

低，因此需要将光伏电池单元先进行串联获得高电压，再进行并联获得大电流。同时由于晶体硅光伏电池本身比较脆，不能独立抵御外界的恶劣条件，所以需要外部封装，引出对外电极，成为可以独立提供直流电输出的光伏电池组合装置，即光伏组件。其输出功率从零点几瓦到数百瓦，若干光伏电池组件按需要进行串、并联后形成光伏电池阵列（光伏阵列）。

光伏电池最重要的部分是半导体材料层，即用来产生电流的部分。目前，有许多材料可以用来做光伏电池的半导体层，但是能产生高能量转换效率的光伏材料并不多。光伏电池根据其使用的材料可分为硅系光伏电池、多元化合物系光伏电池和有机半导体系光伏电池等。其中，硅系光伏电池主要包括单晶硅、多晶硅和非晶硅光伏电池；多元化合物系光伏电池主要包括硫化镉（CdS）和碲化镉（CdTe）光伏电池、砷化镓（GaAs）光伏电池、铜铟硒（CuInSe$_2$）光伏电池等；有机半导体系光伏电池主要包括色素增感型光伏电池和有机薄膜光伏电池。从对太阳光吸收效率、能量转换效率、制造技术的成熟与否以及制造成本等多个因素来看，每种光伏材料各有其优缺点。

2. 光伏电池电气特性

典型的光伏电池等效电路如图 3-21 所示。I_{pv} 为光伏电池输出电流；I_{pc} 为光生电流（与光伏电池温度及光伏电池接收到的有效光照强度成正比）；I_0 为光伏电池内部等效二极管的 PN 结反向饱和电流；U_{pv} 为光伏电池输出电压；R_{sh} 为光伏电池等效并联电阻，一般为千欧级，由于它的值较大，故其对光伏电池的特性影响不大；R_s 为光伏电池等效串联电阻，其阻值一般小于 1Ω。

由于光伏电池的等效串联电阻阻值很小，而等效并联电阻阻值较大，所以工程上通常忽

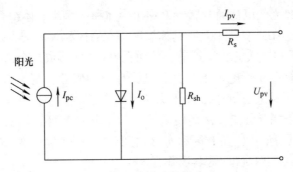

图 3-21　光伏电池等效电路

略 R_{sh} 与 R_s 对光伏特性的影响，从而得到光伏电池的工程近似数学模型如式（3-26）所示，这样在很大程度上简化了对光伏电池电气特性的分析。

$$I_{pv} = I_{pc} - I_o \left[\exp\left(\frac{q}{n_c k_c T} U_{pv} \right) - 1 \right] \tag{3-26}$$

式中，q 为电子电荷量，$q = 1.6 \times 10^{-19} \mathrm{C/m^2}$；$n_c$ 为二极管特性因子，当热力学温度 $T = 300\mathrm{K}$ 时，n_c 值约为 2.8；k_c 为玻耳兹曼常数，$k_c = 1.38 \times 10^{-23} \mathrm{J/K}$；$T$ 为光伏电池热力学温度。

光伏电池的电气特性通常采用 P—U（功率-电压）或 I—U（电流-电压）特性曲线进行描述。典型光伏电池的 P—U 与 I—U 特性曲线如图 3-22 所示。

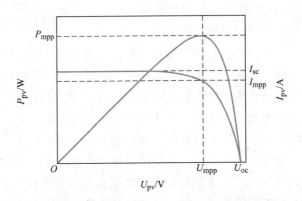

图 3-22　典型光伏电池的 P—U 与 I—U 特性曲线

图中，U_{oc} 为光伏电池输出端开路电压；I_{mpp} 为最大功率点电流，给定光照及温度条件下光伏电池输出最大功率时刻的光伏电池工作电流；U_{mpp} 为最大功率点电压，给定光照及温度条件下光伏电池输出最大功率时刻的光伏电池输出电压；P_{mpp} 为给定光照及温度条件下，光伏电池能够输出的最大功率。

图 3-22 显示光伏电池的输出功率随着输出电压的增加而先增后减，输出电流随着输出电压的增加先基本保持不变再迅速减小，P—U、I—U 特性曲线均具有明显的非线性特征。

根据式（3-26）可以绘制出光伏电池在不同光照 S 和不同温度 t 下的特性曲线，如图 3-23 所示。其中，图 3-23a、b 分别为光伏电池在不同光照条件下的 I—U 与 P—U 特性曲线。温度一定时，随着光照强度由弱到强变化，光伏电池的峰值功率显著增加，开路电压只是略有增加，而短路电流增幅较大，所以在温度一定的情况下光照强度主要影响短路电流的大小。图 3-23c、d 分别为光伏电池在不同温度条件下的 I—U 与 P—U 特性曲线。光照强度一定时，随着温度下降，光伏电池的短路电流略有下降，开路电压显著增加，所以其峰值功率也明显增加，意味着在相同光照条件下，温度较低时光伏电池输出功率较大。

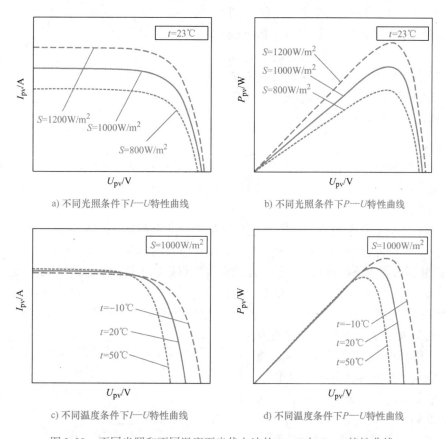

a) 不同光照条件下I—U特性曲线　　　　　b) 不同光照条件下P—U特性曲线

c) 不同温度条件下I—U特性曲线　　　　　d) 不同温度条件下P—U特性曲线

图 3-23　不同光照和不同温度下光伏电池的 P—U 与 I—U 特性曲线

3.4.2　最大功率点跟踪技术

由于光伏组件的特性是具有单峰的非线性曲线，由其串并联组成的光伏阵列最大功率点也会受到光照强度和光伏阵列表面温度的影响，因此，如何跟踪光伏阵列最大功率点对于提高系统的整体效率有着极其重要的意义。

1. 最大功率点跟踪（Maximum Power Point Tracking，MPPT）的实质

从图 3-23 可知，在不同的光照强度和温度下，光伏阵列都有对应的最大功率点。而外界的环境因素通常是无法人为改变的，温度和光照强度在一天中总是变化的，因而光伏阵列输出特性也随之变化。若使光伏阵列始终能够输出最大功率，则必须适时对其进行控制。

图 3-24 是光伏阵列直接连接负载电阻 R 时各个电参数与负载之间的关系曲线。由图可知，光伏阵列的输出功率 P、电流 I_{pv} 与电压 U_{pv} 和负载电阻 R 之间都不是线性关系。若从较小的电阻值开始逐步增加其大小，则 I_{pv} 逐渐减小，U_{pv} 逐渐增加，输出功率 P 也逐渐增加。当 R 增加到与负载匹配即 $R = R_m$ 时，输出功率 P 达到最大值。若继续增加 R 的大小，则虽然 I_{pv} 与 U_{pv} 的变化趋势并没有改变，但是输出功率 P 却逐步下降。总体上看，光伏阵列的输

出功率 P 呈现单峰形状，在峰值点处，外部负载电阻和光伏电池内阻相等，这是光伏阵列输出最大功率时的特点。因此，光伏阵列最大功率点跟踪的实质是在光伏阵列和负载之间加入阻抗变换器，利用相关算法实时控制阻抗变换器，使得变换后的等效负载阻抗总是等于光伏阵列的内阻，从而保证光伏阵列一直工作在最大功率点处。

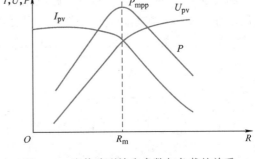

图 3-24　光伏阵列输出参数与负载的关系

2. 最大功率点跟踪方法

实现光伏阵列最大功率点跟踪的方法有很多，大体上可分为两大类：一类属于间接的最大功率点跟踪方法，称为准最大功率点跟踪法；另一类属于直接的最大功率点跟踪方法，称为真最大功率点跟踪法。

（1）准最大功率点跟踪法　该方法包括根据从经验数据得到的数学公式或表格（比如曲线拟合法和预先存储数据对比查表法），以及根据光伏阵列单一输出参数采样与控制等（比如开路电压法和短路电流法），来进行最大功率点跟踪。准最大功率点跟踪法不能适用于所有负载，不一定能够在任何天气情况下准确地跟踪最大功率点。常见的有曲线拟合法、预先存储数据对比查表法、定电压法、开路电压法、短路电流法和有限周期电流扰动法等。

（2）真最大功率点跟踪法　这类方法需要对电压和电流进行实时测量，通过电压和电流值来判断光伏阵列工作点的变化，进而实现工作点的优化，常见的有扰动观察法、增量电导法、间歇变步长搜索法、功率步进法、模糊控制和神经网络控制法等。本节以图 3-25 所示的通用电路示意图为例介绍扰动观察法最大功率点跟踪的基本原理。图中，U_o 与 I_o 是 DC - DC 变换器的输出电压和电流。

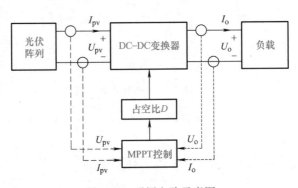

图 3-25　通用电路示意图

扰动观察法由于其结构简单、实现容易，因此是目前实现 MPPT 常用的方法之一。其原理是每间隔一定的时间，增加或者减少光伏阵列输出电压或电流，并观测其后的功率变化方向，以决定下一步的控制信号。以经典扰动观察法为例说明其工作原理如下：首先，改变光伏阵列的输出电压，并根据光伏阵列的实际输出电压和电流计算发电功率。然后，与上一次计算的发电功率进行比较。如果当前发电功率小于上一次的功率值，则说明本次控制使功率输出降低了，应控制使光伏阵列输出电压按与原来相反的方向变化。如果当前发电功率大于上一次的功率值，则维持电压原来增大或减小的方向，这样就保证了光伏阵列的功率输出始终向增大的方向变化。如此反复地扰动、观察与比较，使光伏阵列达到其最大功率点，实现最大功率的输出。扰动观察法流程图如图 3-26 所示。

在图 3-26 中 $U_{pv}(k)$、$I_{pv}(k)$、$P_{pv}(k)$ 分别是本次测量的光伏阵列输出电压、输出电流及计算出的输出功率值。

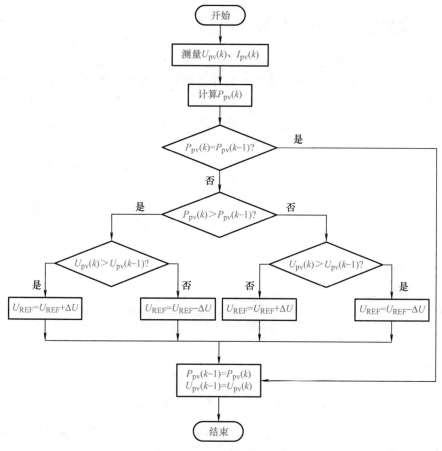

图 3-26 扰动观察法流程图

图 3-27 是恒定光照强度条件下基于扰动观察法的光伏电池输出功率和 Boost 变换器占空比的仿真曲线。从图中可以看出，扰动观察法所追踪的最大功率总是在最大功率点附近来回波动。

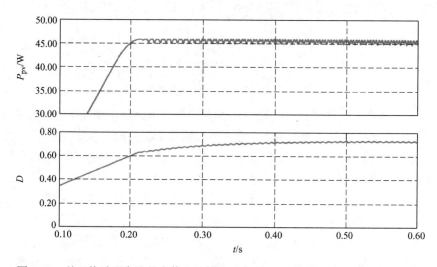

图 3-27 基于扰动观察法的光伏电池输出功率和 Boost 变换器占空比的仿真曲线

3.4.3　光伏发电系统电路拓扑

　　光伏发电系统按照是否与电网连接分为两大类：独立光伏发电系统和并网光伏发电系统。独立光伏发电系统主要应用在远离电网的偏远农村和山区、海上岛屿、城市街灯照明、广告牌及通信设备等，其主要目的是解决无电问题。它由光伏阵列、储能单元、电力电子变换器以及控制单元等组成，其结构示意图如图 3-28 所示。光伏阵列将接收到的太阳能转变成直流电，在控制单元的作用下，通过电力电子变换器将该直流电转换成负载所需的直流电或交流电。由于光伏发电属于间歇式能源，容易受到天气和周围环境的影响，特别在晚上、阴雨天，光伏阵列几乎没有能量输出，所以储能单元必不可少。光伏阵列输出能量多于负载所需时将剩余电能充入储能单元；否则，根据储能单元的储能状态向负载放电。目前，储能单元主要有蓄电池、锂电池、飞轮、超导、超级电容器、压缩空气及蓄水储能等，最常用的是价格相对便宜的蓄电池储能单元。控制单元主要完成光伏阵列最大功率点跟踪、充放电控制及功率变换器的输出电压控制等。

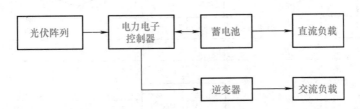

图 3-28　典型的独立光伏发电系统

　　目前，常用的并网光伏发电系统按照系统功能分为两类：一种为不含储能单元的不可调度式并网光伏发电系统，另一种为含有储能单元的可调度式并网光伏发电系统。不可调度式并网光伏发电系统如图 3-29 所示，因无储能单元，降低了设备成本以及由此产生的运营和维护费用，消除了部分储能单元对环境所造成的潜在污染。

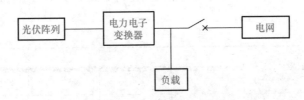

图 3-29　不可调度式并网光伏发电系统

　　图 3-30 是可调度式并网光伏发电系统，该方式下的电路结构要比不可调度式系统复杂。与独立光伏发电系统一样，因为有储能单元，所以需要 DC - DC 变换单元，以及相应的充放电控制和能量分配的管理控制。根据储能单元连接母线类型可分为直流母线类型和交流母线类型。直流母线类型是光伏阵列和储能单元通过各自的 DC - DC 变换单元并联在公共直流母线上，再通过公共的 DC - AC 逆变单元连接电网和本地负载，如图 3-30a 所示。它的控制目标是保持基本恒定的直流母线电压，通过储能单元的充电与放电抑制直流母线电压的波动。交流母线类型是光伏阵列和储能单元通过各自的 DC - AC 逆变单元并联在交流电网上，它的控制目标是保持相对稳定的交流电网电压。储能单元的充电与放电，既可以抑制交流电网电

压的大幅波动，也可以补偿本地负载所需的部分无功功率，如图 3-30b 所示。相比之下，直流母线类型控制简单，易于实现。可调度式并网光伏发电系统因成本大幅增加，所以主要应用在不间断电源设备、微电网运行系统以及可靠性要求高的重要负载等领域。

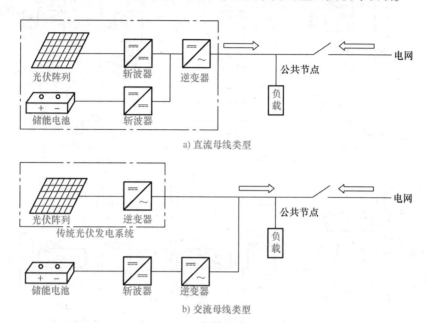

图 3-30　可调度式并网光伏发电系统

在不考虑储能单元控制的基础上，不可调度式与可调度式并网光伏发电系统电路拓扑基本相同，因此本节主要针对不可调度式并网光伏发电系统电路拓扑结构进行讨论，整理分析各类并网光伏发电系统电路拓扑结构的特点，说明它们的适用场合，总结并网光伏发电系统电路拓扑的一般设计原则。

不同的着眼点使得并网光伏发电系统的分类略有不同，下面从三个方面对不可调度式并网光伏发电系统电路拓扑结构及特点进行分类说明。

1. 按光伏电池组件与电力电子变换电路的连接方式分类

从光伏电池组件与电力电子变换电路的连接方式这一角度看，并网光伏发电系统主要分为集中式、支路式、交流模块式及直流模块式等多种形式，如图 3-31 所示。

（1）集中式　相同光伏组件串并联连接，组成光伏矩阵（通常称光伏阵列），由大功率电力电子变换电路实现并网，如图 3-31a 所示。它通常用于光伏发电站，功率一般为 100kW ~ 1MW，用于三相系统。优点是电路成本低，缺点是集中实现 MPPT 功能，由于光伏阵列面积非常大，因此易出现灰尘、云朵、积雪等遮挡阳光引起的部分阴影问题。另外，一块或多块光伏组件出现故障时，会影响整个光伏发电系统的发电功率与转换效率。

（2）支路式　分为单支路式和多支路式两种。单支路式是相同光伏组件串联连接，组成一条光伏组件支路，由中小功率电力电子变换电路实现并网，如图 3-31b 所示。多支路式是单支路式的扩展，它由多条光伏组件支路组成，每条光伏组件支路与独立的具有 MPPT 功能的 DC - DC 变换电路连接，通过公共的电力电子变换电路实现并网，如图 3-31c 所示，可用于单相或三相系统。支路式通常用于建筑集成方面，功率一般为 1 ~ 100kW。它们的优点

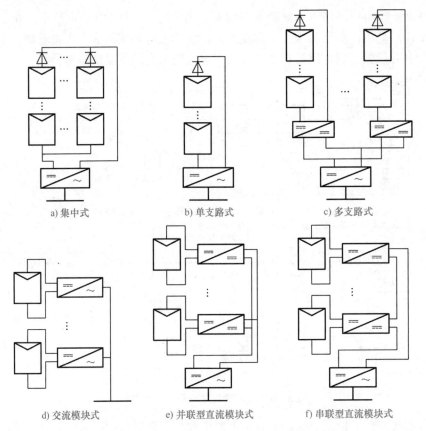

图 3-31　按光伏组件与电力电子变换电路连接方式分类

是光伏组件可与建筑物表面有机结合，同时保证 MPPT 功能能够很好地实现，硬件成本略高。对于多支路式，同一条支路采用相同的光伏组件，但不同支路可采用不同功率、数量的光伏组件，这有利于建筑集成与维护。缺点是部分改善了功率损失和阴影问题，但仍然存在光伏组件串联故障问题。

（3）交流模块式　每块光伏组件连接一个小功率电力电子变换电路（简称微型逆变器或微逆），直接实现并网，如图 3-31d 所示。功率一般为 50～300W，它是由单块光伏组件功率决定的，一般用于单相系统。由于每块光伏组件都具有独立的 MPPT 功能，因此完全解决了阴影问题。缺点是成本高，电路效率较低，电能质量较差。若存在滤波电解电容，电路寿命将大大缩短。

（4）直流模块式　与多支路式电路结构类似，不同的是每块光伏组件连接一个具有 MPPT 功能的 DC - DC 变换电路，此结构称为直流模块，分为并联型和串联型。并联型指多个直流模块并联连接到公共直流母线上，通过公共的电力电子变换电路实现并网，如图 3-31e 所示。串联型指多个直流模块串联连接到电力电子变换电路的输入端，如图 3-31f 所示。一般也用于单相系统。其优点也是完全解决了阴影问题，同时电路效率较高，电能质量高。缺点是成本较高，但比交流模块式低得多。最好采用有机薄膜电容或长寿命电解电容代替普通的电解电容，这有利于延长电路寿命。

2. 按电力电子变换电路自身特点分类

按电力电子变换电路的自身特点划分，并网光伏发电系统主要分为单级电路拓扑结构、两（多）级电路拓扑结构和基于公共直流母线的电路拓扑结构，如图 3-32 所示。

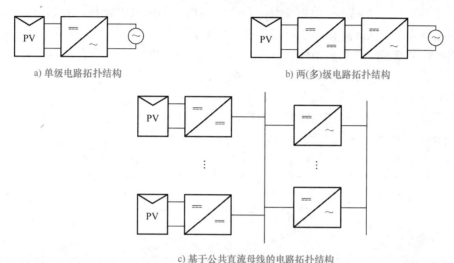

a) 单级电路拓扑结构   b) 两(多)级电路拓扑结构

c) 基于公共直流母线的电路拓扑结构

图 3-32 按电力电子变换电路自身特点分类

（1）单级电路拓扑结构 光伏阵列直接与并网逆变电路相连，在有隔离要求的情况下，除了工频变压器之外，一般不再含有其他传递能量的电路，如图 3-32a 所示。单级电路拓扑结构既要实现最大功率点跟踪，同时还要实现并网控制功能，通常用于三相中大功率场合，但在单相小功率场合也有少量应用。在没有工频隔离的条件下，它具有体积小、效率高、成本低等优点，缺点是输入电压范围受到限制，能量传输也受到限制，控制复杂，存在共模漏电流、直流电流注入等问题。在有工频隔离的情况下，它具有输入电压范围大、可靠性高等优点，缺点是体积大、笨重，变压器偏磁与温升不可忽视。

（2）两（多）级电路拓扑结构 对于两（多）级电路拓扑结构，前级是实现最大功率点跟踪的 DC‑DC 变换电路、后级是实现并网功能的逆变电路，如图 3-32b 所示，通常用于中小功率场合，多用于单相系统。它又分为两级电路拓扑结构和多级电路拓扑结构。两级电路拓扑结构大多属于非隔离型电路拓扑，多级电路拓扑结构大多属于高频隔离电路拓扑。优点是 MPPT 控制与并网控制通过软硬件电路进行解耦，控制简单明了，同时体积小、重量轻、噪声小、效率高。缺点是电路级数越多，效率越低，可靠性也越低。

（3）基于公共直流母线的电路拓扑结构 它是基于模块化设计思想的并网光伏发电系统。以公共直流母线为基础，其前端部分与多支路式或直流模块式类似，由多个 DC‑DC 变换电路将对应的光伏支路或组件输出的低压直流电能变换为高压直流电能，并联运行，实现各自的 MPPT 功能；其后端部分是多个逆变并网模块并联运行，将直流母线上的电能馈送到交流电网，如图 3-32c 所示，通常用于建筑集成场合以及三相系统。模块化结构提高了系统冗余性和可靠性。在该并网光伏发电系统中，各模块间通过通信方式由上位机或主模块集中控制，实现多台群控，根据外部环境条件，起动及关闭合理数量的并网逆变模块，避免多个模块轻载运行，从而提高系统效率。缺点是成本高，控制复杂。

3. 按电路隔离性质分类

根据电路是否隔离,并网光伏发电系统也可分为非隔离型和隔离型。隔离型又分为工频隔离型和高频隔离型。

(1) 非隔离型 非隔离型电路又分为单级电路拓扑和两级电路拓扑。如图 3-33a 所示,单级电路拓扑要求光伏阵列输出电压高于最大交流电网电压峰值,因此受到限制较多。对于两级电路拓扑,其前级是具有 MPPT 功能的 DC-DC 变换电路,一般为 Buck、Boost 等斩波电路,后级是具有并网控制功能的 DC-AC 逆变电路,如图 3-33b 所示。非隔离型多数用于中小功率的单相或三相系统。优点是体积小、重量轻、转换效率高;缺点是存在电磁兼容、并网电流不对称和对地电流抑制问题,不符合国家或地区个别并网光伏发电标准。

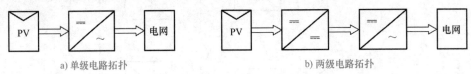

a) 单级电路拓扑   b) 两级电路拓扑

图 3-33 非隔离型电路结构示意图

(2) 隔离型

1) 工频隔离型。工频隔离型基本属于单级电路拓扑类型,如图 3-34a 所示,通常适用于中大功率的三相系统,单相系统也有应用。优点是电路结构简单、安全性高、效率较高;缺点是体积大、笨重、噪声大。对于集中型大功率并网光伏电路拓扑而言,两台相同容量的大功率并网逆变器通过 Y/D/Y 三相多重工频中压变压器直接并入中压电网,可以提高设备效率,降低成本,如图 3-34b 所示。

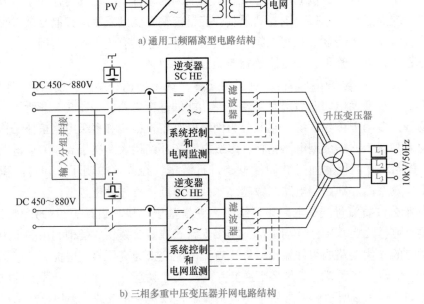

a) 通用工频隔离型电路结构

b) 三相多重中压变压器并网电路结构

图 3-34 工频隔离型电路结构

2) 高频隔离型。高频隔离型多数属于多级电路拓扑类型,一般分为电压源型、电流源型和周波变流器型。电压源型如图 3-35a 所示,其典型电路为 DC-HFAC-HFDC-LFAC 形式，前级是带有高频变压器的正激、反激、推挽、半桥或全桥电路，后级是高频整流与基于高频 SPWM 波的 DC-AC 逆变电路。电流源型如图 3-35b 所示，其典型电路为 DC-正弦半波 HFAC-正弦半波 HFDC-工频极性翻转变流器形式，主要用于光伏微型逆变器，其前级通常是正激、反激、推挽等电路，采用正弦半波进行调制，经过高频整流后，生成正弦半波电流，通过工频极性翻转控制与电网电压同步。周波变流器型的典型电路为 DC-HFAC-LFAC 形式，如图 3-35c 所示，其与电压源型的区别在于后级通过双向功率开关组成的周波变流器直接进行逆变，而没有整流直流环节。这三种类型的优点是体积小、重量轻、安全性高、噪声小。电压源型的主要缺点是效率低；电流源型的主要缺点是只能用于单位功率因数控制的场合；周波变流器型的主要缺点是双向功率开关需要重叠换相过程，控制相对复杂。

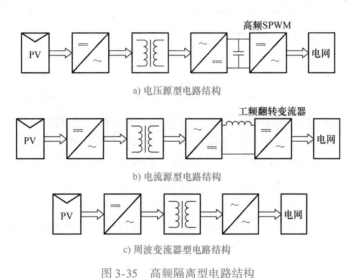

a) 电压源型电路结构

b) 电流源型电路结构

c) 周波变流器型电路结构

图 3-35　高频隔离型电路结构

3.4.4　并网光伏发电电路拓扑的设计原则

通过以上分析可知，从不同角度可以得到不同的并网光伏发电电路拓扑结构分类方法。在实际应用中，需要针对不同的使用场合和并网要求，选择合适的电路拓扑结构。电力电子变换电路拓扑结构关键的指标因素有：

◆ 高效率（功率损耗、变换级数、是否软开关）。
◆ 低成本。
◆ 可靠、长寿命（受电解电容的影响）、易维护（模块化）。
◆ 高电能质量（控制方案）。
◆ 低噪声（高频）。
◆ 体积小（无线性变压器、相关的滤波器）。
◆ 符合电力隔离（变压器）要求。
◆ 具有网络监控能力。

综合上述的指标因素，总结一般设计原则如下：

（1）效率　对于光伏逆变器而言，整个装置的转换效率是衡量光伏逆变器性能优劣的重要指标。欧洲效率是最具代表性的转换效率评价方法，它主要是针对光伏逆变器提出来的，它的定义不同于通常所说的平均效率或最高效率。它充分考虑了太阳光辐射强度的变化，光伏逆变器不会一直工作在额定功率下，更多的是运行在轻载情况。欧洲效率是由不同负载情况下的效率按照不同权重系数累加得到的，见表3-1。由此可以看出，半载的效率占有很大的比重，额定负载仅占20%，这充分考虑了光伏逆变器轻载运行的情况。

表 3-1　欧洲效率定义

相对于额定负载的百分数（%）	不同负载对应的效率	权 重 系 数
5	η_5	0.03
10	η_{10}	0.06
20	η_{20}	0.13
30	η_{30}	0.1
50	η_{50}	0.48
100	η_{100}	0.2
欧洲效率 η_{EUR}	$\eta_{EUR} = 0.03\eta_5 + 0.06\eta_{10} + 0.13\eta_{20} + 0.1\eta_{30} + 0.48\eta_{50} + 0.2\eta_{100}$	

　　既然效率一直是并网光伏发电系统的关键指标，那么首先应把电路效率作为选择电路拓扑的基本考虑因素。电路的功率损耗越低越好，变换级数越少越好。目前，通常采用绝缘栅双极晶体管（IGBT）和功率 MOSFET 作为主功率器件，IGBT 导通压降通常在恒定值附近，它不会随着电流的增加而显著增加。功率 MOSFET 的导通电阻呈正温度系数，它的导通损耗随电流的增大而增大。因此，在大功率情况下使用 IGBT 具有较低的导通损耗，逆变器效率较高。相反，在小功率情况下功率 MOSFET 具有较低的导通损耗，逆变器效率较高。光伏逆变器大多工作在轻载条件下，因此，功率 MOSFET 是小功率光伏逆变器的首选功率器件，IGBT 通常用作中大功率光伏逆变器的首选功率器件。

　　采用三电平逆变电路代替两电平逆变电路，或者采用单极性 PWM 调制技术代替双极性 PWM 调制技术，在同等开关频率条件下都有利于减小滤波器损耗。适当采用软开关技术降低电路的开关损耗，也是一种提高光伏逆变器效率的途径。

　　(2) 成本控制　控制成本是利润最大化的保证，因此电路结构越简单越有优势，电路元器件越少越好。主功率器件应选择易购买、通用性强的功率器件，功率器件耐压水平和过电流水平越低越好。控制用 CPU 应选择市场主流芯片。其他像继电器、接触器、接线端子、EMI 滤波器、防雷器、熔断器等最好选择具有各种认证的产品，以便顺利通过德国 TUV、欧盟 CE、意大利 DK5940、国内金太阳等认证。

　　(3) 电路拓扑　若没有隔离要求，则首选非隔离型电路拓扑，因为它的效率高。若有隔离要求而没有严格要求体积、重量，则可以采用工频隔离型电路拓扑，因为它的效率较高。否则，可以采用高频隔离型电路拓扑，因它的效率不易提高，但需注意的是它只适用于中小功率范围。

　　(4) 电能质量　各种并网标准规定光伏逆变器应具有良好的电能质量，通常滤波器对装置的体积和重量以及并网电流质量也有很大影响，提高开关频率或采用倍频控制技术，既有利于降低噪声，也有利于滤波器设计。同时采用多电平技术代替两电平技术，或者采用 LCL 滤波器代替 LC 滤波器，都是不错的选择。在此硬件电路基础上，采用先进的锁相控制、电流控制等技术，系统就可以获得良好的动静态性能。

（5）安全可靠、长寿命和易维护　安全可靠、长寿命和易维护也是选择电路的考虑因素。用有机薄膜电容或长寿命电解电容代替普通铝电解电容，可以大幅度延长并网光伏发电系统寿命。采用功率模块代替分立元器件，智能驱动代替常规驱动等措施，都可以提高系统的可靠性。模块化电路设计，既有利于安装与维护，也有利于提高系统的冗余性和可靠性。

（6）网络监控能力　一般并网光伏发电系统都具有网络通信能力，上位机通过各种通信方式对并网光伏发电系统进行在线控制、监视。通信方式有无线通信、电力载波通信、RS485、RS232、以太网等。无线通信可采用 ZIGBEE、WiFi 等技术，数据传输便捷，无需数据电缆。对于 ZIGBEE 而言，不加放大器时通信距离一般不超过 30m；对于 WiFi 而言，传输范围室外最大 300m，室内有障碍情况下最大 100m。无线通信也可借助微波站的中继传输技术和基于 GSM/GPRS 的数据通信业务。电力载波通信无需额外电缆，利用现有的电网以及相应的调制解调器就可以实现通信，通信距离一般不超过 1000m。RS485 通信距离不超过 1200m，RS232 通信距离不超过 12m。以太网是计算机的标准通信方式，通过以太网通信模块可根据需要无限延展，与网络连接简单。

总之，在一个并网光伏发电系统中，不可能同时都满足上述一般设计原则，需要折中考虑，才可能设计出比较满意的电路拓扑结构。

习题与思考题

1. 什么是无源逆变和有源逆变？

2. 正弦脉宽调制（SPWM）的基本原理是什么？如何调节输出电压基波的幅度和频率？

3. 什么是异步调制、同步调制和分段同步调制？各有什么特点？

4. 画出以 IGBT 作为开关器件、阻感负载的电压型单相桥式逆变主电路，并分析单极性调制和双极性调制两种模式下开关管的驱动控制规律。

5. 画出以 IGBT 作为开关器件、阻感负载的电压型三相桥式逆变主电路，并分析 SPWM 逆变方式下开关管的驱动控制规律。

6. 什么是 SPWM 控制的规则采样法？规则采样法与自然采样法相比有什么优缺点？

7. SPWM 逆变器输出滤波器的作用是什么？如何设计滤波器的参数？

8. 画出典型的独立光伏发电系统框图。

9. 什么是光伏系统的 MPPT 技术？实现 MPPT 的常用方法有哪些？

第4章
交流–交流变换电路 ◀•——

将一种交流电能转换成具有另一种参数交流电能的过程称为交流变换，凡能实现这种变换的电路泛称交流–交流变换电路（AC–AC变换电路）。

根据变换参数不同，交流–交流变换电路可分为交流电力控制和频率变换控制两大类，前者输入和输出频率相同，仅改变交流输出电压的幅值或仅对电路实现通断控制，称为交流电力控制，交流电力控制又分为交流调压和交流调功，也称为交流开关控制。交流电力控制技术广泛应用于交流电动机的调压调速、减压起动、调温、调光以及电气设备的交流无触点开关等。而把一种频率的交流电直接变换成另一种频率的交流电的变换控制，称为频率变换控制，俗称变频控制。为适应负载要求，多数频率变换电路实际上兼具变频与调压功能，但基于变频原理的调速和加热电源已广泛应用，因而惯称此类电路为变频电路。

交流电力控制和交–交变频控制都是通过电路直接对交流电能进行变换，属于直接交流–交流变换。在交流–交流变换电路中，还有一种交流–交流变换控制方式，即电路由两级组成，第一级首先将交流变换成直流（AC–DC），第二级再将直流变换成大小、频率均可变的交流（DC–AC），这实际上是整流和逆变的组合，叫作间接交流–交流变换。根据逆变电路的类型，间接交流–交流变换又分为电流型交流–交流变换和电压型交流–交流变换。

交流电力控制的特点是不改变交流电的频率，只改变交流电能的大小。交流电力控制既可采用半控型电力电子器件晶闸管，也可采用全控型电力电子器件如MOSFET、IGBT等。采用晶闸管的控制方式主要是相位控制或通断控制。相位控制主要用于交流调压，而通断控制主要用于交流调功。采用全控型器件的控制方式是斩波控制，主要用于交流调压。

（1）相位控制　此种控制方式靠改变交流电源电压在每个周期的导通时刻来改变输出电压的大小，这种控制方式就是整流时常用的移相控制。优点是控制方式简单，输出量调节平滑、连续，调节简便，因而应用较多；缺点是输出量非正弦，会引起电网波形畸变，深调节时，谐波含量较大，功率因数也比较低。

（2）通断控制　这种控制方式常用晶闸管作为交流无触点开关，在交流电压过零时刻导通或关断晶闸管，使负载电路与交流电源接通几个周波、关断几个周波，通过改变导通、关断周波数的比值来实现调节输出电压大小的目的。此种电路控制方式简单，输出波形是间断的完整正弦波，故无波形畸变，不含谐波，功率因数较高；但由于是通断控制，通断频率一般要求低于电源电压频率，故调节量不平滑，用于调光时会出现灯光闪烁的现象，还会出现调压时指示仪表指针抖动的情况，因而应用于惯量较大的负载电路，如温度调节、交流功率调节等。

（3）斩波控制　斩波控制利用脉宽调制技术，将交流电压波形斩控成脉冲列，改变脉冲的占空比即可调节输出电压的大小。斩波控制方式输出电压调节比较平滑，波形中只含有高次谐波含量，基本克服相位控制、通断控制的缺点。但由于斩波频率比较高，电力电子开关器件一般要采用高频全控型器件。

在交流电力变换电路中，传统方案多采用相位控制方式，鉴于相位控制方式的缺点，传统的相位控制式 SCR 电路正逐渐被 PWM ICBT 电路所取代。本章重点介绍斩波控制式交流调压电路（PWM 交流调压电路）。

4.1 交流无触点双向开关

交流无触点双向开关由电力电子器件组成，它要求不仅能控制交流电路的通断，而且能双向导电，即交流电的正负半轴都有电流通过，并利用电力电子器件的可控性对交流电进行控制，和普通的机械式开关相比，无机械触点和零件，开关频率高，开关无火花，响应快，便于自动控制。交流无触点开关也称固体开关。

1. 晶闸管交流无触点开关

晶闸管交流无触点开关由两个反并联连接的普通晶闸管组成（如图 4-1a 所示），当开关连接在交流电路中时，在开关 AB 端是交流电压正半轴时，触发 VTH_1 导通可以有正向电流通过；当 AB 端是交流电压负半轴时，触发 VTH_2 导通则有反向电流通过。两个反并联连接的晶闸管交流开关可以用一个双向晶闸管代替（如图 4-1b 所示）。双向晶闸管承受 du/dt 能力较差，一般只在电阻性负载电路中作为交流开关使用。

2. 全控型器件交流无触点开关

全控型器件交流无触点开关有两种形式：图 4-2 所示的交流无触点开关有两个全控器件 VT_1 和 VT_2，在 VT_1 驱动时，正向电流经 VT_1、VD_1 流通；VT_2 驱动时，反向电流经 VT_2、VD_2 流通；图 4-2b 所示的交流无触点开关只用一个全控器件 VT，正向电流经 VD_1、VT、VD_2 流通，电流反向时从 VD_3、VT、VD_4 流通，而开关 VT 始终是单向电流，VT 在正反向电流时都要进行通断控制。

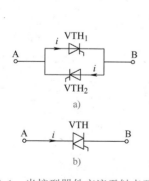

图 4-1 半控型器件交流无触点开关

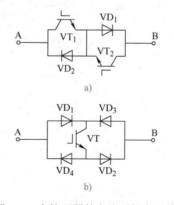

图 4-2 全控型器件交流无触点开关

交流无触点
双向开关

4.2　单相交流调压电路

交流调压电路有采用晶闸管的相位控制和采用全控器件的斩波控制（PWM）两种方式。

4.2.1　相位控制式单相交流调压电路

1. 电阻负载

由晶闸管交流开关和电阻串联组成的单相交流调压电路如图 4-3a 所示。

在交流电源 u_1 正半周 $\omega t = \alpha$ 时触发 VTH_1，有正向电流 i_o 通过电阻 R；在 u_1 负半周 $\omega t = \pi + \alpha$ 时触发 VTH_2，有反向电流 i_o 通过电阻 R，在负载上得到随触发延迟角 α 变化的交流电压和电流，在晶闸管导通时，$i_o = u_1/R$，$u_1 = \sqrt{2}\, U_1 \sin\omega t$，负载电压有效值为

$$U_o = \sqrt{\frac{1}{\pi}\int_\alpha^\pi (\sqrt{2}\, U_1 \sin\omega t)^2 \mathrm{d}(\omega t)} = U_1 \sqrt{\frac{1}{2\pi}\sin 2\alpha + \frac{\pi - \alpha}{\pi}} \tag{4-1}$$

负载电流有效值为

$$I_o = \frac{U_o}{R} \tag{4-2}$$

通过晶闸管电流有效值为

$$I_T = \sqrt{\frac{1}{2\pi}\int_\alpha^\pi \left(\frac{\sqrt{2}\, U_1 \sin\omega t}{R}\right)^2 \mathrm{d}(\omega t)} = \frac{U_1}{R}\sqrt{\frac{1}{4\pi}\sin 2\alpha + \frac{\pi - \alpha}{2\pi}} = \frac{1}{\sqrt{2}} I_o \tag{4-3}$$

电路的功率因数为

$$\lambda = \frac{P}{S} = \frac{U_o I_o}{U_1 I_o} = \sqrt{\frac{1}{2\pi}\sin 2\alpha + \frac{\pi - \alpha}{\pi}} \tag{4-4}$$

电路波形如图 4-3b、c 所示。

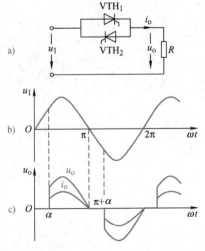

图 4-3　单相交流调压电路（电阻负载）

从图 4-3 和式(4-1) 可见，单相交流调压电路电阻负载的移相范围为 $0 \sim \pi$，在 $\alpha = 0$时，输出电压 U_o 最高，$U_o = U_1$，u_o 为完整的正弦波。随着 $\alpha \to \pi$，U_o 逐步减小，电流 i_o 也随 u_o 做相同变化。调压电路对电源的功率因数 λ 随触发延迟角 α 变化，在 $\alpha = 0$ 时，$\lambda = 1$，$\alpha > 0$ 后，$\lambda < 1$，这是由于晶闸管的滞后触发使 i_o 落后于 u_1。

2. 阻感负载

设阻感负载 RL 的基波阻抗角 $\varphi = \arctan \dfrac{\omega L}{R}$，阻抗角反映了阻感负载电感作用的大小。阻感负载交流调压时，根据触发延迟角 α 和阻抗角 φ 的关系，电路有两种工作情况。

1）$\varphi \leqslant \alpha \leqslant \pi$ 时，电路电压和电流的波形如图 4-4 所示。在 $\omega t = \alpha$ 时，触发 VTH_1 导通，在电感作用下电流 i_o 从 0 增长，在 $\omega t = \pi$ 时，$u_1 = 0$，但是因为电流 i_o 仍大于 0，VTH_1 将继续导通使 u_o 进入负半周，直到电感储能释放，i_o 下降到 0，VTH_1 关断为止，晶闸管关断后 u_o 和 i_o 均为 0。在 $\omega t = \pi + \alpha$时，触发 VTH_2 导通，i_o 将经历反方向增加和减小的过程，负载上有正反方向的电压和电流。阻感负载时晶闸管的导通角 θ 较纯电阻负载时增加，但 $\theta \leqslant \pi - \varphi$。在 $\alpha > \varphi$ 条件下，负载侧电压电流都是断续的，随着 α减小，电压和电流的间断也缩小。在 $\alpha = \varphi$

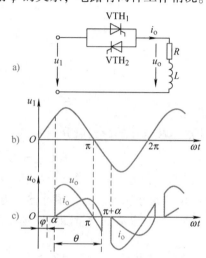

图 4-4　单相交流调压（阻感负载）$\varphi \leqslant \alpha \leqslant \pi$

时，负载电压电流的正负半周连接呈完整的正弦波，这相当于交流开关被短接，负载直接连接电源的情况，这时负载电流 i_o 滞后于 u_1 的电角度为 φ。

2）$0 \leqslant \alpha \leqslant \varphi$ 时，因为在 $\alpha = \varphi$ 时，负载电压已经是连续完整的正弦波，在 $\alpha \leqslant \varphi$ 时，负载电压电流波形就不会再随 α 变化，保持着完整的正弦波。但是在起动阶段，因为 α 较小，电感储能时间较长，续流时间也较长，使 VTH_1 电流尚未下降到 0 前 VTH_2 已经触发，这时 VTH_2 不会立即导通，只有当 VTH_1 电流下降到 0 后，如果 VTH_2 的触发脉冲还存在，VTH_2 才能导通，因此 VTH_2 的导通时间较小，并且下一周期 VTH_1 触发时也不会立即导通，只有当 VTH_2 电流降为 0 后，VTH_1 才能导通，使电流正半周的面积又减小了一点，而电流负半周的面积增加一点，起动的前几个周期电流正负半周是不对称的，如图 4-5a 所示，经过 3 个周期后 i_o 才进入稳定状态。进入稳态后，负载电压和电流都是连续对称的正弦波，因此对于交流调压 RL 负载，晶闸管的有效移相范围为 $\alpha = \varphi \sim \pi$，若 $\alpha \leqslant \varphi$，尽管 α 调节，u_o 和 i_o 均不变化。由于开始阶段晶闸管触发但不能立即开通，为了保证晶闸管能可靠导通，交流调压器晶闸管一般采用后沿固定在 180°、前沿可调的宽脉冲触发方式（见图 4-5b）。根据以上分析，在 $\alpha \leqslant \varphi$ 时有

$$u_o = u_1 = \sqrt{2}\,U_1 \sin \omega t \tag{4-5}$$

$$i_o = \frac{\sqrt{2}\,U_1}{Z}\sin\,(\omega t - \varphi) \tag{4-6}$$

$$Z = \sqrt{(\omega L)^2 + R^2}\,, \quad \varphi = \arctan(\omega L/R)$$

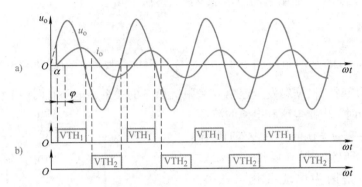

图 4-5　单相交流调压（阻感负载）$0 \leqslant \alpha \leqslant \varphi$

输出电压和电流的最大值分别为

$$U_{om} = \sqrt{2}\,U_1\,, \quad I_{om} = \sqrt{2}\,U_1/Z$$

从输出电压和电流的波形可以看出，对 R 负载和 RL 负载，前者在 $\alpha = 0°$，后者在 $\alpha \leqslant \varphi$ 时，电压/电流是正弦波，其他情况输出电压/电流都不是正弦波，电压/电流除基波外还含有大量谐波，并且谐波的含量随触发延迟角变化。

4.2.2　斩波控制式单相交流调压电路

单相 PWM 交流调压电路结构如图 4-6a 所示。图中 S_1 和 S_2 为双向开关，S_1 为主开关器件，S_2 为续流器件，电路采用 PWM 控制方式，S_1 和 S_2 的驱动信号时序为互补，电路输出电压 u_o 的波形如图 4-6b 所示。利用傅里叶级数分析，u_o 除包含基波分量 $DU_{Nm}\sin\omega t$ 之外，还包含其他谐波，改变占空比 D 即可改变基波幅值，实现调压的目的。

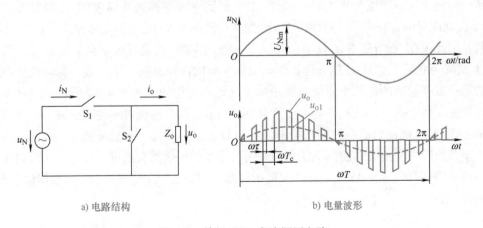

a) 电路结构　　　　　　　　　　　b) 电量波形

图 4-6　单相 PWM 交流调压电路

电路电压增益 A_u 定义为输出电压基波幅值 U_{o1m} 与输入电压幅值 U_{Nm} 的比值，即

$$A_u = \frac{U_{o1m}}{U_{Nm}} = D \tag{4-7}$$

由于单器件型调压电路必须采用互补式控制，因而需要设置死区间隔和缓冲电路，这对大容量电路会成为弱点，因而采用非互补控制方式更为恰当，采用 IGBT 作为开关器件的斩波控制式单相交流调压电路结构如图 4-7a 所示，由图可见，交流开关采用双器件型，其特点是正反向开关状态可分别控制。IGBT 栅压时序分布如图 4-7c 所示。由图可见，在 u_1 的正半轴，u_{gVT2} 和 u_{gVT3} 恒为正值，而 $u_{gVT4} = 0$，u_{gVT1} 则为正脉冲序列，重复周期为 T_c。由于电路工作情况与负载有关，下面分别讨论。

1. 纯阻性负载

在 $0 < \omega t < \pi$ 区间，VT_2 和 VT_3 的驱动信号 u_{gVT2}、u_{gVT3} 为高电平 U_{gm}，VT_1 通断：当 $u_{gVT1} > 0$ 时，VT_1 导通，$u_o = u_1$，VT_2 和 VT_3 处于反向阻断状态；当 $u_{gVT1} = 0$ 时，VT_1 关断，负载电流中断，$u_o = 0$；同理分析 $\pi < \omega t < 2\pi$ 的区间。输出电压 u_o 在一个电网周期 T 中的波形如图 4-7d 所示，由图可见，u_o 的基波分量 u_{o1} 可表示为

$$u_{o1} = U_{o1m}\sin\omega t = D\,U_{1m}\sin\omega t \tag{4-8}$$

改变 u_{gVT1} 的脉宽 τ 即可改变基波幅值 DU_{1m}，实现调压目的。输出电流 $i_o = u_o/R$，波形与 u_o 相似。电阻负载时，续流开关 S_2 是可有可无的，但一般交流调压不仅仅使用于电阻负载，考虑调压器的通用性需要续流开关，并且一般在正半周 VT_3 恒通，负半周 VT_4 恒通。

2. 感性负载

设电路具有感性负载，基波阻抗角为 φ_1，此时输出电压 u_o 波形如图 4-7e 所示，由图可见，在时区 b 和 d 中，u_o 的波形与纯阻性负载时相同，该两时区的共同特点是 u_{o1} 和 i_{o1} 同号，即瞬时基波输出功率 $p_{o1} = u_{o1}i_{o1} > 0$，负载通过调压电路向电源吸取能量。相反，在时区 a 和 c 则有 $u_o = u_1$，也即 u_o 在这些时区中失控，无论 u_{gVT1}（u_{gVT2}）的电平如何变化，电路开关状态不变。原因是在这些时区中，u_{o1} 与 i_{o1} 异号，$p_{o1} < 0$，负载储能通过调压电路向电源反馈；例如在时区 a：$i_{o1} < 0$，由于 $u_{gVT2} = U_{gm}$，VT_2 和 VD_2 常通，而 VT_1 和 VD_1 始终处于反向阻断状态，因此电路开关状态不可能产生变化；在时区 c 也有类似的情况发生。

3. 容性负载

在容性负载下也会出现失控区，其分析与感性负载相类似。

为消除输出电压在非纯阻性负载下的失控现象，采用电流检测控制方案，即通过输出电流和电压的极性来决定控制信号的时序分布。设电路带感性负载，基波阻抗角为 φ_1，新的控制时序如图 4-7f 所示，将其与图 4-7c 比较不难发现，对时区 b 和 d，两图信号时序分布并无差异；但在时区 a 和 c 则有不同。例如在时区 a，图 4-7c、f 中均有 $u_{gVT2} = u_{gVT3} = U_{gm}$；但在图 4-7f 中，$u_{gVT1} = 0$，$u_{gVT4}$ 为正脉冲序列，脉宽 $\tau_0 = T_c - \tau$，由于 $u_{gVT1} = 0$，VT_1 在时区 a 中处于常断状态。当 $u_{gVT4} = 0$，$u_{gVT2} = U_{gm}$ 时，输出电流 i_o 沿 VT_2 和 VD_2 反向流向电源，输出电压 $u_o = u_1$；而当 $u_{gVT2} = u_{gVT4} = U_{gm}$ 时，VT_4 由正向阻断状态转为通态，i_o 沿 VT_4、VD_4 续流，$i_1 = 0$，$u_o = 0$，从而消除 u_o 的失控现象。同理可知时区 c 也将无失控现象产生。于是，在有电流检测情况下，尽管负载为非阻性，采用非互补控制，输出电压 u_o 的波形将与阻性负载相同，如图 4-7d 所示。

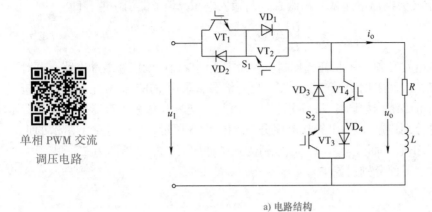

a) 电路结构

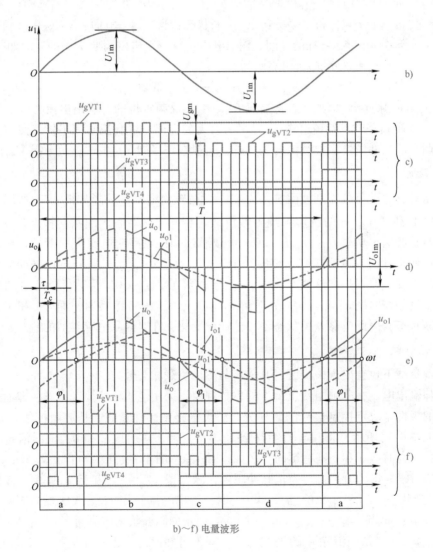

b)~f) 电量波形

图 4-7 非互补控制方式单相 IGBT PWM 交流调压电路

4.3　三相交流调压电路

4.3.1　相位控制式三相交流调压电路

根据三相连接形式的不同,三相交流调压电路具有多种形式。图4-8a是星形联结,图4-8b是支路控制三角形联结,图4-8c是中点控制三角形联结。其中图4-8a、b两种电路最常用,下面分别简单介绍这两种电路的基本工作原理和特性。

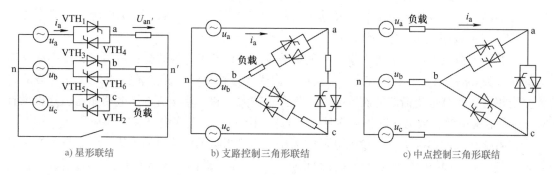

a) 星形联结　　　　b) 支路控制三角形联结　　　　c) 中点控制三角形联结

图4-8　三相交流调压电路

1. 星形联结电路

如图4-8a所示,这种电路又可分为三相三线制和三相四线制两种情况。三相四线制时,相当于三个单相交流调压电路的组合,三相互相错开120°工作,单相交流调压电路的工作原理和分析方法均适用于这种电路。在单相交流调压电路中,电流中含有基波和各奇次谐波。组成三相电路后,基波和3的整数倍次以外的谐波在三相之间流动,不流过中性线。而三相的3的整数倍次谐波是同相位的,不能在各相之间流动,全部流过中性线。因此中性线中会有很大的3次谐波电流及其他3的整数倍次谐波电流。当 $\alpha = 90°$ 时,中性线电流甚至和各相电流的有效值接近。在选择导线线径和变压器时必须注意这一问题。

下面分析三相三线制时的工作原理,主要分析电阻负载时的情况。任一相在导通时必须和另一相构成回路,因此和三相桥式全控整流电路一样,电流流通路径中有两个晶闸管,所以应采用双脉冲或宽脉冲触发。三相的触发脉冲应依次相差120°,同一相的两个反并联晶闸管触发脉冲应相差180°。因此,和三相桥式全控整流电路一样,触发脉冲顺序也是 $VTH_1 \sim VTH_6$,依次相差60°。

如果把晶闸管换成二极管可以看出,相电流和相电压同相位,且相电压过零时二极管开始导通。因此把相电压过零点定为触发延迟角 α 的起点。三相三线电路中,两相间导通是靠线电压导通的,而线电压超前相电压30°,因此 α 角的移相范围是0°~150°。

在任一时刻,电路可以根据晶闸管导通状态分为三种情况:一种是三相中各有一个晶闸管导通,这时负载相电压就是电源相电压;另一种是两相中各有一个晶闸管导通,另一相不导通，这时导通相的负载相电压是电源线电压的一半；第三种是三相晶闸管均不导通，这时负载电压为零。根据任一时刻导通晶闸管个数以及半个周波内电流是否连续，可将 $0° \sim 150°$ 的移相范围分为如下三段：

1）$0° \leqslant \alpha < 60°$ 范围内，电路处于三个晶闸管导通与两个晶闸管导通的交替状态，每个晶闸管导通角为 $180° - \alpha$。但 $\alpha = 0°$ 时是一种特殊情况，一直是三个晶闸管导通。

2）$60° \leqslant \alpha < 90°$ 范围内，任一时刻都是两个晶闸管导通，每个晶闸管的导通角为 $120°$。

3）$90° \leqslant \alpha < 150°$ 范围内，电路处于两个晶闸管导通与无晶闸管导通的交替状态，每个晶闸管导通角为 $300° - 2\alpha$，而且这个导通角被分割为不连续的两部分，在半周波内形成两个断续的波头，各占 $150° - \alpha$。

图 4-9 给出了 α 分别为 $30°$、$60°$ 和 $120°$ 时 a 相负载上的电压波形及晶闸管导通区间示意图，分别作为这三段移相范围的典型示例。因为是电阻负载，所以负载电流（也即电源电流）波形与负载相电压波形一致。

从波形上可以看出，电流中也含有很多谐波。进行傅里叶级数分析后可知，其中所含谐波的次数为 $6k \pm 1$ （$k = 1, 2, 3\cdots$），这和三相桥式全控整流电路交流侧电流所含谐波的次数完全相同，而且也是谐波的次数越低，其含量越大。和单相交流调压电路相比，这里没有 3 的整数倍次谐波，因为在三相对称时，它们不能流过三相三线电路。

在阻感负载的情况下，可参照电阻负载和前述单相阻感负载时的分析方法，只是情况更复杂一些。$\alpha = \varphi$ 时，负载电流最大且为正弦波，相当于晶闸管全部被短接时的情况。一般来说，电感大时，谐波电流的含量要小一些。

2. 支路控制三角形联结电路

如图 4-8b 所示，这种电路由三个单相交流调压电路组成，三个单相电路分别在不同的线电压的作用下单独工作。因此，单相交流调压电路的分析方法和结论完全适用于支路控制三角形联结三相交流调压电路。在求取输入线电流（即电源电流）时，只要把与该线相连的两个负载相电流求和就可以了。

由于三相对称负载相电流中 3 的整数倍次谐波的相位和大小都相同，所以它们在三角形回路内流动，而不出现在线电流中。因此，和三相三线星形联结电路相同，线电流中所含谐波的次数也是 $6k \pm 1$ （k 为正整数）。通过定量分析可以发现，在相同负载和相同输出电压情况下，支路控制三角形联结电路线电流中谐波含量要少于三相三线星形联结电路。

支路控制三角形联结方式的一个典型应用是晶闸管控制电抗器。

4.3.2 斩波控制式（PWM）三相交流调压电路

大容量交流调压电路采用三相结构，如图 4-10a 所示，电路包括三个交流开关 S_1、S_2、S_3 和三角形联结负载组成的三相交流调压电路，以及由三相不控桥和 VT_4 组成的在感性负载时的续流回路。图中交流开关采用了单开关器件的形式。三个交流开关 S_1、S_2、S_3 由同一驱动信号 u_g 控制，VT_4 的驱动信号 u_{g4} 与 u_g 互补，即 VT_1、VT_2、VT_3 导通时 VT_4 关断，VT_1、VT_2、VT_3 关断时 VT_4 导通。在 VT_1、VT_2、VT_3 导通时，负载上电压与电源电压相等；在 VT_1、VT_2、VT_3 关断时 VT_4 导通，使感性电流经不控桥和 VT_4 续流，负载上电压为零。在上

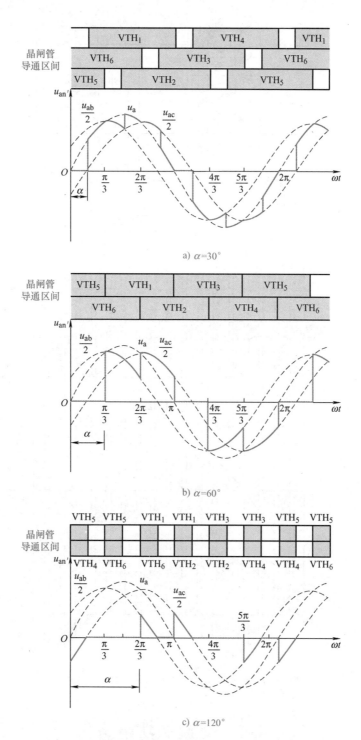

图 4-9 不同 α 时负载相电压波形及晶闸管导通区间

述控制方式下，调压器输出线电压波形与单相交流斩波控制调压类似，为了避免输出电压和电流中包含偶次谐波，并且保持三相输出电压对称，载波比 N 必须选为 6 的倍数。

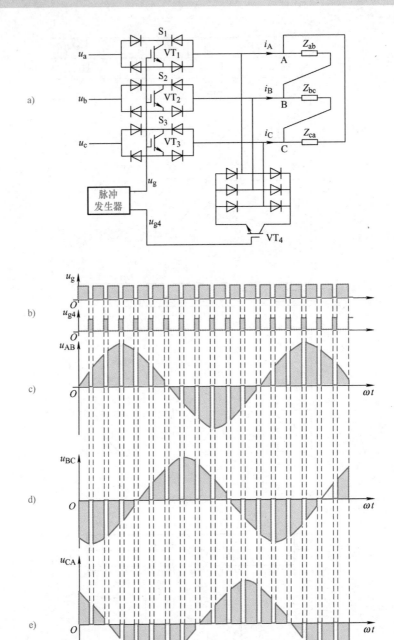

图 4-10　斩波控制式三相交流调压电路及波形

4.4　交流调功电路

　　交流调功电路以交流电源周波数为控制单位,对电路通断进行控制。

　　用晶闸管作为开关,使负载与电源在 M 个周期中,接通 N 个电源周期后关断 $(M-N)$ 个电源周期,改变通断周波数的比值来调节负载所消耗的平均功率。改变 M 与 N 的比值,就改变了开关通断一个周期输出电压的有效值。这种控制方式简单、功率因数高，适用于有较大时间常数的负载，缺点是输出电压调节不平滑。

交流调功电路的直接调节对象是电路的平均输出功率，常用于电炉的温度控制。交流调功电路控制对象的时间常数很大，以周波数为单位控制即可。通常晶闸管导通时刻为电源电压过零时刻，负载电压、电流都是正弦波，不对电网电压、电流造成通常意义的谐波污染。

当负载为电阻时，控制周期为 M 倍电源周期，晶闸管在前 N 个周期导通，后 $(M-N)$ 个周期关断。负载电压和负载电流（也即电源电流）的重复周期为 M 倍电源周期。$M=3$、$N=2$ 时的电路波形如图 4-11 所示。

图 4-12 所示为交流调功电路的电流频谱图（以控制周期为基准）。I_n 为 n 次谐波有效值，I_{om} 为导通时电路电流幅值。从图可知电流中不含整数倍频率的谐波，但含有非整数倍频率的谐波，而且在电源频率附近，非整数倍频率谐波的含量较大。

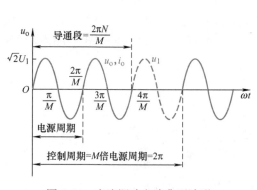

图 4-11 交流调功电路典型波形
（$M=3$、$N=2$）

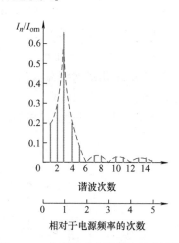

图 4-12 交流调功电路的电流频谱图
（$M=3$、$N=2$）

4.5 交-交变频电路

本节所介绍的交-交变频电路是不通过中间直流环节而把电网频率的交流电直接变换成可调频率的交流电的变流电路。因为没有中间直流环节，因此属于直接变频电路。交-交变频电路主要用于大功率交流电动机调速系统。

4.5.1 单相输出交-交变频电路

1. 电路结构和工作原理

单相输出交-交变频电路如图 4-13 所示。它由具有相同特征的两组晶闸管整流电路反向并联构成。将其中一组整流器称为正组整流器，另外一组称为反组整流器。如果正组整流器工作，反组整流器被封锁，则负载端输出电压为上正下负；如果反组整流器工作，正组整流器被封锁，则负载端得到输出电压为上负下正。这样，只要交替地以低于电源的频率切换正反组整流器的工作状态，则在负载端就可以获得交变的输出电压，图 4-14 所示为单相交流输入时交–交变频电路的波形。

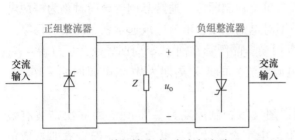

图 4-13　单相输出交–交变频电路

图 4-14　单相交流输入交–交变频电路波形

如果在一个周期内触发延迟角 α 是固定不变的，则输出电压波形为矩形波，如图 4-14 所示。矩形波中含有大量的谐波，对电动机的工作很不利。如果触发延迟角 α 不固定，在正组工作的半个周期内让 α 触发延迟角按正弦规律从 90° 逐渐减小到 0°，然后再由 0° 逐渐增加到 90°，那么正组整流器输出电压的平均值就按正弦规律变化，从零增大到最大，然后从最大减小到零，如图 4-15 所示（三相交流输入）。在反组工作的半个周期内采用同样的控制方法，就可以得到接近正弦波的输出电压。

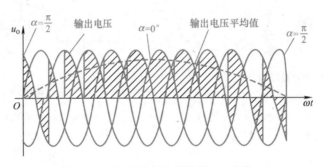

图 4-15　交–交变频电路波形（α 变化）

正反两组整流器切换时，不能简单地将原来工作的整流器封锁，同时将原来封锁的整流器立即导通。因为已导通的晶闸管并不能在触发脉冲取消的那一瞬间立即被关断，必须待晶闸管承受反向电压时才能关断，如果两组整流器切换时，触发脉冲的封锁和开放是同时进行的，那么原先导通的整流器不能立即关断，而原来封锁的整流器已经导通，于是出现两组桥同时导通的现象，将会产生很大的短路电流，使晶闸管损坏。为了防止在负载电流反向时产生环流，将原来工作的整流器封锁后，必须留有一定死区时间，再将原来封锁的整流器开放工作。两组桥任何时刻只有一组桥工作，在两组桥之间不存在环流，称为无环流控制方式。

2. 电路的工作过程

交–交变频电路的负载可以是电感性、电阻性或电容性。下面以使用较多的电感性负载为例，说明组成变频电路的两组相控整流电路是怎样工作的。

对于电感性负载，输出电压超前电流。图 4-16 所示为电感性负载时交–交变频电路的输出电压和电流波形。

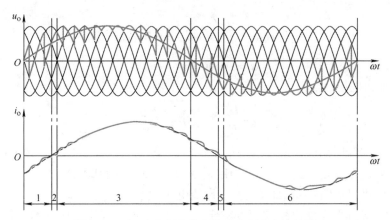

图 4-16 交-交变频电路的输出电压和电流波形

一个周期可以分为 6 个阶段：

（1）第 1 阶段　输出电压过零为正，由于电流滞后，$i_o < 0$，且整流器的输出电流具有单向性，负载负向电流必须由反组整流器输出，则此阶段为反组整流器工作，正组整流器被封锁。由于 u_o 为正，则反组整流器必须工作在有源逆变状态（有源逆变相关内容见 5.3 节）。

（2）第 2 阶段　电流过零，为无环流死区。

（3）第 3 阶段　$i_o > 0$，$u_o > 0$。由于电流方向为正，负载电流须由正组整流器输出，此阶段为正组整流器工作，反组整流器被封锁。由于 u_o 为正，则正组整流器必须工作在整流状态。

（4）第 4 阶段　$i_o > 0$，$u_o < 0$。由于电流方向没有改变，正组整流器工作，反组整流器仍被封锁，由于电压反向为负，则正组整流器工作在有源逆变状态。

（5）第 5 阶段　电流过零，为无环流死区。

（6）第 6 阶段　$i_o < 0$，$u_o < 0$。电流方向为负，反组整流器必须工作，正组整流器被封锁。此阶段反组整流器工作在整流状态。

可以看出，哪组整流器工作是由输出电流决定，而与输出电压极性无关。电路是工作在整流状态还是逆变状态，则是由输出电压方向和输出电流方向的异同决定。

3. 输出正弦波电压的控制方法

要使输出电压波形接近正弦波，必须在一个控制周期内，α 按一定规律变化，使整流电路在每个控制间隔内输出的平均电压按正弦规律变化。最常用的方法是采用"余弦交点法"。

设 U_{d0} 为 $\alpha = 0°$ 时整流电路的理想空载电压，则整流电路在每个控制间隔输出的平均电压为

$$u_o = U_{d0} \cos \alpha \tag{4-9}$$

设期望的正弦波输出电压为

$$u_o = U_{om} \sin \omega_0 t \tag{4-10}$$

比较上述两式，则有

$$U_{d0} \cos \alpha = U_{om} \sin \omega_0 t \tag{4-11}$$

得到

$$\cos\alpha = \frac{U_{om}}{U_{d0}}\sin\omega_0 t = \gamma\sin\omega_0 t \qquad (4-12)$$

$$\alpha = \arccos\ (\gamma\sin\omega_0 t) \qquad (4-13)$$

式中，γ 称为输出电压比。

$$\gamma = \frac{U_{om}}{U_{d0}} \qquad (0\leqslant\gamma\leqslant 1)$$

如果在一个控制周期内，触发延迟角 α 根据式(4-13) 确定，则每个控制间隔输出电压的平均值按正弦规律变化。式(4-13) 为用余弦交点法求 α 的基本公式。

余弦交点法可以用图 4-17 加以说明。设线电压 u_{UV}、u_{UW}、u_{VW}、u_{VU}、u_{WU} 和 u_{WV} 依次用 $u_1\sim u_6$ 表示，相邻两个线电压的交点对应于 $\alpha=0°$。$u_1\sim u_6$ 所对应的同步信号分别用 u_{s1} $\sim u_{s6}$ 表示，$u_{s1}\sim u_{s6}$ 比相应的 $u_1\sim u_6$ 超前30°，$u_{s1}\sim u_{s6}$ 的最大值和相应线电压 $\alpha=0°$ 的时刻对应。当 $\alpha=0°$ 时，$u_{s1}\sim u_{s6}$ 为余弦信号。各晶闸管触发时刻由相应的同步电压 $u_{s1}\sim u_{s6}$ 的下降段和输出电压 u_o 的交点来决定。

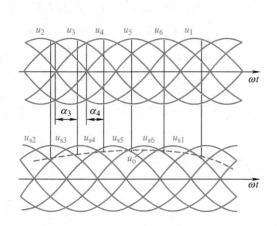

图 4-17　余弦交点法原理

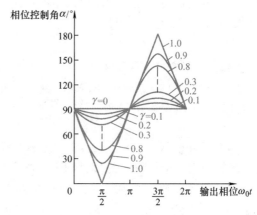

图 4-18　不同 γ 时 α 和 $\omega_0 t$ 的关系

对于不同的 γ，在 u_o 一周期内，α 随 $\omega_0 t$ 变化的情况如图 4-18 所示。α 的表达式可写作

$$\alpha = \arccos\ (\gamma\sin\omega_0 t)\ = \frac{\pi}{2} - \arcsin\ (\gamma\sin\omega_0 t) \qquad (4-14)$$

图中的 α 较小，即输出电压较低时，α 只在离90°很近的范围内变化，电路的输入功率因数非常低。

4.5.2　三相输出交-交变频电路

交-交变频电路主要用于交流调速系统中，因此，实际使用的主要是三相输出交-交变频电路。三相输出交-交变频电路是由三组输出电压相位各差120°的单相输出交-交变频电路组成的，根据电路接线形式不同主要有以下两种。

1. 公共交流母线进线方式

图 4-19 是公共交流母线进线方式的三相交-交变频电路原理图，它由三组彼此独立、输

出电压相位相互错开120°的单相交-交变频电路组成，它们的电源进线通过进线电抗器接在公共的交流母线上。因为电源进线端公用，所以三组单相变频电路的输出端必须隔离。为此，交流电动机的三个绕组必须拆开，同时引出六根线。公共交流母线进线方式的三相交-交变频电路主要用于中等容量的交流调速系统。

2. 输出星形联结方式

图4-20所示是输出星形联结方式的三相交-交变频电路原理图。三相交-交变频电路的输出端星形联结，电动机的三个绕组也是星形联结，电动机中性点和变频器中性点接在一起，电动机只引三根线即可。因为三组单相变频器连接在一起，其电源进线就必须隔离，所以三组单相变频器分别用三个变压器供电。

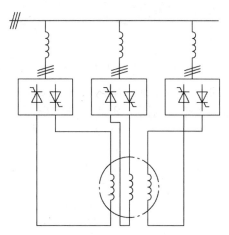

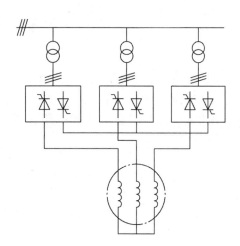

图4-19　公共交流母线进线方式的
三相交-交变频电路原理图

图4-20　输出星形联结方式的
三相交-交变频电路原理图

由于变频器输出中性点不和负载中性点相连，所以在构成三相变频器的六组桥式电路中，至少要有不同相的两组桥中的4个晶闸管同时导通才能构成回路，形成电流。同一组桥内的两个晶闸管靠双脉冲保证同时导通。两组桥之间依靠足够的脉冲宽度来保证同时有触发脉冲。

交-交变频电路的输出电压是由若干段电网电压拼接而成的。当输出频率升高时，输出电压一个周期内电网电压的段数就减少，所含的谐波分量就要增加。这种输出电压波形的畸变是限制输出频率提高的主要因素之一。一般认为，交流电路采用6脉波三相桥式电路时，最高输出频率不高于电网频率的$1/3 \sim 1/2$。若电网频率为50Hz，则交-交变频电路的输出上限频率约为20Hz。

同交-直-交变频电路相比，交-交变频电路有以下优缺点：

1. 优点

1）只有一次变流，且使用电网换相，提高了变流效率。

2）可以很方便地实现四象限工作。

3）低频时输出波形接近正弦波。

2. 缺点

1）接线复杂，使用的晶闸管数目较多。

2）受电网频率和交流电路各脉冲数的限制，输出频率低。

3）采用相位控制方式，功率因数较低。

由于以上优缺点，交-交变频电路主要用于 500kW 或 1000kW 以上、转速在 600r/min 以下的大功率低转速的交流调速装置中，目前已在矿石碎机、水泥球磨机、卷扬机、鼓风机及轧钢机主传动装置中获得了较多的应用。它既可用于异步电动机传动，也可用于同步电动机传动。

4.6 间接交流-交流变换电路

间接交流-交流变换电路由两级组成，实际上是整流和逆变的组合。整流电路把电网的恒频恒压交流电变换成直流电，再经过逆变电路将直流电变换成大小、频率均可变的交流电，所以间接交流-交流变换电路又叫作交-直-交变频电路，其基本结构框图如图 4-21 所示。

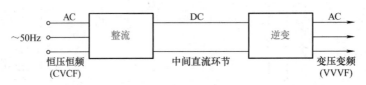

图 4-21　间接交流-交流变换电路基本结构框图

间接交流-交流变换电路被广泛地应用在交流电动机的变频调速中。在交流电动机的变频调速控制中，为了保持额定磁通基本不变，在调节定子频率的同时必须改变定子的电压，即同时进行变压变频（Variable Voltage Variable Frequency，VVVF），构成变压变频电源，其典型应用是异步电动机变频调速装置——变频器。根据需要，间接交流-交流变换电路也能够产生恒压恒频（Constant Voltage Constant Frequency，CVCF）的交流电，其典型应用为不间断电源设备（Uninterruptible Power Supply，UPS）。

4.6.1 变压变频电源——变频器

三相异步电动机的转速表达式为

$$n = n_0(1-s) = \frac{60f_1}{p}(1-s) \tag{4-15}$$

式中，n_0 为电动机同步转速（r/min），$n_0 = 60f_1/p$，p 为极对数；f_1 为供电电源频率（Hz），以工频交流电供电时，$f_1 = 50\mathrm{Hz}$；s 为转差率，$s = (n_0 - n)/n_0$。

从式（4-15）可知，改变供电电源的频率即可改变异步电动机的同步转速 n_0，从而改变电动机转速。额定频率称为基频，变频调速时，可以从基频向上调，也可以从基频向下调。

1. 基频以下的变频调速

三相异步电动机的每相电压为

$$U_1 \approx E_1 = 4.44 f_1 N_1 k_w \Phi_m \tag{4-16}$$

式中，E_1 为定子每相感应电动势的有效值；f_1 为定子电源频率；N_1 为定子每相绕组串联匝数；k_w 为基波绕组系数；Φ_m 为每极气隙磁通量。

从式(4-16)可以看出，如果降低电源频率时还保持电源电压为额定值，则随着 f_1 下降，每极气隙磁通量 Φ_m 增加。电动机在设计制造时，为了增大电磁转矩，已使气隙磁通接近饱和，Φ_m 增加，磁路过饱和，励磁电流会急剧增加，铁心损耗增大，严重时导致绕组过热烧坏。因此，在降低电源频率时，必须同时降低电源电压，以保证气隙磁通基本不变。根据式(4-16)可得，如果使 $U_1/f_1 = $ 常数，则在调速过程中可维持 Φ_m 基本不变，这就是基频以下调速的恒压频比控制方式。

从电机学理论可知，当改变频率 f_1 时，若保持 $U_1/f_1 = $ 常数，则最大转矩 $T_m = $ 常数，与频率无关，并且最大转矩对应的转速降落相等，也就是不同频率的各条机械特性是平行的，硬度相同。基频以下变频调速时的机械特性曲线如图4-22所示。保持 $U_1/f_1 = $ 常数，电动机最大允许输出转矩不变，为恒转矩调速。

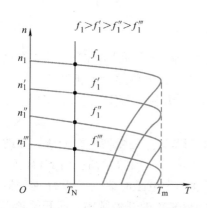

图4-22 基频以下变频调速的机械特性曲线

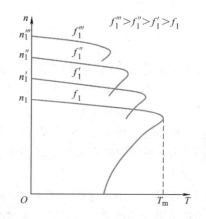

图4-23 $U_1 = U_{1N}$ 的升频调速机械特性曲线

2. 基频以上变频调速（弱磁升速）

在基频以上调速时，频率应该从 f_{1N} 向上升高，但定子电压 U_1 却不可能超过额定电压 U_{1N}，最多只能保持 $U_1 = U_{1N}$，这将迫使磁通与频率成反比地降低，相当于直流电动机弱磁升速的情况，频率升高时，最大转矩 T_m 减小，最大转矩对应的转速降落近似为常数，根据电机电磁转矩方程式可画出升高电源频率的机械特性曲线，其运行段近似平行，如图4-23所示。在升频升速过程中，最大允许输出转矩与速度成反比，电动机输出功率近似不变，为恒功率调速。

把基频以下和基频以上两种情况的控制特性画在一起，如图4-24所示。

3. 间接交流-交流变换电路的控制方式

按照不同的控制方式，间接交流-交流变换电路可分为图4-25所示的三种形式。其中图4-25a用的是可控整流器调压、逆变器调频的控制方式。显然，在这种方式中，调压和调频在两个环节上分别进行，两者要在控制电路上协调配合，其结构简单，控制较方便。但是，由于输入环节采用晶闸管可控整流，当电压调得较低时，电网端功率因数较低，输出端谐波较大，因而这种方式应用不多。

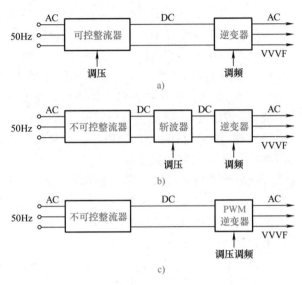

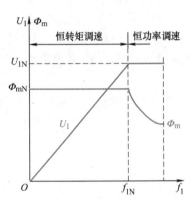

图 4-24　异步电动机变压变频调速的控制特性　　　图 4-25　间接交流-交流变换电路的不同控制方式

　　图 4-25b 采用的是不可控整流器整流、斩波器调压、逆变器调频的控制方式。在这种方式中，整流环节采用二极管不可控整流器，只整流不调压，再单独设置斩波器，用脉宽调压，逆变器调频。这样虽然多了一个环节，但调压时输入功率因数不变，克服了图 4-25a 的缺点。而输出逆变环节未变，仍有谐波较大的问题。

　　图 4-25c 采用的是不可控整流器整流、脉宽调制（PWM）逆变器同时调压调频的控制方式。在这种控制方式中，用不可控整流器整流，则输入功率因数较高；用 PWM 逆变器，则输出谐波可以减小。这样，图 4-25c 的电路克服了前两个电路的缺点。PWM 逆变器需用全控型功率半导体器件，其输出谐波减少的程度取决于 PWM 的开关频率，而开关频率则受器件开关时间的限制。实际应用中采用 PWM 逆变器的较多。

　　4. 变频器的电路结构

　　交-直-交变频器的类型取决于逆变电路的类型，根据直流环节采用滤波器的不同，交-直-交变频器分为电压型和电流型两种。在交-直-交变频器中，当中间直流环节采用大电容滤波时，直流电压波形比较平直，在理想情况下是一个内阻抗为零的恒压源，输出交流电压是矩形波或阶梯波，这类变频器叫作电压型变频器。当交-直-交变频器的中间直流环节采用大电感滤波时，直流电流波形比较平直，因而电源内阻抗很大，对负载来说基本上是一个电流源，输出交流电流是矩形波或阶梯波，这类变频器叫作电流型变频器。下面以最为常用的电压型变频器为例介绍变频器的功率主电路结构。

　　图 4-26 所示的是一种常用的交-直-交电压型 PWM 变频器主电路。它采用二极管构成整流器，完成交流到直流的变换，其输出直流电压 U_d 是不可控的；中间直流环节用大电容 C_0 滤波；IGBT 开关 $VT_1 \sim VT_6$ 构成 PWM 逆变器，完成直流到交流的变换，并能实现输出频率

和电压的同时调节；$VD_1 \sim VD_6$ 是电压型逆变器所需的反馈二极管。该电路广泛用于交流电动机变频调速。从图中可以看出，由于整流电路输出的电压和电流极性都不能改变，因此该电路只能从交流电源向中间直流电路传输功率，进而再向交流电动机传输功率，而不能从直流中间电路向交流电源反馈能量。当负载电动机由电动状态转入制动运行时，电动机变为发电状态，其能量通过逆变电路中的反馈二极管流入直流中间电路，使直流电压升高而产生过电压，这种过电压称为泵升电压。为了限制泵升电压，可在直流侧电容上并联一个开关 VT_0 和能耗电阻 R_0 组成的泵升电压限制电路。当泵升电压超过一定数值时，使 VT_0 导通，把电动机反馈的能量消耗在 R_0 上。这种电路可用于对制动时间有一定要求的调速系统中。

在要求电动机频繁快速加、减速的场合，上述带有泵升电压限制电路的变频电路耗能较多，能耗电阻 R_0 也需较大的功率。因此，希望在制动时把电动机的动能反馈回电网。这时，需要增加一套有源逆变电路以实现再生制动，如图 4-27 所示，在电容两端反并联了一组可控整流器，在电动机制动时，切断不可控整流器，使可控整流器工作在有源逆变状态。在电动机再生制动时，制动能量通过可控整流器回馈电网，可以起到很好的节电效果，同时也限制了直流环节的电压过高。

图 4-28 所示的可以再生制动的变频电路中，整流和逆变都采用了 PWM 控制，它是一种性能优良的变频器。因为前级采用 PWM 整流（PWM 整流原理见 5.5.4 ~ 5.5.6），不仅可以工作于整流和有源逆变，还能控制电源侧的功率因数，虽然全部采用全控型器件，成本较高，但应用和发展的前景良好。

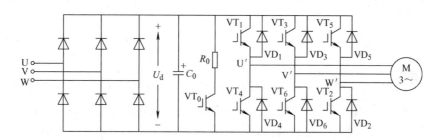

图 4-26 交-直-交电压型 PWM 变频器主电路

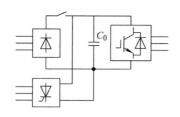

图 4-27 可以再生制动的变频电路

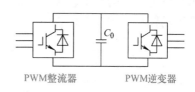

图 4-28 可以再生制动的变频电路

4.6.2 恒压恒频电源——UPS

前已提及，恒压恒频（CVCF）电源主要用作不间断电源设备（Uninterruptible Power Supply，UPS）。不间断电源设备就是指当交流输入电源（习惯上称为市电）发生异常或断电时，还能继续向负载供电，并能保证供电质量，使负载供电不受影响的装置。不间断电源设备通常是当电网发生故障时由该装置提供与市电同样的稳定的交流电。当然从广义上讲，UPS 也应包括输出为直流电的情况。目前，UPS 广泛应用于各种对交流供电可靠性和供电质量要求高的场合，例如用于银行、证券交易所、公安、国防等的计算机系统，Internet 网络中的服务器、路由器等关键设备，各种医疗设备，办公自动化设备等。

UPS 基本结构原理图如图 4-29 所示。它由整流器、逆变器及蓄电池等组成。其基本工作原理是：当市电正常时，由市电供电，市电经整流器整流为直流，再逆变为 50Hz 的恒频恒压的交流电向负载供电。同时，整流器输出的直流电给蓄电池充电，可保证蓄电池的电量充足；逆变器输出交流电的质量取决于逆变器的性能，优质的逆变器甚至可以输出比市电质量更高的交流电。一旦市电异常乃至停电，即由蓄电池自动代替整流器输出的直流电向逆变器供电，经逆变器变换为恒频恒压交流电继续向负载供电，因此从负载侧看，供电不受市电停电的影响。但是，由于此时电能由蓄电池提供，供电的能量和时间取决于蓄电池容量的大小，因此有一定的局限性，目前，小容量的 UPS 大多为此种方式。

为了保证长时间不间断供电，可采用柴油发电机（简称油机）作为后备电源，如图 4-30 所示。当市电正常时，开关 S 打向 "1"，由市电供电；一旦市电停电，蓄电池立即维持供电，同时将 S 打向 "2"，并起动柴油发电机，由柴油发电机代替市电提供电源。待市电恢复正常之后，再重新由市电供电。蓄电池只作为市电与柴油发电机之间的过渡，因而容量要求比较小。

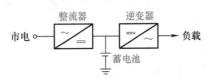

图 4-29　UPS 基本结构原理图

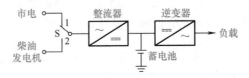

图 4-30　用柴油发电机作为后备电源的 UPS

UPS 在以上的工作方式下，一旦逆变器发生故障，供电即中断，对此改进后的一种方式是在电路中增加旁路电源系统，如图 4-31 所示。增加旁路电源系统使 UPS 向负载供电的可靠性进一步提高。旁路电源与逆变器提供的电源由开关 S_2 进行切换，当市电正常或者逆变器发生故障时，S_2 打在 "3" 的位置，市电直接向负载供电，同时给蓄电池浮充电。当市电供电异常时，S_2 打向 "4"，负载与市电脱离，由逆变器向负载供电。这种方式工作时，逆变器输出交流电电压的大小、频率高低应与市电的电压大小、频率高低完全相等且同步，这在电路中采用锁相的方法实现。

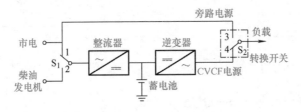

图 4-31　具有旁路电源系统的在线式 UPS

以上介绍的是几种常用的 UPS 的基本结构，为了尽可能地提高供电质量和可靠性，还可有很多其他的构成方式，本书不再一一介绍。

习题与思考题

1. 全控器件交流开关有哪两种基本结构？各有什么特点？

2. 单相晶闸管交流调压器，电源电压220V，阻感负载 $R = 0.5\Omega$，$L = 2mH$。求：

（1）触发延迟角 α 的调节范围。

（2）最大电流的有效值。

（3）最大输出功率和这时电源侧的功率因数。

3. 比较相位控制式交流调压和斩控式交流调压的优缺点。

4. 画出斩波控制式双器件型单相交流调压电路（阻感负载）并分析其开关控制方式。

5. 交–直–交变频电路有哪几种常见结构？各有什么优缺点？

6. 什么是变频调速系统的恒压频比控制？为什么要用恒压频比控制？

7. 画出带泵升电压限制的不可控整流、电压型、PWM逆变方式交–直–交变频器的主电路原理图并简述其工作原理。

8. 何谓UPS？画出其基本结构原理图。

第5章

交流-直流变换电路

能实现交流电能转换为直流电能的电路称为整流电路或整流器（Rectifier），如之前学过的采用二极管的整流电路，其输出直流电压和交流电压成固定的比例关系，也就是在输入交流电压固定时，输出得到的也是固定大小的直流电压，即输出电压不可调。在直流电动机的调速、同步电动机的励磁等场合往往需要电压大小可调的直流电源。利用晶闸管的可控单向导电性，控制其触发脉冲出现的时刻能把交流电能变换为大小可调的直流电能，以满足各种直流负载的要求，这种整流电路称为相位控制整流电路（或可控整流电路）。

整流电路的电路类型很多，按照输入交流电源的相数不同可分为单相、三相和多相整流电路；按照电路中电力电子器件控制特性不同可分为不可控、半控和全控整流电路；按照整流电路的结构形式不同，又可分为半波、全波和桥式整流电路等类型。另外，整流电路输出端所接负载的性质也对整流电路的输出电压和电流有很大的影响，常见的负载有电阻性负载、电感性负载和反电动势负载等几种。

相位控制整流电路结构简单、控制方便、性能稳定，利用它可以方便地得到大、中、小各种容量的直流电能，是目前获得直流电能的主要方法之一，得到了广泛的应用，尤其是在大容量的电力系统电能变换中应用最为广泛。但是，晶闸管相位控制整流电路中随着触发延迟角 α 的增大，电流中谐波分量相应增大，因此功率因数很低。

把逆变电路中的 SPWM 控制技术用于整流电路（采用全控器件），就构成了 PWM 整流电路，通过对 PWM 整流电路的适当控制，可以使其输入电流非常接近正弦波，且和输入电压同相位，功率因数近似为 1，这种整流电路具有广泛的应用前景。

根据行业发展及实际应用，本章在分析相位控制整流原理的基础上，分析实际中较为常用的单相桥式全控整流电路和三相桥式全控整流电路的原理及控制方法；介绍有源逆变的概念及原理；分析 PWM 整流电路。

5.1 单相可控整流电路

单相可控整流电路分为单相半波可控整流电路、单相桥式全控整流电路、单相桥式半控整流电路及单相全波可控整流电路等多种形式，本章只介绍实际中应用最为广泛的单相桥式全控整流电路。

5.1.1 相位控制整流的概念及原理

如图 5-1a 所示，交流输入电压 u_2 通过晶闸管连接负载，在电源正半周，晶闸管 VTH 承受正向电压，$\omega t < \alpha$ 期间由于未加触发脉冲 u_g，VTH 处于正向阻断状态而承受全部输入电

压 u_2，负载中无电流流过，负载上电压为零。在 $\omega t = \alpha$ 时 VTH 被 u_g 触发导通，电源电压 u_2 全部加在负载 R 上，到 $\omega t = \pi$ 时，电压 u_2 过零，因此流过晶闸管的电流过零而晶闸管关断，在 u_2 的负半轴，VTH 承受反向电压一直处于反向阻断状态，直到下一个周期 u_g 到来重复上述过程，因此在负载上可以到图 5-1d 所示的电压波形，根据第一章关于有效值和平均值的计算方法，得到输出直流电压的平均值 U_d 为

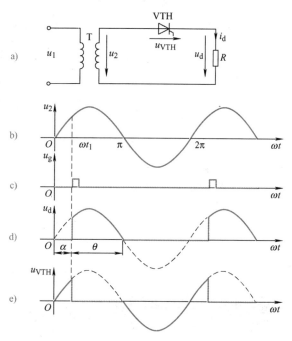

$$U_d = \frac{1}{2\pi} \int_{\alpha}^{\pi} \sqrt{2}\, U_2 \sin\omega t \mathrm{d}(\omega t)$$

$$= 0.45\, U_2 \frac{1 + \cos\alpha}{2} \tag{5-1}$$

图 5-1　相位控制整流的基本原理

从上式可以看出，通过调节 α 可以改变输出直流电压的大小，α 称为触发延迟角，是指从晶闸管开始承受正向阳极电压到施加触发脉冲为止的电角度。晶闸管在一个电源周期中处于通态的电角度，称为导通角，用 θ 表示。改变触发延迟角 α 大小的过程称为移相，移相范围是指通过移相改变触发延迟角 α，使整流输出电压从零到最大变化的触发延迟角 α 变化范围。在式（5-1）中，$\alpha = 0°$ 时，$U_d = U_{d0} = 0.45U_2$；$\alpha = 180°$ 时，$U_d = 0$。晶闸管 VTH 的 α 移相范围为 $0° \sim 180°$。这种通过控制触发脉冲的相位来控制直流输出电压大小的方式称为相位控制方式，简称相控方式。

5.1.2　单相桥式全控整流电路

1. 电阻负载

单相桥式全控整流电路电阻负载时电路及工作波形如图 5-2 所示。该电路的特点是：要使负载 R 流通电流，必须有晶闸管 VTH_1 和 VTH_4 或 VTH_2 和 VTH_3 同时导通，由于晶闸管的单向导电性，尽管 u_2 是交流，但是通过负载 R 的电流 i_d 始终是单方向的直流电，其工作过程可分如下几个阶段：

阶段（1）：该阶段中 u_2 在正半周，a 点电位高于 b 点电位，晶闸管 VTH_1 和 VTH_3 反向串联后与 u_2 连接，VTH_1 承受正向电压为 $u_2/2$，VTH_3 承受 $u_2/2$ 的反向电压；同样 VTH_2 和 VTH_4 反串与 u_2 连接，VTH_4 承受 $u_2/2$ 的正向电压，VTH_2 承受 $u_2/2$ 反向电压。虽然 VTH_1 和 VTH_4 承受正向电压，但是尚未被触发导通，负载没有电流流过，所以 $u_d = 0$，$i_d = 0$。

阶段（2）：在 $\omega t = \alpha$ 时同时触发 VTH_1 和 VTH_4，由于 VTH_1 和 VTH_4 承受正向电压而导通，有电流经变压器 a 点→VTH_1→R→VTH_4→变压器 b 点形成回路。在这段区间里，$u_d = u_2$，$i_d = i_{VTH1} = i_{VTH4} = i_2 = u_d/R$，由于 VTH_1 和 VTH_4 导通，忽略管压降，$u_{VTH1} = u_{VTH4} = 0$，而

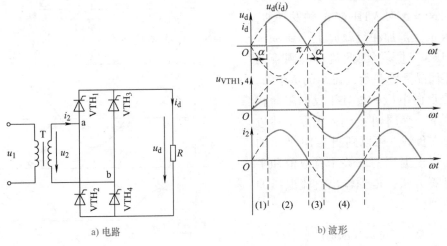

a) 电路   b) 波形

图 5-2   单相桥式全控整流电路及工作波形（电阻负载）

VTH_2 和 VTH_3 承受的电压为 $u_{VTH2} = u_{VTH3} = -u_2$。

阶段（3）：从 $\omega t = \pi$ 开始，u_2 进入了负半周，b 点电位高于 a 点电位，VTH_1、VTH_4 由于承受反向电压而关断（同时通过晶闸管电流也减小为 0），这时 $VTH_1 \sim VTH_4$ 均不导通，各晶闸管承受 $|u_2|/2$ 的电压，但 VTH_1 和 VTH_4 承受的是反向电压，VTH_2 和 VTH_3 承受正向电压，负载没有电流通过，$u_d = 0$，$i_d = i_2 = 0$。

阶段（4）：在 $\omega t = \pi + \alpha$ 时，u_2 电压为负，VTH_2 和 VTH_3 承受正向电压，触发 VTH_2 和 VTH_3 即导通，有电流自 b 点→VTH_3→R→VTH_2→a 点，$u_d = u_2$，$i_d = i_{VTH2} = i_{VTH3} = i_2 = u_d/R$。由于 VTH_2 和 VTH_3 导通，VTH_1 和 VTH_4 承受 u_2 的负半周电压。至此一个周期工作完毕，下一个周期重复上述过程，单相桥式整流电路两次脉冲间隔为 $180°$。

（1）整流输出平均电压 U_d 由于 u_d 一个周期中有两个波头，根据第 5 章有关波形平均值的计算方法，得到

$$U_d = \frac{1}{\pi} \int_{\alpha}^{\pi} \sqrt{2}\, U_2 \sin\omega t \mathrm{d}(\omega t) = 0.9\, U_2 \frac{1 + \cos\alpha}{2} \tag{5-2}$$

在 $\alpha = 0°$ 时，U_d 最高，$U_d = 0.9U_2$；在 $\alpha = 180°$ 时，$U_d = 0$，因此触发延迟角的移相范围为 $0° \leqslant \alpha \leqslant 180°$。

（2）整流输出平均电流 I_d

$$I_d = \frac{U_d}{R} = 0.9\, \frac{U_2}{R} \frac{1 + \cos\alpha}{2} \tag{5-3}$$

（3）通过晶闸管电流的平均值 I_{dVTH} 和有效值 I_{VTH} 因为 VTH_1、VTH_4 和 VTH_2、VTH_3 互相轮流导通，因此通过每个晶闸管的平均电流 I_{dVTH} 为负载平均电流 I_d 的一半：

$$I_{dVTH} = \frac{1}{2} I_d \tag{5-4}$$

根据第 1 章有关波形有效值的计算方法可以得到晶闸管电流有效值 I_{VTH} 为

$$I_{VTH} = \sqrt{\frac{1}{2\pi} \int_{\alpha}^{\pi} \left(\frac{\sqrt{2}\, U_2}{R} \sin\omega t\right)^2 \mathrm{d}(\omega t)} = \frac{\sqrt{2}\, U_2}{R} \sqrt{\frac{1}{2\pi} \sin 2\alpha + \frac{\pi - \alpha}{\pi}} \tag{5-5}$$

在求得晶闸管电流有效值后，按发热相等的原则，可以将 I_{VTH} 折算为正弦半波的平均值，从而选择晶闸管额定电流 I_{NVTH}，即

$$I_{NVTH} = (1.5 \sim 2)\frac{I_{VTH}}{1.57} \tag{5-6}$$

在单相桥式整流电路中，晶闸管承受的最高正向电压为 $\frac{\sqrt{2} U_2}{2}$，最高反向电压为 $\sqrt{2} U_2$，所以晶闸管的额定电压 U_{NVTH} 取

$$U_{NVTH} = (2 \sim 3)\sqrt{2} U_2 \tag{5-7}$$

（4）变压器二次电流的有效值 I_2 和变压器容量 S 通过变压器二次电流 i_2 的波形如图5-2所示，根据波形可以计算二次电流的有效值，即

$$I_2 = \sqrt{\frac{2}{2\pi}\int_{\alpha}^{\pi}\left(\frac{\sqrt{2} U_2}{R}\sin\omega t\right)^2 d(\omega t)} = \frac{U_2}{R}\sqrt{\frac{1}{2\pi}\sin 2\alpha + \frac{\pi - \alpha}{\pi}} = \sqrt{2} I_{VTH} \tag{5-8}$$

在不考虑变压器损耗时，变压器容量 $S = U_2 I_2$。

2. 阻感负载

在实际生产中，纯电阻负载是不多的，很多负载既有电阻又有电感，例如各种电机的励磁绕组、交流电源的电抗、整流装置的平波电抗器等。一般把负载中的感抗 ωL 与电阻 R 相比其值不可忽略时的负载叫作阻感负载。实际上纯电感负载是不存在的（因为构成电感的线圈其导线本身就存在电阻），若负载的感抗 $\omega L \gg R$（一般认为 $\omega L > 10R$），电阻可以忽略不计，整个负载的性质主要呈感性，把这样的负载叫作大电感负载。

电感与电阻的性质完全不一样。由电路理论可知电感的特点：电感上的电流相位滞后于电压相位；流过电感的电流不能发生突变，电感有抗拒电流变化的特性；电感产生感应电动势的大小与电感中电流的变化率成正比，其极性是阻碍电流的变化；纯电感不消耗能量，但却可以储存能量，电感储存的能量与电感量的大小和电感中电流的二次方成正比。了解电感的这些特性是理解整流电路带阻感负载工作情况的关键。

图5-3所示为单相桥式全控整流电路带阻感负载的电路结构及波形，为了分析方便，可以把阻感负载看成是一个纯电感和电阻的串联。阻感负载电感量的大小对电路的工作情况、输出电压、电流的波形影响很大。假定电感 L 很大，即为大电感负载状态，则由于电感的储能作用，负载 i_d 始终连续且电流近似为一直线。

可以看出，电路的自然换相点为正弦波 u_2 的过零点。假定电路的触发延迟角为 α，晶闸管近似为理想开关，我们来分析其稳态工作过程。

$0 \sim \alpha$ 时段：电路工作于稳态时具有周期性，该时段是 VTH_2、VTH_3 导通过程的延续。虽然此时段 $u_2 > 0$，但由于电感的续流作用，VTH_2、VTH_3 仍维持导通，输出电压 $u_d = -u_2$。

$\alpha \sim \pi$ 时段：在 α 时刻 VTH_1、VTH_4 的触发脉冲出现，由于前面 VTH_2、VTH_3 的导通，使得晶闸管 VTH_1、VTH_4 承受正向电压，因此 VTH_1、VTH_4 满足导通条件，输出电流由 VTH_2、VTH_3 向 VTH_1、VTH_4 转移，完成换相，输出电压 $u_d = u_2$。

$\pi \sim \pi + \alpha$ 时段：虽然此时段 $u_2 < 0$，但由于电感的续流作用，VTH_1、VTH_4 仍维持导通，输出电压 $u_d = u_2$。

$\pi + \alpha \sim 2\pi$ 时段：在 $\pi + \alpha$ 时刻 VTH_2、VTH_3 的触发脉冲出现，由于前面 VTH_1、VTH_4 的

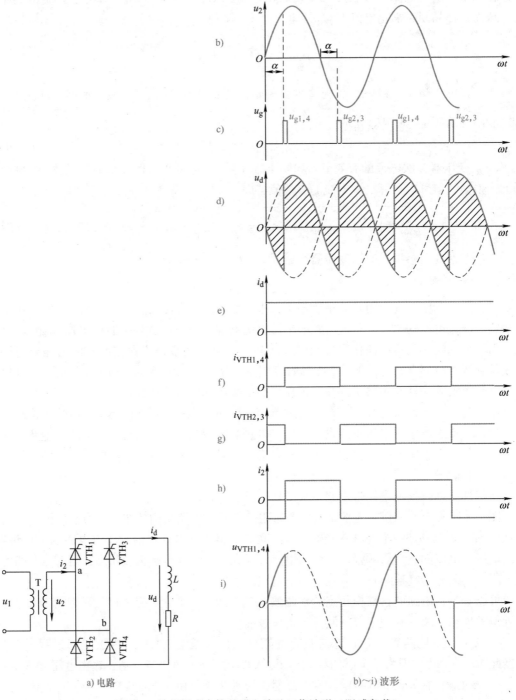

a) 电路 　　　　　　　　 b)~i) 波形

图 5-3　单相桥式全控整流电路及工作波形（阻感负载）

导通，使得晶闸管 VTH_2、VTH_3 承受正向电压，因此 VTH_2、VTH_3 满足导通条件，输出电流由 VTH_1、VTH_4 向 VTH_2、VTH_3 转移，完成换相，输出电压 $u_d = -u_2$。

$2\pi \sim 2\pi + \alpha$ 时段：由于电路工作的周期性，该时段即为 $0 \sim \alpha$ 时段，由于电感的续流作用 VTH_2、VTH_3 仍维持导通，输出电压 $u_d = -u_2$。

电路的波形如图 5-3b～i 所示，设交流输入电压为 $u_2 = \sqrt{2}\,U_2\sin\omega t$，由输出直流电压波形可得到单相桥式全控整流电路带大电感负载时的整流电压平均值 U_d 为

$$U_d = \frac{1}{\pi}\int_{\alpha}^{\pi+\alpha}\sqrt{2}\,U_2\sin\omega t\,\mathrm{d}(\omega t) = \frac{2\sqrt{2}}{\pi}U_2\cos\alpha = 0.9\,U_2\cos\alpha \tag{5-9}$$

$\alpha = 0°$ 时，$U_d = U_{d0} = 0.9U_2$；$\alpha = 90°$，$U_d = 0$。触发延迟角的有效移相范围为 $0° \leqslant \alpha \leqslant 90°$。从输出波形上分析可知，当 $\alpha = 90°$ 时，输出电压波形的正负面积相等，平均值为零。

输出电流 i_d 为平直的直流电流，其值为

$$I_d = \frac{U_d}{R} = \frac{0.9\,U_2\cos\alpha}{R} \tag{5-10}$$

由于两组晶闸管交替导通，各工作 1/2 周期，因此通过晶闸管的平均电流 I_{dVTH} 和电流有效值 I_{VTH} 分别为

$$I_{dVTH} = \frac{1}{2}I_d \tag{5-11}$$

$$I_{VTH} = \sqrt{\frac{1}{2\pi}\int_{\alpha}^{\pi+\alpha}I_d^2\mathrm{d}(\omega t)} = \frac{1}{\sqrt{2}}I_d \tag{5-12}$$

通过变压器二次电流有效值为

$$I_2 = \sqrt{\frac{2}{2\pi}\int_{\alpha}^{\pi+\alpha}I_d^2\mathrm{d}(\omega t)} = I_d \tag{5-13}$$

对于特定的 α 值，当负载电感比较小时，输出电流 i_d 就会出现明显的脉动。这时，如果电感足够小，则电感电流出现断续状态；如果电感逐步加大，则在大于某一个数值时，电感电流（输出电流 i_d）就会连续，但仍有明显的脉动；如果继续增大电感，电路波形就逐渐接近大电感负载状态。

图 5-4 所示为单相桥式全控整流电路带阻感负载且负载电感比较小时的电压、电流波形。

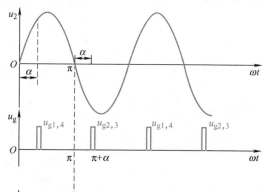

在电源电压 u_2 正半周的 α 时刻触发导通晶闸管 VTH$_1$ 和 VTH$_4$，负载得到正的电源电压，由于电感的存在，此时负载电流 i_d 只能从零开始逐渐增大。在 $\omega t = \pi$ 时，由于电感储能尚未释放完，电流 $i_d \neq 0$，VTH$_1$ 和 VTH$_4$ 继续导通使 u_d 出现负半周。到 $\omega t = \alpha + \theta$ 时，电感储能释放完毕，$i_d = 0$，VTH$_1$ 和 VTH$_4$ 关断。在 $\omega t = \pi + \alpha$ 时，触发 VTH$_2$ 和 VTH$_3$，这时承受正向电压的 VTH$_2$ 和 VTH$_3$ 导通，电流 i_d 又从 0 开始增加。

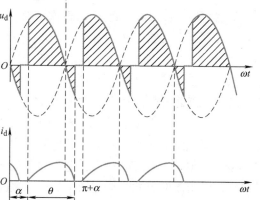

3. 反电动势负载

整流电路连接蓄电池和直流电动机的电

图 5-4 单相桥式全控整流电路小电感阻感
负载工作状态波形

枢这类负载时，一般蓄电池和电动机电动势 E 与整流电路输出电流方向相反，故称为反电动势负载。在考虑负载的内阻 R 时，也称为 $R-E$ 负载。对直流电动机电枢，在考虑电枢电阻的同时，往往需要考虑电枢回路的电感，所以称为 $R-L-E$ 负载。

（1）$R-E$ 负载　由晶闸管单相全控桥式整流电路供电的 $R-E$ 负载电路如图 5-5a 所示。

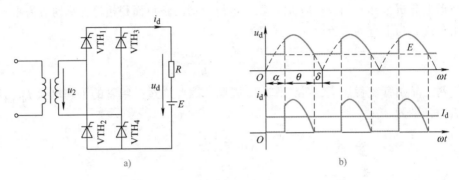

图 5-5　晶闸管单相桥式全控整流电路供电的 $R-E$ 负载电路及波形

由于在负载回路存在反电动势 E，晶闸管的导通就受到反电动势 E 的影响。在 $\omega t \leqslant \delta$ 之前，因为 $u_2 \leqslant E$，触发 VTH$_1$ 和 VTH$_4$ 时，VTH$_1$ 和 VTH$_4$ 承受反向电压，晶闸管不能导通；只有在 $u_2 > E$ 后，触发 VTH$_1$ 和 VTH$_4$，VTH$_1$ 和 VTH$_4$ 才能导通，因此晶闸管触发延迟角应大于 δ。与电阻负载相比，晶闸管提前了电角度 δ 停止导电，δ 称为停止导电角。由

$$\sqrt{2}\,U_2\sin\delta = E \tag{5-14}$$

得到

$$\delta = \arcsin\frac{E}{\sqrt{2}\,U_2} \tag{5-15}$$

设在 $\omega t = \alpha$ 时触发 VTH$_1$ 和 VTH$_4$，VTH$_1$ 和 VTH$_4$ 导通，则

$$u_d = u_2 = \sqrt{2}\,U_2\sin\omega t \tag{5-16}$$

$$i_d = \frac{u_d - E}{R} = \frac{\sqrt{2}\,U_2\sin\omega t - E}{R} \tag{5-17}$$

导通之后，$u_d = u_2$，直至 u_2 再次下降为 $u_2 = E$，i_d 降为 0，晶闸管关断，此后 $u_d = E$。在 u_2 负半轴触发 VTH$_2$ 和 VTH$_3$，重复前述过程，整流输出电压、电流波形如图 5-5b 所示。整流输出电流波形是断续的，在电流断续区间 $u_d = E$，整流输出平均电压将较纯电阻负载时提高。如果反电动势是蓄电池充电，则随着充电的进行反电动势 E 逐步提高，充电电流也不断减小，因此蓄电池充满电需要较长时间。

（2）$R-L-E$ 负载　晶闸管整流电路直接接反电动势负载时，晶闸管导通角减小，电流断续，电流波形的底部变窄。而电流平均值是与电流波形的面积成比例的，要增大电流的平均值，必须增大电流的峰值，电流的有效值也随之大大增加。有效值的增大，使得器件发热量增加，交流电源的容量增加，功率因数降低。

如果反电动势负载是直流电动机，要增大负载电流，必须增加电流波形的峰值，这要求大量降低电动机的反电动势 E，从而电动机的转速也要大量降低，这就使得电动机的机械特

性很软，相当于整流电源的内阻增大。此外，较大的电流峰值还会使电动机换向容易产生火花，甚至造成环火短路。

为了克服以上缺点，一般在反电动势负载的直流回路中串联一个平波电抗器（电感），如图5-6a所示，用来抑制电流的脉动和延长晶闸管导通的时间。有了平波电抗器，当u_2小于E时甚至u_2值变负时，晶闸管仍可导通。只要电感量足够大甚至能使电流连续，达到$\theta = 180°$。这时整流电压u_d的波形和负载电流i_d的波形与单相桥式全控整流电路带电感性负载电流连续时的波形相同，如图5-6b所示，U_d的计算公式亦相同。当然如果电感量不够大，负载电流也可能不连续，但电流的脉动情况会得到改善。为保证电流连续所需的电感量L可由下式求出：

$$L = \frac{2\sqrt{2}\,U_2}{\pi\omega\,I_{\mathrm{dmin}}} = 2.87 \times 10^{-3}\frac{U_2}{I_{\mathrm{dmin}}} \tag{5-18}$$

式中，I_{dmin}为需要维持电流连续的最小电流。

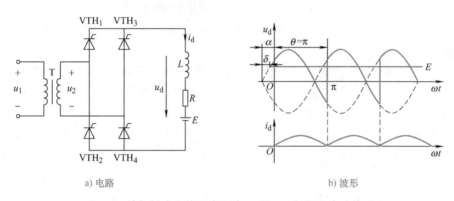

a) 电路　　　　　　　　　　　b) 波形

图5-6　单相桥式全控整流电路R-L-E负载电路及波形

5.2　三相桥式可控整流电路

三相可控整流电路主要有三相半波可控整流和三相桥式全控整流两种电路结构。三相半波可控整流电路采用三只晶闸管，接线比较简单。但是，它也存在一些明显的缺点，如整流变压器二次绕组一个周期最多只能导电1/3周期，变压器利用率较低；变压器二次电流为单方向电流，含有直流分量，会造成直流磁化，在变压器磁路中产生不平衡磁动势，为此必须增大变压器铁心截面积，造成体积和成本增加；此外，三相半波可控整流电路存在一根中性线，且中性线电流比相线电流大很多，如果不用变压器供电，直接接在交流电网，则会使交流电网的中性线负担过重。鉴于三相半波可控整流电路的以上缺点，因此实际中应用较少。本节只介绍广泛使用的三相桥式全控整流电路。

三相桥式全控整流电路的电路结构如图5-7所示，电路特点及控制方法如下：

1）三相桥式全控整流电路由6个晶闸管组成，阴

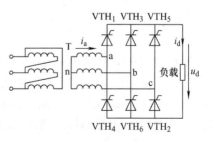

图5-7　三相桥式全控整流电路

极连接在一起的 3 个晶闸管（VTH_1，VTH_3，VTH_5）称为共阴极组；阳极连接在一起的 3 个晶闸管（VTH_4，VTH_6，VTH_2）称为共阳极组。

2）共阴极组编号：1、3、5；共阳极组编号：4、6、2。

3）6 个晶闸管的导通顺序为：$VTH_1 \rightarrow VTH_2 \rightarrow VTH_3 \rightarrow VTH_4 \rightarrow VTH_5 \rightarrow VTH_6$，相位依次差 60°。

4）三相桥式全控整流电路必须上桥臂和下桥臂各有一个晶闸管同时导通，并且上桥臂和下桥臂的晶闸管必须在不同相上才可能形成电源和负载之间的电流通路。例如上桥臂 VTH_1 导通时，必须有 VTH_2（或 VTH_6）导通，才有可能有电流自变压器 a 端经 $VTH_1 \rightarrow$ 负载 $\rightarrow VTH_2$（或 VTH_6）$\rightarrow$ 变压器 c 端（或 b 端），因此在这两个晶闸管导通时，负载两端的电压等于电源的线电压 u_{ac}（或 u_{ab}），所以三相桥式全控整流电路的输出电压波形一般在电源线电压的基础上进行分析。

5）对触发脉冲的要求：按 $VTH_1 \rightarrow VTH_2 \rightarrow VTH_3 \rightarrow VTH_4 \rightarrow VTH_5 \rightarrow VTH_6$ 的顺序，相位依次差 60°；共阴极组 VTH_1、VTH_3、VTH_5 的脉冲依次差 120°，共阳极组 VTH_4、VTH_6、VTH_2 也依次差 120°；同一相的上下两个桥臂，即 VTH_1 与 VTH_4、VTH_3 与 VTH_6、VTH_5 与 VTH_2，脉冲相差 180°。

6）在分析三相整流电路时，首先要确定自然换相点，即 $\alpha = 0°$ 的位置。假设将晶闸管换作二极管，则在相电压的交点 ωt_1、ωt_2、ωt_3 处（见图 5-8），均会出现二极管的换相，称这些交点为自然换相点。在分析三相桥式全控整流电路时，将自然换相点作为 α 的起点，即 $\alpha = 0°$。晶闸管导通的原则是承受正向电压，因此共阴极接法时，三相电压中哪一相电压最高，该相晶闸管具备导通条件，在该晶闸管导通后，其他两相的晶闸管会承受反向电压而关断；共阳极接法时，三相电压中哪一相电压最低，该相晶闸管具备导通条件，在该晶闸管导通后，其他两相的晶闸管会承受反向电压而关断。

7）起动或电流断续时，为了保证上下桥臂各有一个晶闸管同时导通，晶闸管触发的脉冲宽度必须大于 60°，这称为宽脉冲触发方式。如果采用窄脉冲触发，必须同时给上一号晶闸管补发一个脉冲，以保证上一号晶闸管已经关断后能再次触发导通，以形成电流的通路。例如在 VTH_1 后，触发 VTH_2 时，同时再给 VTH_1 补发一个脉冲，也就是 VTH_1 在一个周期中被触发两次，间隔为 60°，这称为双脉冲触发方式。实际应用中大都采用双脉冲触发方式。

8）在任一时刻，6 个晶闸管中有两个晶闸管同时导通，导通及换相规律为：（VTH_5、VTH_6）$\rightarrow$（VTH_6、VTH_1）$\rightarrow$（VTH_1、VTH_2）$\rightarrow$（VTH_2、VTH_3）$\rightarrow$（VTH_3、VTH_4）$\rightarrow$（VTH_4、VTH_5）$\rightarrow$（VTH_5、VTH_6）……周期循环。

5.2.1 电阻负载

1. 整流输出电压分析

（1）$\alpha = 0°$ 假设在 ωt_1 时刻以前，VTH_5 和 VTH_6 在导通，输出电压为线电压 u_{cb}，在 ωt_1 时刻，触发 VTH_1，由于 ωt_1 时刻之后 a 相电压最高，所以 VTH_1 导通，而 VTH_5 则由于承受电压 u_{ca}（a 高于 c）而关断，接下来的 60° 是 VTH_6 和 VTH_1 导通，输出电压为 u_{ab}；在 ωt_2 时刻，按照上述触发脉冲的规律，触发 VTH_2，由于在 ωt_2 之后，c 相电压最低，所以共阳极组的 VTH_2 被触发导通，而 VTH_6 由于承受电压 u_{cb} 而关断，则接下来的 60° 是 VTH_1 和 VTH_2

导通，输出电压为 u_{ac}，依此类推，得到输出电压 u_d 的波形如图 5-8 所示，u_d 一周期脉动 6 次，为线电压相应时段的包络线，每次脉动的波形都一样，故该电路为 6 脉波整流电路。每个时段晶闸管的工作情况见表 5-1。

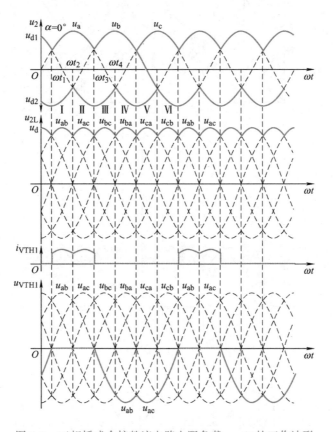

图 5-8　三相桥式全控整流电路电阻负载 $\alpha = 0°$ 的工作波形

表 5-1　晶闸管工作情况

时　段	I	II	III	IV	V	VI
共阴极组中导通的晶闸管	VTH$_1$	VTH$_1$	VTH$_3$	VTH$_3$	VTH$_5$	VTH$_5$
共阳极组中导通的晶闸管	VTH$_6$	VTH$_2$	VTH$_2$	VTH$_4$	VTH$_4$	VTH$_6$
整流输出电压 u_d	$u_a - u_b = u_{ab}$	$u_a - u_c = u_{ac}$	$u_b - u_c = u_{bc}$	$u_b - u_a = u_{ba}$	$u_c - u_a = u_{ca}$	$u_c - u_b = u_{cb}$

（2）$\alpha = 30°$　如图 5-9a 所示，$\alpha = 30°$ 的工作情况分析可参考 $\alpha = 0°$ 的情况，区别在于：晶闸管起始导通时刻推迟了 30°，组成 u_d 的每一段线电压因此推迟 30°，从 ωt_1 开始把一周期等分为 6 段，u_d 波形仍由 6 段线电压构成，每一段导通晶闸管的编号仍符合表 5-1 的规律。

变压器二次电流 i_a 波形的特点：在 VTH$_1$ 处于通态的 120° 期间，i_a 为正，i_a 波形的形状与同时段的 u_d 波形相同，在 VTH$_4$ 处于通态的 120° 期间，i_a 波形的形状也与同时段的 u_d 波形相同，但为负值。同理可分析其他两相的变压器二次电流的波形。

（3）$\alpha = 60°$　如图 5-9b 所示，根据前面类似的分析，当 $\alpha = 60°$ 时，u_d 波形中每段线电压的波形继续后移，u_d 平均值继续降低。$\alpha = 60°$ 时 u_d 出现为零的点。

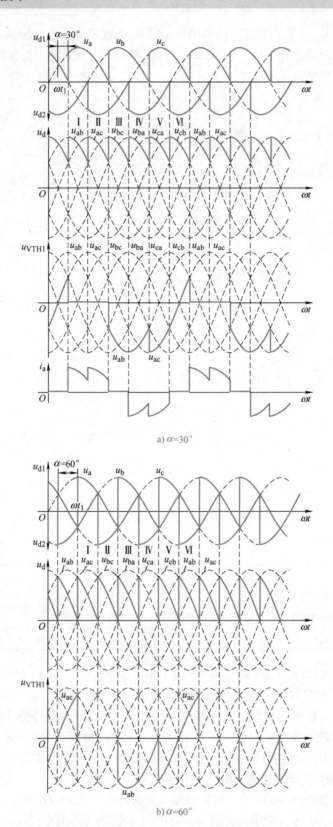

a) $\alpha=30°$

b) $\alpha=60°$

图 5-9　三相桥式全控整流电路电阻负载 $\alpha=30°$ 及 $\alpha=60°$ 的工作波形

（4）$\alpha > 60°$　当 $\alpha > 60°$ 时，如 $\alpha = 90°$ 时，在 ωt_1 时刻触发导通 VTH_1，VTH_1 和 VTH_6 导通，输出电压为 u_{ab}，但在 ωt_2 时刻，由于 $u_a = u_b$，则 $u_{ab} = 0$，由于是电阻负载，则负载电流在该时刻过零，故晶闸管电流过零，VTH_1 和 VTH_6 关断，在 ωt_3 时刻触发导通 VTH_2 时，由于 VTH_1 已经由于 ωt_2 时刻电流过零而关断，为了保证负载中有电流流通，必须在触发 VTH_2 的同时给 VTH_1 补发一个触发脉冲，这也是三相桥式可控整流电路采用双脉冲触发的一个重要原因。$\alpha = 90°$ 时的整流电路波形如图 5-10 所示。

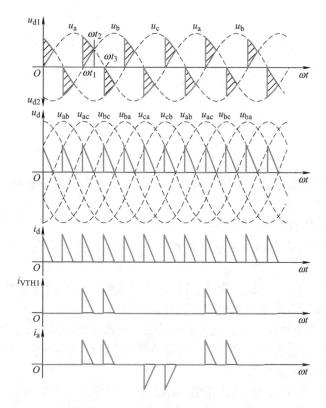

图 5-10　三相桥式全控整流电路电阻负载 $\alpha = 90°$ 的工作波形

由前面分析可知，$\alpha > 60°$ 时 u_d 波形每 $60°$ 中有一段为零，随着触发延迟角 α 的增大，波形的锯齿形缺口越来越大，整流平均电压 U_d 将减小。从图可以看出，若 $\alpha = 120°$ 则 $U_d = 0$，所以三相桥式全控整流电路在电阻负载时触发延迟角的移相范围是 $0° \sim 120°$。

2. 变压器二次电流

在晶闸管 VTH_1 导通时，变压器 a 相有正向电流通过，在 VTH_4 导通时，a 相有反向电流通过，因此 a 相电流是正负对称的交流电。其他两相的电流情况相同，不同的仅是相位互差 $120°$。

3. 晶闸管承受的电压

在 VTH_1 导通时，$u_{VTH1} = 0$；在 VTH_3 导通时，$u_{VTH1} = u_{ab}$；在 VT_5 导通时，$u_{VTH1} = u_{ac}$。因此晶闸管承受的最高反向电压为线电压的峰值，即 $\sqrt{6}\,U_2$。

4. 整流输出平均电压和电流

在电阻负载电流连续时，即 $\alpha \le 60°$ 时，输出电压的平均值为

$$U_d = \frac{1}{\frac{\pi}{3}} \int_{\frac{\pi}{3}+\alpha}^{\frac{2\pi}{3}+\alpha} \sqrt{6}\, U_2 \sin\omega t\, d(\omega t) = 2.34\, U_2 \cos\alpha \tag{5-19}$$

输出电流平均值为

$$I_d = U_d / R \tag{5-20}$$

在 $60° < \alpha \le 120°$ 时电流断续，根据波形计算整流输出电压平均值为

$$U_d = \frac{1}{\frac{\pi}{3}} \int_{\frac{\pi}{3}+\alpha}^{\pi} \sqrt{6}\, U_2 \sin\omega t\, d(\omega t) = 2.34\, U_2 \left[1 + \cos\left(\frac{\pi}{3} + \alpha\right)\right] \tag{5-21}$$

5.2.2　阻感负载

三相桥式全控整流电路输出电压一周期有 6 个波头，在阻感负载时，电流很容易连续，因此只研究电流连续的情况。在 $0° \le \alpha \le 60°$ 时，整流电压的波形与电阻负载时相同，输出电流 i_d 脉动很小，可以视为恒定不变的直流电流 I_d。

从图 5-11 的波形可以看出，阻感负载电流连续时，三相桥式全控整流电路波形有下述特点：

1）u_d 波形连续，工作情况与带电阻负载时十分相似，各晶闸管的通断情况、输出整流电压 u_d 波形、晶闸管承受的电压波形等都一样。

2）区别在于：由于负载不同，同样的整流输出电压加到负载上，得到的负载电流 i_d 波形不同。阻感负载时，由于电感的作用，使得负载电流波形变得平直，当电感足够大时，负载电流的波形可近似为一条水平线。

3）在 $\alpha > 60°$ 后，由于电感的续流作用，u_d 波形要出现负值，但电压波形连续。图 5-11b 是 $\alpha = 90°$ 时的工作波形，这时 u_d 波形正负半周面积相同，直流平均电压 $U_d = 0$，因此大电感负载时，触发延迟角的移相范围是 90°。

三相桥式全控整流电路大电感负载时电压、电流波形连续，输出电压平均值为

$$U_d = \frac{1}{\frac{\pi}{3}} \int_{\frac{\pi}{3}+\alpha}^{\frac{2\pi}{3}+\alpha} \sqrt{6}\, U_2 \sin\omega t\, d(\omega t) = 2.34\, U_2 \cos\alpha \tag{5-22}$$

输出电流平均值为
$$I_d = U_d / R \tag{5-23}$$

每个晶闸管导通 120°，所以

$$I_{dVTH} = \frac{1}{3} I_d \tag{5-24}$$

$$I_{VTH} = \frac{1}{\sqrt{3}} I_d \tag{5-25}$$

$$I_2 = \sqrt{2}\, I_{VTH} = \sqrt{\frac{2}{3}}\, I_d \tag{5-26}$$

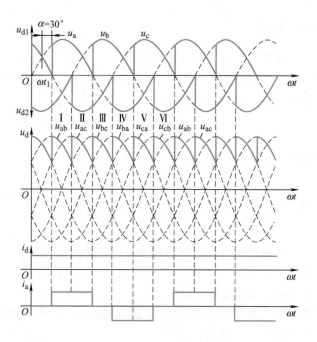

a) $\alpha=30°$

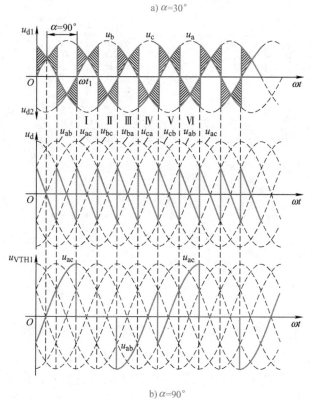

b) $\alpha=90°$

图 5-11 三相桥式全控整流电路阻感负载 $\alpha=30°$ 和 $\alpha=90°$ 的工作波形

5.2.3　反电动势负载

三相桥式全控整流电路接反电动势阻感负载时，在负载电感足够大足以使负载电流连续的情况下，电路工作情况与阻感负载时相似，电路中各处电压、电流波形均相同，仅在计算 I_d 时有所不同，接反电动势阻感负载时的 I_d 为

$$I_d = \frac{U_d - E}{R} \tag{5-27}$$

式中，R 和 E 分别为负载电阻值和反电动势值。

5.3　可控整流电路的有源逆变工作状态

整流是将交流电变换为直流电，逆变则是将直流电变换为交流电。如果逆变后的交流电是直接提供给负载，称为无源逆变（如第 3 章的直流-交流变换电路所述）；如果逆变后的交流电是馈送到交流电网，则称为有源逆变。

下面从三相桥式全控整流直流电源-直流电动机系统入手，研究其电能流转的关系（如图 5-12 所示），以分析得出有源逆变的条件。

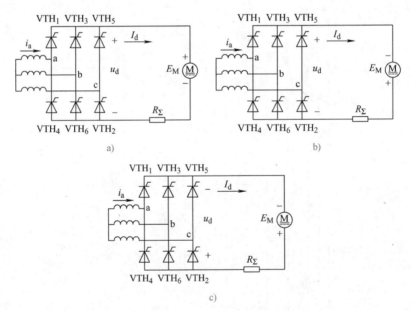

图 5-12　三相桥式全控整流直流电源-直流电动机系统电能流转图

首先，无论整流装置和电动机端电压的电压极性处于何种状态，由于晶闸管的单向导电性，系统电流只能有一个方向，也就是图 5-12 中 I_d 指示的方向，在图 5-12a 中，$u_d > E_M$，电动机运行于电动状态，吸收来自整流装置的电能；图 5-12b 中，整流装置和电动机的连接方式会导致整流电压 u_d 和电枢电动势 E_M 顺向串联，由于系统回路总电阻 R_Σ 很小，实际上形成短路，在工作中必须严防这类事故的发生。

在有源逆变状态，直流电源 E_M 要经整流器向交流电源回馈电能，由于整流器只能单方

向流通电流，因此直流电源要输出电能，电动势 E_M 的方向必须和整流器输出电流的方向相同（I_d 从 E_M 的正端流出），在图示 I_d 电流方向唯一的情况下，E_M 的方向必须是下正上负才能使 E_M 通过整流装置回馈电能至交流电网，而两个电源极性又不能顺向串联，整流器输出电压 U_d 的极性必须要与整流状态时相反（见图 5-12c），即下正上负（$U_d < 0$），对于三相桥式全控整流电路在 $R-L-E$ 负载时，由 $U_d = 2.34U_2\cos\alpha$ 可知，要使得 $U_d < 0$，必须使 $\alpha > 90°$，而要满足图示电流 I_d 的方向，必须有 $E_M > |U_d|$，从而满足图 5-12c 所示的运行条件而使得电动机回馈电能至交流电网。因此整流器工作于有源逆变的条件可以归结如下：

1）整流器负载含有直流电动势，其极性需和晶闸管的导通方向一致，其值应大于整流器直流侧的平均电压。

2）整流器的晶闸管触发延迟角 $\alpha > 90°$，整流器输出电压反向，即 U_d 为负值。

两者必须同时具备才能实现有源逆变。

如果在有源逆变时，整流器触发延迟角 α 仍小于 90°，则 U_d 极性没有改变，U_d 和 E_M 将顺向连接，在负载回路将产生很大的电流 I_d，$I_d = \dfrac{E + U_d}{R_\Sigma}$，这时直流电动势和整流器同时都输出电能，不仅电流很大，并且该电能消耗在负载回路的电阻上，这种情况一般是不允许的，要防止这种状态出现。

必须指出，半控桥或有续流二极管的电路（本章未分析），因其整流电压 u_d 不能出现负值，也不允许直流侧出现负极性的电动势，故不能实现有源逆变。欲实现有源逆变，只能采用全控电路。

为了反映整流电路的整流和逆变两种不同的工作状态，设置了逆变角 β，且令 $\beta = 180° - \alpha$。当整流电路工作于整流状态时，$0° \leq \alpha \leq 90°$，相应 $90° \leq \beta \leq 180°$。当整流电路工作于逆变状态时，$0° \leq \beta \leq 90°$，相应 $90° \leq \alpha \leq 180°$。

三相桥式全控整流电路在 $R-L-E$ 负载时，如果电动势 E 满足逆变条件，则可扩展触发延迟角的移相范围，在 $\alpha > 90°$ 后整流电路进入有源逆变状态。三相桥式全控整流电路的逆变角 $\beta = 0°$ 的位置在六相线电压负半周的交点处，其大小应从 $\beta = 0°$ 的位置向左计算。$\beta = 60°$、$\beta = 45°$ 和 $\beta = 30°$ 时的整流器输出电压波形如图 5-13 所示，随着逆变角的变化，整流输出电压的平均值也随之改变。在运行中，应根据不同的直流电动势 E，调节逆变角的大小，通过调节整流器输出电压来控制整流器的输出电流。

因为有源逆变是整流状态的延伸，有源逆变电路的计算与整流时基本相同，可令 $\alpha = 180° - \beta$ 代入。因此整流输出电压平均值为

$$U_d = U_{d0}\cos\alpha = U_{d0}\cos(180° - \beta) = -U_{d0}\cos\beta \tag{5-28}$$

式中，U_{d0} 为整流电路电压系数，为 $\alpha = 0°$ 时的输出电压。U_{d0} 前的"$-$"号表示在有源逆变状态时整流器输出电压与整流状态时相反。

整流输出电流平均值为

$$I_d = \frac{E - U_d}{R} \tag{5-29}$$

式中，E 和 U_d 都为绝对值。通过整流器输送到交流电源的有功功率为

$$P_d = E I_d - R I_d^2 \tag{5-30}$$

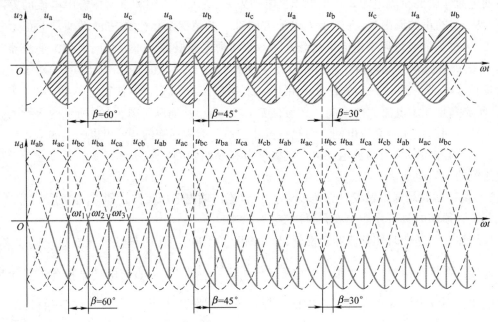

图 5-13 三相桥式可控整流电路工作于有源逆变状态时的电压波形

5.4 晶闸管整流装置的触发控制

晶闸管导通需要正向电压和触发脉冲两个条件，在前面整流电路中主要分析了正向电压条件，而对触发脉冲是认为需要时就能有的，实际上触发脉冲需要有相应的触发电路产生。对触发电路的基本要求是：

1）产生晶闸管触发信号，触发脉冲的电压、电流和脉冲宽度满足触发要求。

2）触发脉冲能移相控制，即改变脉冲的触发延迟角。

3）触发电路产生脉冲的时刻与整流电路的触发延迟角一致，即谓之"同步"。

满足以上要求的信号都可以用于晶闸管触发，因此晶闸管的触发电路从简单的 RC 移相到复杂的电路都有。在历史上，晶闸管触发电路经历了分立电路、集成模块到数字化触发的发展过程，现在已主要是数字化触发。

图 5-14 所示为晶闸管锯齿波移相控制触发器的工作原理，触发器主要由同步、锯齿波形成、移相控制、脉冲形成和脉冲功放输出等几个环节组成。

1. 同步

对于三相桥式全控整流电路，晶闸管 VTH_1 连接在电源 A 相上，因此可取电源 A 相电压 u_a 为 VTH_1 触发的同步信号 u_{Ta}（图 5-15a）。VTH_3、VTH_5 可取 u_b、u_c 为同步信号。VTH_4、VTH_6、VTH_2 可取 $-u_a$、$-u_b$、$-u_c$ 为同步信号。

2. 锯齿波形成

在同步信号 u_T 从负变正过零时由锯齿波发生器产生锯齿波，锯齿波宽度应大于触发延迟角的移相范围，图 5-15b 所示锯齿波的宽度为 240°。

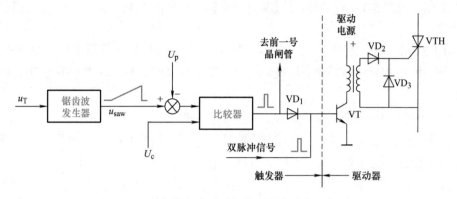

图 5-14 晶闸管锯齿波移相控制触发器的工作原理

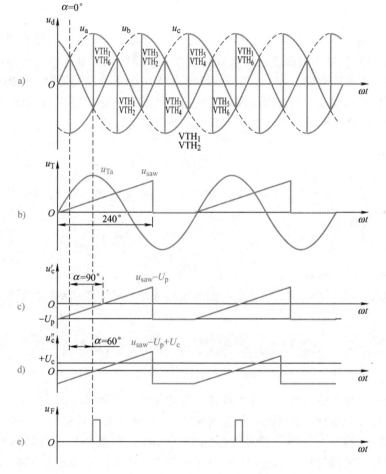

图 5-15 锯齿波移相触发波形图

3. 移相控制

1）确定初始相位。初始相位是整流器输出电压 $U_d = 0$ 时的触发延迟角，如三相桥式全控整流电路电感和电动机负载时 $\alpha_0 = 90°$。在锯齿波 u_{saw} 上叠加直流偏置信号 $-U_p$ 改变锯齿波过零的时刻（见图 5-15c），锯齿波过零是产生触发脉冲的时刻，调节 $-U_p$ 可以调节 $U_d = 0$ 的初始相位。

2）移相控制，在锯齿波（$u_{saw} - U_p$）的基础上叠加移相控制信号 $\pm U_c$，使锯齿波过零时刻在初始相位 α_0 位置前后移动实现移相控制（见图 5-15d），在 $U_c > 0$ 时 $\alpha < 90°$，在 $U_c < 0$ 时 $\alpha > 90°$。

4. 脉冲形成和双脉冲控制

通过比较器在 $u_{saw} - U_p \pm U_c = 0$ 时产生驱动脉冲（见图 5-15e），驱动脉冲经二极管 VD_1 使晶体管 VT 导通，脉冲变压器一次侧通过脉冲电流，二次侧感应出相应的脉冲触发晶闸管 VTH 导通。晶体管 VT 基极同时还受下一号晶闸管驱动脉冲控制，下一号晶闸管触发器产生的脉冲滞后 $60°$，在相隔 $60°$ 的下一号晶闸管驱动时，晶体管 VT 再导通一次，形成双脉冲控制。

5. 脉冲功放输出

脉冲功放输出包括信号隔离和脉冲放大，信号隔离一般有变压器和光电两种方法，图 5-14 中的脉冲功放输出电路由驱动电源和脉冲变压器组成，脉冲变压器隔离了触发器和晶闸管主电路，以保障触发器安全，二极管 VD_2 和 VD_3 用于使晶闸管仅受正向脉冲控制。

根据晶闸管移相触发原理可以用模块搭建模拟控制移相触发电路或编制数字控制软件。脉冲移相也可以使用定时器，将触发延迟角变换为时间 t_α，即

$$t_\alpha = \frac{1}{f \times 360°} \times \alpha \tag{5-31}$$

在同步信号 u_T 过零时开始计时，对三相桥式全控整流电路而言，$\alpha = 0°$ 是同步信号相电压过零后 $30°$，故有

$$t_0 = \frac{1}{f \times 360°} \times 30° \tag{5-32}$$

设定的定时时间为 $t = t_0 + t_\alpha$，在定时到时发出脉冲，然后经功率放大触发晶闸管。

5.5　PWM 整流技术及功率因数控制

随着电力电子技术的发展，功率半导体开关器件性能不断提高，已从早期广泛使用的半控型功率半导体开关器件，如普通晶闸管（SCR），发展到如今性能各异且类型诸多的全控型功率半导体开关器件，如绝缘栅双极晶体管（IGBT）和功率场效应晶体管（MOSFET）等。功率半导体开关器件技术的进步，促进了电力电子变流技术的迅速发展，出现了以脉宽调制（PWM）控制为基础的各类变流装置，如变频器、逆变电源、高频开关电源以及各类特种变流器等，这些变流装置在国民经济各领域中取得了广泛的应用。但是，目前这些变流装置很大一部分需要整流环节，以获得直流电压。由于常规整流环节广泛采用二极管不可控整流电路或晶闸管相位控制整流电路，因而对电网注入了大量谐波及无功功率，造成了严重的电网"污染"。治理这种电网"污染"最根本的措施就是要求变流装置实现电网侧电流正

弦化，且运行于单位功率因数。因此，作为电网主要"污染"源的整流器，首先受到了学术界的关注，并开展了大量研究工作。其主要思路是将 PWM 技术引入整流器的控制之中，使整流器电网侧电流正弦化，且可运行于单位功率因数。根据能量是否可双向流动，派生出两类不同拓扑结构的 PWM 整流器，即可逆 PWM 整流器和不可逆 PWM 整流器。这里只讨论能量可双向流动的可逆 PWM 整流器及其控制策略，以下所称 PWM 整流器均指可逆 PWM 整流器。

能量可双向流动的 PWM 整流器不仅体现出 AC – DC 变流特性（整流），还可呈现出 DC – AC 变流特性（有源逆变），因而确切地说，这类 PWM 整流器实际上是一种新型的可逆 PWM 变流器。

经过几十年的研究与发展，PWM 整流器技术已日趋成熟。PWM 整流器主电路已从早期的半控型器件桥路发展到如今的全控型器件桥路；其拓扑结构已从单相、三相电路发展到多相组合及多电平拓扑电路；PWM 开关控制由单纯的硬开关调制发展到软开关调制；功率等级从千瓦级发展到兆瓦级；主电路类型上既有电压型整流器（Voltage Source Rectifier，VSR），也有电流型整流器（Current Source Rectifier，CSR），并且两者在工业上均成功地投入了应用。

由于 PWM 整流器实现了电网侧电流正弦化，且运行于单位功率因数，甚至能量可双向传输，因而真正实现了"绿色电能变换"。由于 PWM 整流器电网侧呈现出受控电流源特性，因而这一特性使 PWM 整流器及其控制技术获得进一步的发展和拓宽，并取得了更为广泛和更为重要的应用，如静止无功发生器（SVG）、有源电力滤波（APF）、统一潮流控制器（UPFC）、超导储能（SMES）、高压直流输电（HVDC）、电气传动（ED）、新型不间断电源设备（UPS）以及太阳能、风能等可再生能源的并网发电等。

PWM 整流器有单相和三相，从其直流侧滤波方式区分有电压型和电流型，目前以直流侧连接大电容的电压型 PWM 整流器使用较多，本节也主要介绍电压型 PWM 整流器。PWM 整流器开关频率较高，也常称为高频整流器。

5.5.1 AC – DC 电路的输入电流谐波分量

220V 交流电网经整流供给直流电是电力电子技术及电子仪器中应用极为广泛的一种基本变流方案。例如在离线式开关电源（即 AC – DC 开关电源）的输入端，AC 电源经二极管整流后，一般接一个大电容器，如图 5-16a 所示，以得到波形较为平直的直流电压。整流器-电容滤波电路是一种非线性器件和储能元件的组合，因此，虽然输入交流电压 u_i 是正弦的，但输入交流电流 i_i 波形却严重畸变，呈脉冲状，如图 5-16b 所示。

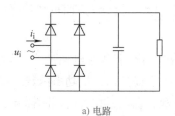

a) 电路　　　　　　　　b) 输入电压电流波形

图 5-16　AC – DC 整流电路

由此可见，大量应用整流电路时，要求电网供给严重畸变的非正弦电流，造成的严重后果是：谐波电流对电网有危害作用，并且输入端功率因数下降。

1. 谐波电流对电网的危害

脉冲状的输入电流含有大量谐波，一方面使谐波噪声水平提高，同时在 AC-DC 整流电路的输入端必须增加滤波器，既价格昂贵，又庞大、笨重。图 5-17 给出了图 5-16 所示整流电路的输入波形及电流谐波频谱分析，其中电流的三次谐波分量达 77.5%，五次谐波分量达 50.3%，总的谐波电流分量（或称总谐波畸变 Total Harmonic Distortion，用 THD 表示）为 95.6%，输入端功率因数只有 0.683。

大量电流谐波分量倒流入电网，造成对电网的谐波"污染"。一方面产生"二次效应"，即电流流过线路阻抗造成谐波电压降，反过来使电网电压（原来是正弦波）也发生畸变；另一方面，会造成电路故障，使变电设备损坏，例如线路和配电变压器过热；谐波电流会引起电网 LC 谐振，或高次谐波电流流过电网的高压电容，使之过电流、过热而爆炸；在三相电路中，中性线流过三相三次谐波电流的叠加，使中性线过电流而损坏；等等。

由于谐波电流的存在，使 AC-DC 整流电路输入端功率因数下降，负载上可以得到的实际功率减小。脉冲状的输入电流波形，有效值大而平均值小。所以，电网输入伏安数大，负载功率却较小。例如图 5-16 所示的电路中，设输入正弦电压有效值

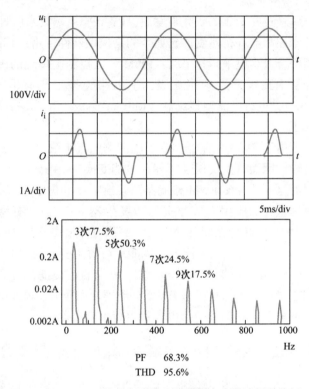

图 5-17　AC-DC 整流电路输入波形及电流谐波频谱分析

为 $U_i = 230V$，输入非正弦电流有效值为 $I_i = 16A$ 时，输入伏安数为 $U_i I_i = 3680VA$，而负载功率只有 2000W，当电路的效率为 95% 时，其输入功率因数可计算得出：$2000/(3680 \times 0.95) = 0.572$。一般情况下图 5-16 所示电路的输入功率因数为 $0.55 \sim 0.65$。如果采取适当措施，使图 5-16 所示电路的输入电流为正弦波，则输入功率因数可接近 1，而负载功率可达 3500W。

2. 对 AC-DC 电路输入端谐波电流的限制

为了减小 AC-DC 整流电路输入端谐波电流造成的噪声和对电网产生的谐波"污染"，以保证电网供电质量，提高电网的可靠性，同时也为了提高输入端功率因数，以达到节能的效果，必须限制 AC-DC 电路的输入端谐波电流分量。现在，相应的国际标准已经颁布或已实施，如 IEC-555-2、EN60555-2 等。一般规定各次谐波不得大于某极限值。表 5-2 给出一个例子，说明标准所规定的谐波电流限制。

表 5-2 **AC－DC 整流电路对输入端谐波电流的限制数值举例**

谐波分量	二次	三次	五次	七次	…
%（以基波为基数）	2	30	10	7	…

3. 提高 AC－DC 电路输入端功率因数和减小输入电流谐波的主要方法

（1）无源滤波器 这一方案是在图 5-16 所示电路的整流器和电容之间串联一个滤波电感，或在交流侧接入谐振滤波器。其主要优点是：简单、成本低、可靠性高、EMI 小。主要缺点是：尺寸、重量大，难以得到高功率因数（一般可提高到 0.9 左右），工作性能与频率、负载变化及输入电压变化有关，电感和电容间有大的充放电电流等。

（2）有源滤波器 在整流器和负载之间接入一个 DC－DC 开关变换器，应用电流反馈技术，使输入电流波形跟踪交流输入正弦电压波形，可以使输入电流接近正弦，从而使输入端 THD 小于 5%，而功率因数可提高到 0.99 或更高。由于这个方案中，应用了有源器件，故称为有源功率因数校正（Active Power Factor Correction，APFC）。它的主要优点是：可得到较高的功率因数，如 0.97 ~ 0.99，甚至接近 1；THD 小；可在较宽的输入电压范围（如 AC90 ~ 264V）和宽频带下工作；体积小、重量小；输出电压也可保持恒定。主要缺点是：电路复杂；MTBF（平均故障间隔时间，Mean Time Between Failures）下降；成本高；EMI 高；效率会有所降低。现在 APFC 技术已广泛应用于 AC－DC 开关电源、交流不间断电源设备（UPS）及其他电子仪器中。

5.5.2 功率因数和 THD

1. 功率因数的定义

电工原理中线性电路的功率因数习惯用 α 表示，α 为正弦电压与正弦电流间的相位差。在电压、电流都是相同频率的正弦电路中，电路的有功功率就是电路的平均功率，即

$$P = UI\cos\alpha \tag{5-33}$$

无功功率为

$$Q = UI\sin\alpha \tag{5-34}$$

视在功率为

$$S = UI \tag{5-35}$$

功率因数定义为有功功率与视在功率之比，即

$$\frac{P}{S} = \frac{UI\cos\alpha}{UI} = \cos\alpha \tag{5-36}$$

由于整流电路中二极管的非线性，尽管输入电压为正弦波，电流却为严重非正弦波，因此线性电路的功率因数计算不再适用于 AC－DC 整流电路。本节用 PF（Power Factor）表示功率因数。定义如下：

$$PF = 有功功率/视在功率 = P/(UI)$$

设 AC－DC 整流电路的输入电压 u_i（有效值为 U）为正弦波，输入电流为非正弦波，其有效值为

$$I = \sqrt{I_1^2 + I_2^2 + I_n^2 + \cdots} \tag{5-37}$$

式中，I_1、$I_2\cdots I_n$分别为基波电流、二次谐波电流$\cdots n$次谐波电流的有效值。设基波电流滞后输入电压，相位差为α，则有功功率和功率因数可表示为

$$P = UI_1\cos\alpha \tag{5-38}$$

$$PF = \frac{P}{S} = \frac{UI_1\cos\alpha}{UI} = \frac{I_1}{I}\cos\alpha \tag{5-39}$$

式中

$$\frac{I_1}{I} = \frac{I_1}{\sqrt{I_1^2 + I_2^2\cdots + I_n^2 + \cdots}} \tag{5-40}$$

式(5-40)表示基波电流相对值（以非正弦电流有效值I为基准），称为畸变因数，$\cos\alpha$称为位移因数，即功率因数为畸变因数和位移因数的乘积。当$\alpha = 0°$时，$PF = I_1/I$。

2. AC - DC 电路输入功率因数与谐波的关系

定义总谐波畸变（THD）

$$THD = \frac{I_h}{I_1} = \sqrt{\frac{I_2^2 + I_3^2\cdots + I_n^2 + \cdots}{I_1^2}} \tag{5-41}$$

I_h为所有谐波电流分量的总有效值。由式(5-40)~(5-41)可得，畸变因数

$$\frac{I_1}{I} = \frac{1}{\sqrt{1 + THD^2}} \tag{5-42}$$

当$\alpha = 0°$时，有

$$PF = \frac{I_1}{I} = \frac{1}{\sqrt{1 + THD^2}} \tag{5-43}$$

由式(5-43)所得计算值与实测值的对比见表5-3。

表 5-3　已知 PF 值时 THD 计算结果举例（计算时设 $\alpha = 0$）

功率因数 PF	0.5812	0.9903	0.995	0.99875	0.99955
总谐波畸变 THD（%）（计算值）	140	14	10	5	3
总谐波畸变 THD（%）（实测值）		10	7	4.27	

由表5-3可见，当THD≤5%时，PF值可控制在0.999左右。

5.5.3　单相桥式不可控整流器的有源功率因数校正（APFC）

1. Boost APFC 整流电路的原理

开关电源中常用的单相APFC电路及其主要波形如图5-18、图5-19所示，这一电路实际上是二极管整流电路加上升压斩波电路（Boost电路）构成的，斩波电路的原理前面已经有所介绍，此处不再赘述。下面简单介绍该电路实现功率因数校正的原理。

直流电压给定信号u_d^*和实际的直流电压u_d比较后送入电压调节器，电压调节器的输出为一直流电流指令信号i_d，i_d和整流后的正弦电压相乘得到直流输入电流的波形指令信号i^*，该指令信号和实际直流电感电流信号比较后，通过滞环对开关器件进行控制，便可使输入直流电流跟踪指令值，这样交流侧电流波形将近似成为与交流电压同相的正弦波，跟踪误差在由滞环环宽所决定的范围内。

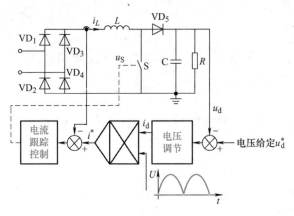

图 5-18　典型的单相 APFC 电路

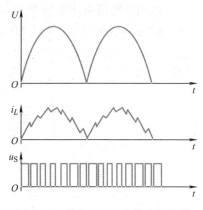

图 5-19　单相 APFC 电路主要波形

由于采用升压斩波电路，只要输入电压不高于输出电压，电感 L 的电流就完全受开关 S 的通断控制。S 开通时，电感 L 的电流增长；S 关断时，电感 L 的电流下降。因此控制 S 的占空比按正弦绝对值规律变化，且与输入电压同相，就可以控制电感 L 的电流波形为正弦绝对值，从而使输入电流的波形为正弦波，且与输入电压同相，输入功率因数为 1。

2. 应用举例

单相含 Boost APFC 的整流电路适用于 $2 \sim 3\text{kW}$ 以下的应用场合，为满足中小功率新型开关电源的需要，各半导体公司竞相开发生产各种适用于单管电路的 APFC 专用控制芯片。图 5-20 是采用控制芯片 UC3854 的 Boost APFC，电路的主要技术指标如下：

1）最大输出功率 $P_{\text{om}} = 250\text{W}$。

2）输入交流电压 $U_1 = 80 \sim 270 \text{ V}$。

3）网频 $f = 47 \sim 65 \text{ Hz}$。

4）输出直流电压 $U_o = 400\text{V}$。

5）载波频率（开关频率）$f_c = 100\text{kHz}$。

6）网侧电流峰值 $I_{1\text{m}} = 4.42\text{A}|_{U_1 = 80\text{V}}$。

7）网侧功率因数 PF $= 0.99$。

由 UC3854 组成的控制电路，包含实现电网侧功率因数校正和输出电压调节的全部电路，具有以下特点：

1）单管单级电路，结果显示 PF $= 0.99$，而且对电网电压波动和电网频率漂移的适应范围很宽。

2）系统为双闭环结构，输出电压的整定和稳定由电压外环实现，电流内环保证电网侧电流正弦化，并能迅速抑制环内外扰。

3）开关管 VF 采用功率 MOSFET，可工作在 100kHz 的开关频率，提高反馈环节响应能力。

由 Unitrade 公司出品的集成芯片 UC3854 是双排 14 针结构，其主要性能如下：

1）适用于 SPWM Boost APFC，单输出信号。

2）输出电流峰值 1.5A。

3）开关频率恒定，最高值为 200kHz。

4）适用于 CCM，电流平均值控制。

5）适用的电网电压范围为 75 ~ 275V。

6）适用的电网频率范围为 50 ~ 400Hz。

图 5-20 点画线框内为 UC3854 结构图，框外为外接件及主电路。下面介绍芯片的保护功能。

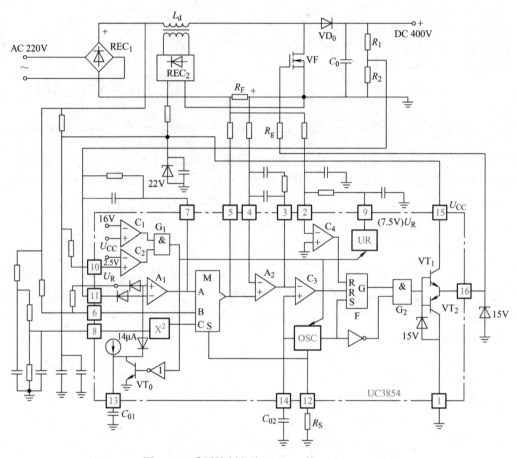

图 5-20　采用控制芯片 UC3854 的 Boost APFC

M—标量乘法器　C_1—欠电压比较器　C_2—电网电压监测比较器　C_3—SPWM 比较器

C_4—峰值电流限制比较器　A_1—电压调节器　A_2—电流调节器　F—锁存器　OSC—振荡器

X^2—平方器　G_1、G_2—门电路　REC_1，REC_2—整流器　U_R—基准电压（7-5V）

1）欠电压保护：由图 5-20 可见，电压调节器 A_1 的同相输入端除给定电压 U_{R1}（用内部基准电源 U_R）外还并联电容 C_{01} 和晶体管 VT_0，后者由比较器 C_1 和 C_2 的输出端电平控制，在正常情况下，C_{01} 由内部电流源（14μA）充电至 8V，由于 C_{01} 端电压 $U_{13} > U_{R1}$（7-5V），故 A_1 的给定值由 U_{R1} 起作用。比较器 C_1 监控直流控制电压 $U_{CC} \geqslant 17V$；比较器 C_2 则监控电网电压有效值 $U_1 \geqslant 80V$，当 U_{CC} 或 U_1 低于所设下限值时，C_1 或 C_2 动作，使 VT_0 正偏导通，U_{13} 迅速下降为零，A_1 给定被钳在零电位并终止 PWM 信号输出。

2）过载保护：当主电路流过过载电流使比较器 C_4 的反相输入端电压为零时，C_4 动作并使锁存器 F 复位，控制信号被封锁。

单相功率因数校正专用控制芯片种类繁多，例如 ON Semiconductor 公司的 NCP1654，封装形式为 DIP‐8 或 SO‐8，因其外围电路简单、元件数量少，在业界获得广泛应用。其结构如图 5-21 所示，图 5-22 所示为基于 NCP1654 控制的 350W 单相功率因数校正电路。

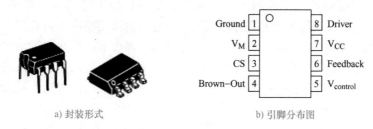

图 5-21　NCP1654 结构图

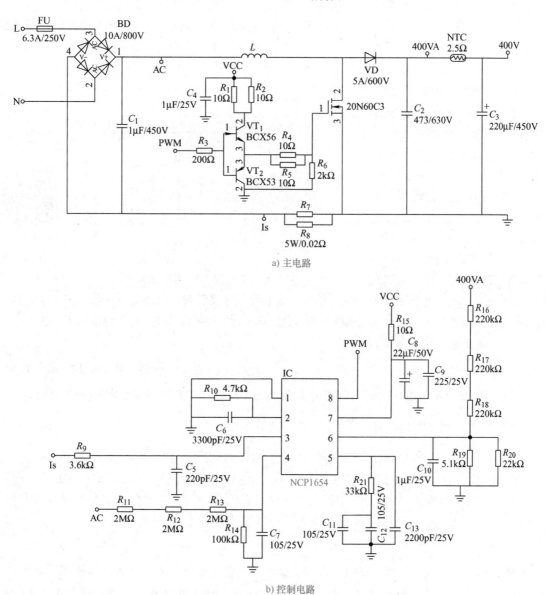

图 5-22　基于 NCP1654 控制的 350W 单相功率因数校正电路

5.5.4　单相桥式 PWM 整流器

PWM 整流器与晶闸管相位控制整流不同之处是整流桥采用可关断器件和 PWM 控制，属于斩波控制式整流。前面介绍了晶闸管桥式全控整流电路的整流和有源逆变状态，电能可以从交流侧流向直流侧，也可以从直流侧流向交流侧，进行电能的双向流动和控制，但是交流侧电流是方波或阶梯波，谐波大，功率因数低。第 3 章介绍的逆变器用桥式电路将直流变为交流，逆变得到的交流电直接提供给负载时，属于无源逆变，如果逆变器交流侧连接交流电网则是有源逆变。SPWM 控制的逆变器输出为较好的正弦波，有效地减少了交流侧谐波。桥式电路既可用于逆变也可用于整流，电路的工作状态（整流和逆变）主要取决于控制和直流侧电压，适当的控制既可以将直流变为交流（逆变），也可以将交流变为直流（整流），即一台变流器既可用于整流也可用于逆变，并控制电能双向流动，采用 PWM 控制的桥式变流电路现在一般称为 PWM 整流器。桥式变流器交流侧连接电源时，通过 PWM 控制可控制交流侧电流与交流电源电压的相位，即可以控制交流侧的功率因数。

1. 单相桥式 PWM 整流器的电路特点

单相桥式 PWM 整流器如图 5-23 所示，开关管 $VT_1 \sim VT_4$ 和续流二极管 $VD_1 \sim VD_4$ 组成单相桥，u_s 是其交流侧电源，E 是直流侧电源，电感 L 用于交流侧滤波，电容 C 用于直流侧滤波，电路采用 PWM 控制。单从二极管看，交流电源和四个续流二极管组成不可控整流

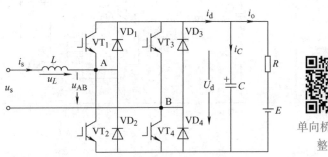

单向桥式 PWM 整流器

图 5-23　单相桥式 PWM 整流器

电路，在 $E < U_d$ 时，电流 i_d 方向为正；单从直流电源和开关管看，电路为逆变器，在 $E > U_d$ 时，i_d 方向为负。而整个电路则是整流和逆变的结合，开关管的通断将影响二极管整流的工作状态。

2. 整流工作状态（$E < U_d$）

在 u_s 正半周，整流器 A 点电位高于 B 点，若有 VT_2 或 VT_3 触发，VT_2 和 VD_4 或 VT_3 和 VD_1 导通将短路 AB 两点，交流侧电流 i_s 上升，在 VT_2 或 VT_3 关断时，电源 u_s 和电感电动势 u_L 将共同经 VD_1 和 VD_4 向电容充电，$U_d = u_s + L\dfrac{di_s}{dt}$。

u_s 负半周的工作情况与正半周相同，在 VT_1 或 VT_4 触发时 VT_1 和 VD_3 或 VT_4 和 VD_2 的导通将短路 AB 两点，i_s 负向上升，关断时电源 u_s 和电感电动势 u_L 经 VD_3 和 VD_2 向电容充电，电感 L 和变流器组成了 Boost 升压电路，直流侧可有较高电压。通过电路 SPWM 脉宽控制可以调节直流电压 U_d，调节 SPWM 的相位可以控制交流侧的功率因数。

3. 逆变工作状态（$E > U_d$）

若 $E > U_d$，直流侧电流 i_d 将改变方向，交流侧电流 i_s 也改变方向从变流器流出，直流电源 E 输出电能，经变流器流向交流侧电源 u_s，整流器工作于逆变状态，其工作与单相 PWM 逆变器相同。

归纳 PWM 整流器，若整流器交流侧电压 u_s 不变，调节脉冲宽度可以调节直流侧电压 U_d，在 $U_d > E$ 时，i_o 自变流器直流侧输出，变流器工作于整流状态。若 PWM 整流器直流侧电源电压 E 不变，调节脉冲宽度可以调节交流侧电压 u_{AB}，在 $u_{AB} > u_s$ 时，交流侧电流自变流器流出，这时变流器工作在逆变状态。

4. PWM 整流器的工作过程和波形分析

在单相桥式 PWM 整流器的每个导通区段，4 个 IGBT 中同时驱动 2 个，共有 6 种组合，因为 VT_1 和 VT_2 驱动信号互补，VT_3 和 VT_4 驱动信号互补，即 VT_1 和 VT_2 或 VT_3 和 VT_4 不能同时导通，去除这两种情况，还有 VT_1 和 VT_3、VT_2 和 VT_4、VT_1 和 VT_4、VT_2 和 VT_3 四种组合，这四种组合使电路有三种工作模式。

（1）模式一：$u_{AB} = 0$，$i_d = 0$ 在 $u_s > 0$ 时，同时驱动 VT_1、VT_3，则有电流自 A→VD_1→VT_3→B，VT_1 因反偏不会导通；同时驱动 VT_2、VT_4，则有电流自 A→VT_2→VD_4→B，VT_4 因反偏不会导通。在 $u_s < 0$ 时，同时驱动 VT_1、VT_3，则有电流自 B→VD_3→VT_1→A，VT_3 因反偏不会导通；同时驱动 VT_2、VT_4，则有电流自 B→VT_4→VD_2→A，VT_2 因反偏不会导通。这两种情况 AB 两点均被短路，$u_{AB} = 0$，$u_s = L\dfrac{di_s}{dt}$，$i_d = 0$。

（2）模式二：$u_{AB} = \pm U_d$，i_d 方向为正   要获得 i_d 正方向电流，可能的通路是 VD_1 和 VD_4 导通或 VD_3 和 VD_2 导通。在 VD_1 和 VD_4 导通时，$u_{AB} = U_d$，i_s 方向为正；在 VD_3 和 VD_2 导通时，$u_{AB} = -U_d$，i_s 方向为负。在模式二，VT_1、VT_4 或 VT_3、VT_2 即使驱动也不会导通。

（3）模式三：$u_{AB} = \pm U_d$，i_d 方向为负 i_d 为负方向电流，则必然是 VT_1、VT_4 导通或 VT_2、VT_3 导通。若驱动 VT_1、VT_4 导通，电流 i_d 经 VT_4、VT_1 流向电源 u_s，i_s 方向为负，$u_{AB} = U_d$；若驱动 VT_2、VT_3 导通，电流 i_d 经 VT_2、VT_3 流向电源 u_s，i_s 方向为正，$u_{AB} = -U_d$。

在模式二和模式三时都有通路的电压方程，即

$$u_s + L\frac{di_s}{dt} = \pm U_d \tag{5-44}$$

当 PWM 整流器采取单极倍频正弦脉宽调制时（参见图 3-16），$VT_1 \sim VT_4$ 脉冲驱动序列如图 5-24a 所示，在区段 1 驱动 VT_1、VT_3，正向 i_s 经 VD_1、VT_3 使 AB 端短路，电感电流上升，电感储能增加（模式一）。区段 2 时驱动 VT_1、VT_4，正向 i_s 经 VD_1、VD_4 流向负载，VT_1、VT_4 受反向电压，虽被驱动但不能导通（模式三）。区段 3 驱动 VT_2 和 VT_4，但是 VT_2 与 VD_4 导通 AB 端短路（模式一）。如此进行得到 AB 两端电压波形如图 5-24b 所示，其中 u'_{AB} 为 u_{AB} 的基波分量。图 5-24c 为交流侧电流 i_s 波形，其中 i'_s 为其基波分量。调节驱动脉冲的宽度，可以调节 u_{AB} 基波分量 u'_{AB} 的幅值，i_s 也随之改变，直流侧的输出平均电压 U_d 也随驱动脉冲宽度而改变。当 u_{AB} 与 i_s 同向时（时区 a、c），u_s 经二极管桥流向直流侧输出电能；当 u_{AB} 与 i_s 反向时（时区 b、d），u_s 吸收电能，电容输出电能。时区 a、c 宽于时区 b、d，直流侧平均电流 $I_d > 0$，意味着电路处于整流状态。

5.5.5 PWM 整流器交流侧功率因数

PWM 整流器交流侧（电网侧）等效电路如图 5-25 所示，图中 u_s 与 u_{AB} 频率相同，一般电源 u_s 是正弦的，u_{AB} 是矩形脉冲，含有基波和谐波。在交流侧电路，u_{AB} 的谐波主要降落在电感 L 上，电流接近正弦。以相量 $\dot{U}_s$、$\dot{U}_L$、$\dot{U}_{AB}$ 和 $\dot{I}_s$ 表示电压 u_s、u_L、u_{AB} 和电流 i_s 的基

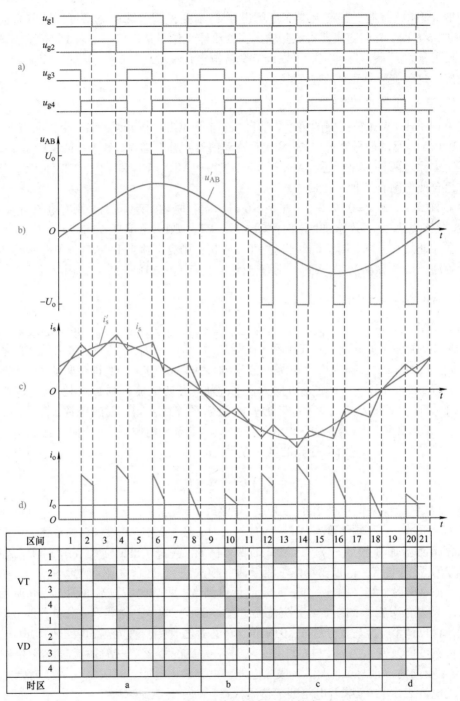

图 5-24　电压型单相桥式 PWM 整流

波分量，在电源侧有

$$\dot{U}_s = \dot{U}_L + \dot{U}_{AB} \qquad (5\text{-}45)$$

$$\dot{U}_L = j\omega L \dot{I}_s \qquad (5\text{-}46)$$

调节 $\dot{U}_{AB}$ 的大小和相位可以控制 $\dot{I}_s$，当 $\dot{I}_s$ 与 $\dot{U}_s$ 同相时，功率因数 $\lambda = 1$，电压相量关系

如图 5-26a 所示，$\dot{U}_{AB}$ 滞后于 $\dot{U}_s$ φ 角。当 $\dot{I}_s$ 与 $\dot{U}_s$ 反相时，功率因数 $\lambda = -1$，电压相量关系如图 5-26b 所示，$\dot{U}_{AB}$ 超前于 $\dot{U}_s$ ψ 角。从相量图可以看到 $\dot{U}_{AB}$、$\dot{U}_L$ 与电流 $\dot{I}_s$ 有关，因为 $\dot{I}_s$ 是随负载变化的，根据电流调节 $\dot{U}_{AB}$ 的模和相位角（见图 5-26c），即控制驱动信号的相位和宽度就可以控制电源侧的功率因数。

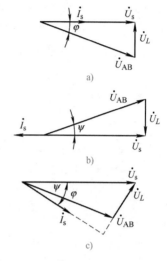

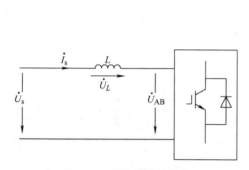

图 5-25　交流侧等效电路　　　　　　　图 5-26　交流侧电压相量图

PWM 变流器功率因数控制原理如图 5-27 所示，图中根据给定的功率因数 λ^* 计算功率因数角 φ^*，$\lambda^* = \cos\varphi^*$，用锁相环 PLL 检测 u_s 相位 φ_1，然后由给定电流 I_s 计算电流 i_s^*，$i_s^* = I_s \sin(\varphi^* + \varphi_1)$，将 i_s^* 与实测电流 i_s 比较，经滞环控制器驱动 $VT_1 \sim VT_4$，使 i_s 跟踪 i_s^* 变化从而控制电流与电压 u_s 的相位，进行功率因数控制。

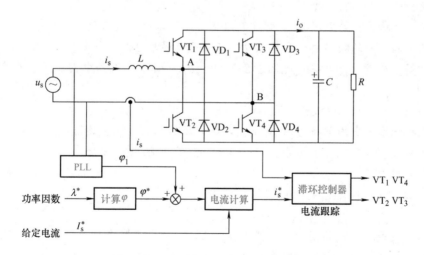

图 5-27　PWM 变流器功率因数控制原理

5.5.6　单相半桥式和三相桥式 PWM 整流电路

除上面介绍的单相桥式 PWM 整流电路外，电压型 PWM 整流电路还有单相半桥式和三相桥式 PWM 整流电路，如图 5-28 所示。对于单相半桥式 PWM 整流电路，直流侧电容由两个电容串联组成以便引出中点，电路结构比较简单，常用于小容量的 PWM 整流。三相桥式 PWM 整流电路工作原理与单相桥式相似，仅是增加一对桥臂，在控制上从单相变为三相，它适用于大容量的 PWM 整流，应用更为广泛。PWM 整流器器件的开关频率高，输出调节速度快，电路有良好的动态响应能力，并且可以进行电网侧单位功率因数控制（PFC）。虽然目前大功率 PWM 控制整流器还受器件容量限制，但是它具有整流和有源逆变两种工作状态，可以进行功率因数控制，在提高电网供电质量、动态无功补偿、有源滤波和潮流控制方面都有很好的应用，也是风力发电和光伏发电等应用的重要技术。

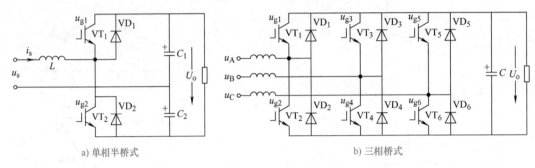

a) 单相半桥式　　　　　　　　　　b) 三相桥式

图 5-28　单相半桥式和三相桥式 PWM 整流电路

习题与思考题

1. 单相桥式全控整流电路（见图 5-3a）中，$U_2 = 100\text{V}$，负载中 $R = 2\Omega$，L 值极大，当 $\alpha = 30°$ 时，要求：

（1）画出 u_d、i_d 和 i_2 的波形。

（2）求整流输出平均电压 U_d、电流 I_d 以及变压器二次电流有效值 I_2。

（3）确定晶闸管的额定电压和额定电流（安全裕量取 2）。

2. 单相桥式全控整流电路（见图 5-5a）中，$U_2 = 200\text{V}$，负载中 $R = 2\Omega$，L 值极大，反电动势 $E = 100\text{V}$，当 $\alpha = 45°$ 时，要求：

（1）画出 u_d、i_d 和 i_2 的波形。

（2）求整流输出平均电压 U_d、电流 I_d 以及变压器二次电流有效值 I_2。

3. 三相桥式全控整流电路中，$U_2 = 100\text{V}$，带电阻电感负载，$R = 5\Omega$，L 值极大，当 $\alpha = 60°$ 时，要求：

（1）画出 u_d、i_d 和 i_{VTH1} 的波形。

（2）计算 U_d、I_d、I_{dVTH} 和 I_{VTH}。

4. 什么是有源逆变？晶闸管变流器工作于有源逆变状态的条件是什么？

5. 电力电子 AC – DC 电路对功率因数（PF）和 THD 的定义是什么？

6. 简述单相不可控整流单位功率因数控制原理。

7. PWM 整流和晶闸管相位控制整流有什么不同？PWM 整流有什么优点？

第6章

软开关技术及*LLC*谐振变换电路 ◀•••

6.1 概 述

现代电力电子装置的发展趋势是小型化、轻量化，同时对装置的效率和电磁兼容性也提出了更高的要求。通常，变压器、功率电感及滤波器在装置的体积和重量中占有很大比例，从"电路"和"电磁学"的有关知识可以知道，提高开关频率可以减小滤波器的参数，并使变压器和电感小型化，从而有效降低装置的体积和重量，因此装置小型化、轻量化最直接的途径是电路工作的高频化。但在提高开关频率的同时，开关损耗也随之增加，电路效率严重下降，电磁干扰也随之增大了，所以简单地提高开关频率是不行的。针对这些问题出现了软开关技术，它主要解决电路中开关损耗和开关噪声的问题，使开关频率可以大幅度提高，几个环节之间的关系如图 6-1 所示。

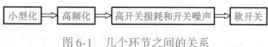

图 6-1 几个环节之间的关系

6.2 软开关的基本概念

6.2.1 硬开关与软开关

从前面的学习我们知道，由于电力电子电路中电感和电力电子器件结电容的存在，使得开关过程中器件两端的电压和流过器件的电流有个变化的过程，开通过程是端电压下降而电流上升的过程，而关断过程则是电流下降而电压上升的过程，如图 6-2 所示。器件开关过程中电压和电流均不为零而出现重叠区域，因此造成开关过程中的开关损耗，而且电压和电流变化的速度很快，波形出现明显的过冲，从而产生了开关噪声，这样的开关过程称为硬开关；开关频率越高，单位时间内出现的波形重叠次数越多，则开关损耗越大。

从上述分析可知，开关损耗的根本原因是开关过程中电压和电流出现重叠，也就是在开关过程中开关两端既承受电压同时又有电流流过。如图 6-3 所示，如果使

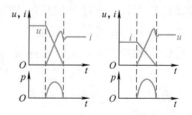

图 6-2 开关过程中电压电流的变化

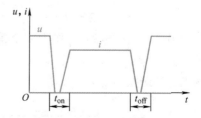

图 6-3 软开关过程中的电压和电流

开关开通前电压先降到零，关断前电流先降到零，就可以消除开关过程中电压和电流的重叠，从而消除开关损耗。实现这个过程最常见的方法是在开关过程前后引入谐振，而谐振的引入同时限制了开关过程中电压和电流的变化率，使得开关噪声也显著减小，大大提高了电力电子装置的电磁兼容性能，这样的开关过程称为软开关。

硬开关与软开关

6.2.2　零电压开关与零电流开关

如前所述，如果使开关开通前电压先降到零，则开关开通时就不会产生损耗和噪声，这种开通方式称为零电压开通（简称零电压开关，ZVS）；使开关关断前其电流为零，则开关关断时也不会产生损耗和噪声，这种关断方式称为零电流关断（简称零电流开关，ZCS）。由于软开关的实现通常是通过在电路中引入谐振来实现，同时要准确控制其开关时刻，从而使得大多功率电路拓扑结构和控制电路复杂化，也同时影响到了电路的可靠性。目前业界实用化的软开关电路拓扑主要有移相全桥软开关电路和 *LLC* 谐振变换电路等，由于常用的 ZVS 移相全桥软开关电路仅能实现零电压开通而不能实现零电流关断，近年产品开发过程中已较少使用。由于 *LLC* 谐振变换电路既能实现零电压开通而且关断电流可控，近年受到广泛关注而成为目前最流行的软开关电路拓扑，本章就以半桥 *LLC* 串联谐振变换电路拓扑为例说明软开关的实现机理。

6.3　高效率软开关电路拓扑——*LLC* 谐振变换电路

6.3.1　*LLC* 谐振变换电路拓扑结构及增益–频率特性

随着开关电源技术的迅速发展，大功率、高效率、高功率密度已成为开关电源的一种发展趋势。而提高开关频率是一种行之有效的解决方案，但开关频率的提高带来了开关管损耗过大的问题，而 *LLC* 谐振变换电路则可以较好地解决这个问题，因此谐振变换电路的应用得到广泛的研究与关注。不同于常见的 PWM（脉冲宽度调制）控制模式，*LLC* 谐振变换电路采用 PFM（脉冲频率调制）控制方式。*LLC* 串联谐振变换电路作为一种特殊的电路拓扑，既能够满足高频化的要求，又能达到较高的变换效率，已被业界广泛采用。

半桥 *LLC* 串联谐振变换电路结构如图 6-4 所示，谐振电感 L_r 与谐振电容 C_r 串联，组成传统意义上的谐振腔（Resonant Tank），谐振频率为

$$f_r = \frac{1}{2\pi\sqrt{L_r C_r}} \qquad (6\text{-}1)$$

另外，励磁电感 L_m 作为一个重要的谐振元件，与 L_r、C_r 串联，组成另外一个谐振点，其谐振频率为

$$f_m = \frac{1}{2\pi\sqrt{(L_r + L_m) C_r}} \qquad (6\text{-}2)$$

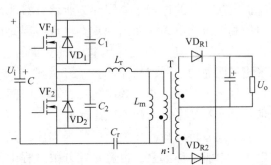

图 6-4　半桥 *LLC* 串联谐振变换电路结构

当然，*LLC* 谐振变换电路也有对称半桥结构、全桥结构、三电平结构等变化，工作原理基本类似，这里不做详细介绍。为叙述方便，这里关于 *LLC* 谐振变换电路的谐振频率如不做特殊说明均指 f_r，而称 f_m 为 *LLC* 串联谐振频率。*LLC* 谐振变换电路的增益-频率特性如图 6-5 所示。

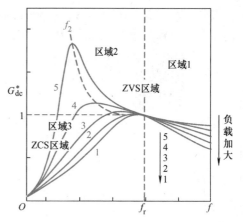

图 6-5 *LLC* 谐振变换电路增益-频率特性曲线

励磁电感的参与使工作频率低于谐振频率 f_r 时，通过合理的谐振参数设计，*LLC* 谐振变换电路直流增益能够高于 1。半桥结构下输入输出电压的关系如下（全桥结构分子为 1）：

$$M = \frac{U_o}{U_i} = \frac{0.5}{n \sqrt{\left\{1 + \frac{L_r}{L_m}\left[1 - \left(\frac{f_r}{f}\right)^2\right]\right\}^2 + Q_s^2\left(\frac{f}{f_r} - \frac{f_r}{f}\right)^2}} \tag{6-3}$$

式中，n 为一次绕组、二次绕组匝数比；U_i 为输入电压；U_o 为输出电压；Q_s 为品质因数，有：

$$Q_s = \frac{\sqrt{\dfrac{L_r}{C_r}}}{R_e}$$

$$R_e = \frac{8}{\pi^2} \cdot n^2 \cdot \frac{U_o^2}{P_o}$$

式中，P_o 为输出功率；R_e 为二次侧折算到一次侧的负载阻抗。

对于半桥 *LLC* 谐振变换电路，M 的计算式对应式(6-3)，直流增益 $G_{dc}^* = 2nM = 2nU_o/U_i$。

从增益-频率特性可以看到，恰当的设计能够在工作频率低于谐振频率 f_r 时实现高于 1 的增益，并且能够实现 ZVS 软开关，而高于谐振频率 f_r 时，也能够实现 ZVS 软开关。但在负载较重且工作频率低于谐振频率 f_r 的区域（区域 3），出现开关管的 ZCS 而非 ZVS，对于 MOSFET 来说并非最佳选择。并且，该区域不能实现低于谐振频率到高于谐振频率范围内工作频率和增益的单调性，失去了负反馈设计的单调性基础，使环路难以设计或非常复杂。因此，要避免进入该区域。

6.3.2 半桥 *LLC* 谐振变换电路工作过程分析

对于 *LLC* 工作过程的分析，分为Ⅰ区和Ⅱ区两个部分，按照工作频率的不同，Ⅰ区工作于 $f > f_r$ 频率段，Ⅱ区工作于 $f_m < f < f_r$ 频率段。为叙述清晰，规定从 VF_1 流向谐振电感的谐振电流方向为谐振电流正方向，谐振电感电流从上到下流动为正，谐振电容与变压器连接端为谐振电容电压正方向，如图 6-6 所示。

1. 工作频率范围为 $f_m < f < f_r$

在此种工作模式下，一个开关周期可以分为 6 个工作区段，工作过程时序如图 6-7 所示。图中 u_{1GS}、u_{2GS} 分别为 VF$_1$、VF$_2$ 的驱动电压；i_m、i_r 分别为流过 L_r、L_m 的电流；i_{VDR1}、i_{VDR2} 分别为流过 VD$_{R1}$、VD$_{R2}$的电流；U_{Cr} 为 C_r 两端电压；i_{VF1} 为流过 VF$_1$ 的电流。

LLC 谐振变换器工作模态（$f_s < f_r$）

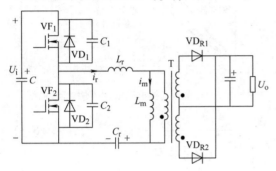

图 6-6　半桥 LLC 谐振变换电路主电路

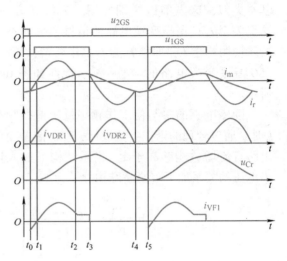

图 6-7　工作频率低于谐振频率时工作过程时序

模态 1（$t_0 \sim t_1$）：t_0 时刻以前，VF$_2$ 导通，谐振电流为负，这种模式开始于 VF$_2$ 在 t_0 时刻关断。在 t_0 时刻，负向谐振电流不能突变，如图 6-8a 所示，该电流给结电容 C_2 充电、C_1 放电，至 C_1 电压放电到零后，体二极管 VD$_1$ 导通（如图 6-8b 所示），从而为 VF$_1$ 创造了 ZVS 的条件。在 $t_0 \sim t_1$ 时间段内，VF$_1$ 的驱动信号应当给出，否则，谐振电感电流谐振到正向后，将会给 VF$_1$ 的结电容再次充电而失去 ZVS 的条件。

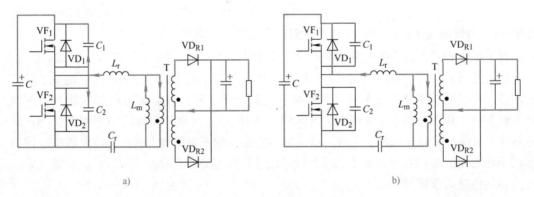

a)　　　　　　　　　　　　　　　　　　　　b)

图 6-8　模态 1 电路工作状态

当谐振电感电流流经 VF$_1$ 的体二极管时，在输入电压 U_i 作用下，谐振电流正向增加（对应此段表现为谐振电流负向绝对值减小）；并且，谐振电流增加的斜率高于励磁电流增加的斜率，由于二次侧整流二极管 VD$_{R1}$ 的导通，变压器励磁电感端电压被输出电压 U_o 牵制为 nU_o（此时励磁电流为负，变化率为正，n 为变压器一次绕相、二次绕相匝数比），励磁电流和谐振电流之间的差值作为负载电流传递到二次侧，从变压器同名端电流关系，电流方向如图 6-8b 所示，因此二次侧整流二极管 VD$_{R1}$ 导通。

模态 2（$t_1 \sim t_2$）：在 $t = t_1$ 时刻（谐振电流过零）前，VF$_1$ 开通，输入电压通过 L_r、C_r 谐

振环节向负载传输能量，此时整流二极管 VD_{R1} 已经导通，励磁电流 i_m 继续线性上升，并且过零反向继续上升；由于二次侧恒压源 U_o 的钳位作用，励磁电压为输出侧折算到一次侧的恒定电压，谐振电流 i_r 流经 VF_1、L_r、C_r 和变压器一次侧，并以正弦形式谐振。流经整流二极管 VD_{R1} 的电流折算到一次侧为谐振电流和励磁电流之差。电流方向如图 6-9 所示。

由于开关频率 $f < f_r$，当谐振电流流经半个谐振周期时，VF_1 仍然开通。当谐振电流 i_r 经过峰值下降到和励磁电流 i_m 相等的 t_2 时刻，励磁电流和谐振电流相等，这时变压器一次电流为零，变压器不再向二次侧传递能量，二次侧整流二极管 VD_{R1} 电流自然过零关断，负载电流由输出电容提供，如图 6-9 所示。

模态 3（$t_2 \sim t_3$）：$t = t_2$ 时刻，整流二极管 VD_{R1} 电流过零关断，输出侧与一次侧谐振回路完全脱离。励磁电感的电压不再受输出电压的控制，L_m 与 L_r 串联参与谐振。由于 $L_m \gg L_r$，谐振周期变长，可认为谐振电流基本保持不变。该模式一直持续到 t_3 时刻 VF_1 关断。如图 6-10 所示。

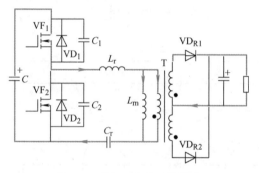

图 6-9 模态 2 电路工作状态

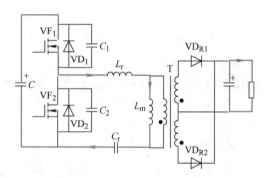

图 6-10 模态 3 电路工作状态

模态 4（$t_3 \sim t_4$）：在 $t = t_3$ 时刻，VF_1 关断，注意到此时 VF_1 的关断电流为励磁电流，选择适当的 L_m，可使开关管的关断损耗大大减小，即关断电流可控。

此时，谐振电流 i_r 对 VF_2 的结电容放电，同时，正向电流作用下，VF_1 结电容由于谐振电流充电而电压升高，充放电的结果使得 VF_1 的 U_{DS} 升高为输入电压，VF_2 的 U_{DS} 减小到零，则 VF_2 的体二极管 VD_2 在 i_r 的持续作用下自然导通，如图 6-11a 所示。

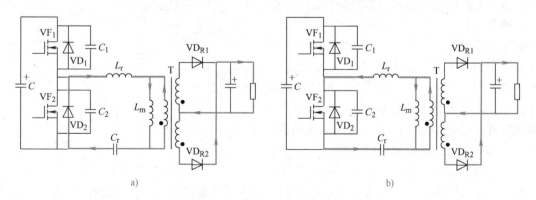

a)   b)

图 6-11 模态 4 电路工作状态

VF_1 关段后，由于谐振电流的快速减小，二次侧整流二极管 VD_{R2} 导通，励磁电感 L_m 的电压再次被输出电压钳位。此时谐振只发生在 L_r 和 C_r 之间，励磁电流 i_m 线性下降。

在 t_3 时刻之后，谐振电流变负前将 VF_2 驱动，由于其体二极管 VD_2 在导通，为 VF_2 提供了 ZVS 条件，电路状态如图 6-11a 所示；励磁电流 i_m 继续线性下降，谐振电流 i_r 过零后以正弦形式逐渐负向增加。

VF_2 为 ZVS 导通，此时谐振电容 C_r 取代输入电压作为能量源头，以 L_r、C_r 谐振的方式，减小正向谐振电流，增大负向谐振电流；整流二极管 VD_{R2} 导通，为负载提供能量。流经整流二极管的电流折算到一次侧仍然为谐振电流和励磁电流之差，电路状态如图 6-11b 所示。

由于开关频率 $f<f_r$，当谐振电流流经半个谐振周期时，VF_2 仍然开通。当谐振电流 i_r 和励磁电流 i_m 负向相等时（t_4 时刻），整流二极管 VD_{R2} 电流过零关断。

$t_4 \sim t_5$ 与 $t_2 \sim t_3$ 对应相似，故这里不详细介绍。

2. 工作频率范围为 $f>f_r$

当工作频率高于谐振频率 f_r 时，如图 6-12 所示，电路的工作状态分析如下。

模态 1（$t_0 \sim t_1$）：在 t_0 时刻，VF_2 关断，谐振电流 i_r 为负，将 VF_2 结电容电压充电到和输入电压相等，同时将 VF_1 结电容电压放电到 0 后，谐振电流流经 VF_1 的体二极管 VD_1 进行续流。由于 VD_1 的导通，使得 VF_1 的 U_{DS} 电压为零，在谐振电流过零前，发出 VF_1 的驱动信号，可以实现 VF_1 的 ZVS。

此时，由于输入电压对谐振电路做负功，谐振电流绝对值迅速减小，同时整流二极管 VD_{R2} 的电流 i_{VDR2} 迅速减小，励磁电流 i_m 的绝对值线性上升。

t_1 时刻，谐振电流 i_r 的绝对值减小到和励磁电流 i_m 绝对值相等，此时整流二极管 VD_{R2} 电流过零关断。

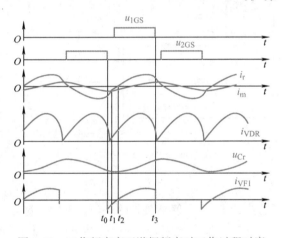

图 6-12　工作频率高于谐振频率时工作过程时序

该模态的电路工作状态如图 6-13 所示。

模态 2（$t_1 \sim t_2$）：t_1 时刻，谐振电流等于励磁电感电流。从 t_1 开始，谐振电流绝对值小于励磁电流绝对值，因此不能使 VD_{R2} 继续导通下去。但此阶段，输入电压给谐振回路提供能量，使谐振电流正向增加（对应此段表现为谐振电流负向绝对值减小）；并且，谐振电流增加的斜率高于励磁电流增加的斜率，从图 6-14 所示的电流方向可知，二次侧整流二极管

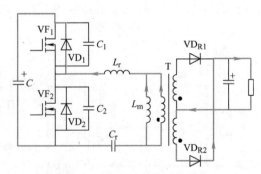

图 6-13　模态 1 电路工作状态

VD_{R1} 导通，变压器励磁电感在一次侧产生的感应电压被输出恒压 U_o 钳位而固定为 nU_o（此时励磁电流为负，变化率为正），励磁电流中除谐振电流外的部分作为负载电流传递到二次侧，直到 t_2 时刻，谐振电流谐振到零。该模态的电路工作状态如图 6-14 所示。

模态 3（$t_2 \sim t_3$）：谐振电流 i_r 正方向流动，流经 VF_1，励磁电流 i_m 线性上升（过零并变

正），谐振电流 i_r 流经 VF_1 并以正弦形式逐渐上升，整流二极管 VD_{R1} 继续导通，并且流经整流二极管的电流折算到一次侧为谐振电流和励磁电流之差。

到 t_3 时刻，VF_1 关断，工作情况和 t_0 时刻 VF_2 关断时对应，这里不再详细叙述。

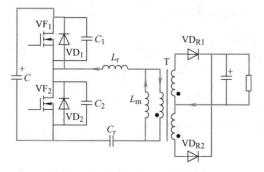
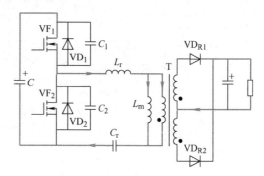

图 6-14　模态 2 电路工作状态　　　　　　图 6-15　模态 3 电路工作状态

6.3.3　*LLC* 谐振变换电路的特点

LLC 谐振变换电路作为 DC–DC 变换拓扑，与其他如移相全桥、双管正激、全桥和半桥电路相比，在合理的设计条件下具有以下优势和特点：

1）可以得到较宽的输出电压范围，并且几乎全负载范围实现 ZVS；在开关频率低于谐振频率时，开关管关断电流为励磁电流，可以通过励磁电感量进行控制；另外，二次侧整流二极管电流自然过零，几乎没有反向恢复，这些特点都有利于效率的优化。

2）额定输出状态可以设计在谐振频率处，正弦电流波形使开关频率的高次谐波分量很小，并且工作频率低于谐振频率时二次侧整流二极管几乎没有反向恢复，由此造成的辐射问题大大减轻，有利于 EMI 的设计。

3）二次侧不用体积较大的差模电感进行滤波，节省了体积和成本。

4）开关频率高于谐振频率时，开关管关断电流为谐振电流，而且随着开关频率的升高，有在谐振电流峰值处关断的可能，所以开关管损耗需要关注，尤其是轻载下也要关注其温升。

6.3.4　*LLC* 谐振变换电路的控制

LLC 谐振变换电路常用的控制方式有两种：基于 DSP 的数字化控制和专用模拟芯片控制。从开发成本和复杂程度方面考虑，数字化控制适合于具有通信和监控等功能的系统电源（如通信电源模块）；常见的专用模拟控制芯片有安森美半导体（ON Semiconductor）的 NCP1397（如图 6-16 所示）、意法半导体（ST）的 L6599 等。图 6-17 所示为基于 NCP1397 控制的半桥 *LLC* 谐振变换电路实例。

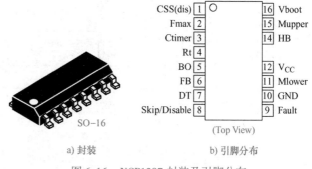

图 6-16　NCP1397 封装及引脚分布

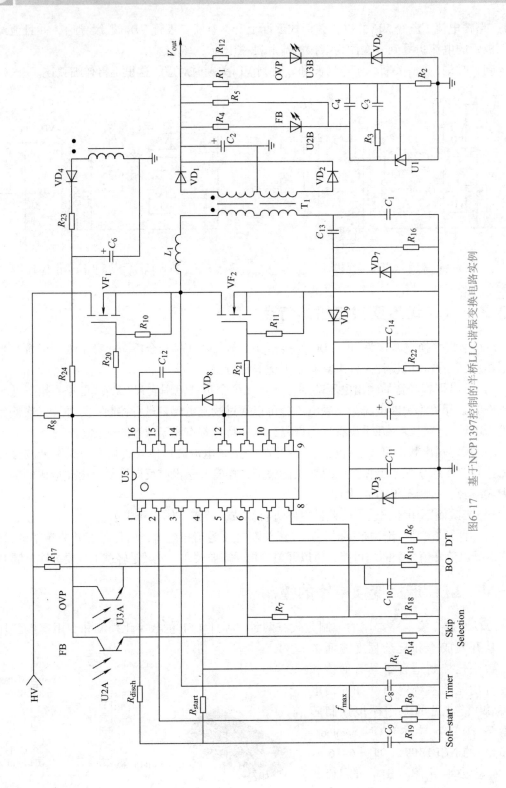

图6-17　基于NCP1397控制的半桥LLC谐振变换电路实例

习题与思考题

1. 什么是软开关和硬开关？

2. 软开关对电力电子装置的意义是什么？

3. 常见实用化的软开关技术有哪两类？简述其原理。

4. 简述 *LLC* 谐振变换电路的优点？

5. 分析半桥 *LLC* 谐振变换电路在工作频率低于谐振频率和高于谐振频率两种模式下的电路工作原理。

第7章

电力电子磁性元件理论及设计

7.1 磁场及磁路基础知识

7.1.1 磁场的基本物理量

1. 载流导体产生的磁场及磁通 Φ

载流导体产生磁场，可用右手定则确定：用右手握住导线，拇指指向电流方向，其余四指所指方向即为电流产生的磁场方向及闭合的磁力线（或称磁感应线）方向，如图 7-1a 所示。如果是螺旋线圈，则右手握住螺管，四指指向电流方向，则拇指指向就是磁场方向，如图 7-1b 所示。磁力线越密集，在该处的磁场就越强。

垂直通过一个截面的磁力线总量称为该截面的磁通量，简称磁通，用 Φ 表示。磁通是一个标量，单位为韦伯（Wb）。

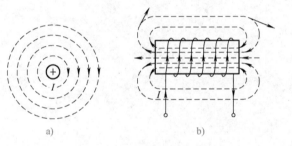

图 7-1　电流产生的磁场

2. 磁感应强度 B

磁感应强度是磁场的基本物理量，又称磁通密度，是描述磁场强弱及方向的物理量，用磁力线疏密程度表示磁感应强度 B 的大小，其方向为磁力线在某点的切线方向，其大小为单位面积的磁路截面上穿过的磁力线总量，即 $B = \Phi/A$，A 为磁路截面积。B 的单位在国际单位制中是特斯拉，简称特，符号为 T；在实用单位制（CGS）中为高斯，符号为 Gs。两者的关系为 $1T = 10^4 Gs$。

在一般变压器和电感中，给定结构截面积 A 上，或端面积相等的气隙端面间的磁场 B 基本上是均匀的，则磁通也可表示为

$$\Phi = BA \tag{7-1}$$

3. 磁导率

电流产生磁场，但电流在不同的介质中产生的磁力线数量是不同的。在相同条件下，铁磁介质中的磁力线比空气介质中多得多。为了表征这种特性，将不同的磁介质用一个系数 μ 来表示，μ 称为介质磁导率，表征物质的导磁能力。μ 越大，介质的导磁能力越强。

真空的磁导率一般用 μ_0 表示，其值为 $4\pi \times 10^{-7} H/m$。空气、铜、铝和绝缘材料等非铁

磁材料的磁导率和真空磁导率大致相同。而铁、镍、钴和钼等铁磁材料及其合金的磁导率比 μ_0 大 $10 \sim 10^5$ 倍。

各种材料的磁导率可表示为 $\mu = \mu_0 \mu_r$，其中 μ_r 表示该材料的相对磁导率。$\mu_r < 1$ 的介质材料称为抗磁介质，如铜和铝；$\mu_r \gg 1$ 的介质材料称为铁磁介质，如铁、钴、镍及其合金等；μ_r 稍大于 1 的介质材料称为顺磁介质。

4. 磁场强度 H

用磁导率表征介质对磁场的影响后，磁感应强度 B 与 μ 的比值只与产生磁场的电流有关，在任何介质中，磁场中某点的 B 与该点 μ 的比值定义为该点的磁场强度 H，即

$$H = B/\mu \tag{7-2}$$

H 也是矢量，其方向与 B 相同。应当指出的是所谓某点磁场强度大小，并不代表该点磁场的强弱，代表磁场强弱的是磁感应强度 B。比较确切地说，H 应当是外加的磁化强度，引入 H 主要是为了便于磁场的分析计算。

5. 磁路

磁路指磁通所经过的路径。为了得到较强的磁场，常使用铁心聚磁。

6. 励磁电流

励磁电流指载流线圈中流过用以产生磁路中磁通的电流。

7. 主磁通 Φ

对于图 7-2 所示变压器，当线圈通有励磁电流时，铁心磁路中将产生一定的磁感应强度并通过较多的磁通 Φ，这部分磁通称为主磁通。主磁通是磁性器件赖以工作的磁通。

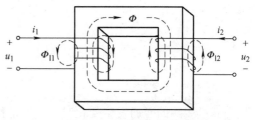

图 7-2 主磁通和漏磁通

8. 漏磁通

除主磁通外，围绕着载流线圈，在部分铁心和铁心周围的空间内，还会产生一些分散的、较小的磁通 Φ_{l1} 和 Φ_{l2}，称为漏磁通。如图 7-2 所示。

7.1.2 电磁基本定律

1. 磁通连续性原理

磁通连续性原理用磁力线描述如下：穿入某一闭合面的磁力线数等于穿出此面的磁力线数。这一性质说明，磁力线是闭合的空间曲线。

2. 安培环路定律

安培发现在电流产生的磁场中，矢量 H 沿任意闭合曲线的积分等于此闭合曲线所包围的所有电流的代数和（见图 7-3），即

$$\oint_l \boldsymbol{H} \mathrm{d}l = \oint_l H\cos\alpha \mathrm{d}l = \sum I \tag{7-3}$$

式中，H 为磁场中某点的磁场强度；$\mathrm{d}l$ 为磁场中某点附近沿曲线微距离矢量；α 为 H 与 $\mathrm{d}l$ 之间的夹角；$\sum I$ 为闭合曲线所包围的电流代数和。

电流方向和磁场方向的关系符合右手螺旋定则。如果闭合曲线方向与电流产生的磁场方向相同，则为正，反之则为负。式(7-3) 称为安培环路定律，或称为全电流定律。图 7-3a 所示闭合曲线只包围 I，所以 $\sum I = I$，而图 7-3b 所示闭合曲线包围的是正的 I_1 和负的 I_2，尽管图中还有 I_3 存在，但它不包含在闭合曲线之内，所以 $\sum i = I_1 - I_2$。

图 7-4 所示为一环形线圈，以此为例来说明安培环路定律的应用。环内的介质是均匀的，线圈匝数为 N，取磁力线方向作为闭合曲线方向，沿着以 r 为半径的圆周闭合路径 l，根据式(7-3) 的左边可得到

$$\oint \boldsymbol{H}\mathrm{d}l = Hl = 2\pi rH = \sum I = NI \tag{7-4}$$

或

$$H = \frac{NI}{l} \tag{7-5}$$

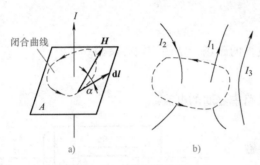

图 7-3　安培环路定律

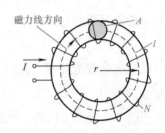

图 7-4　环形线圈的磁场强度

3. 电磁感应定律

当通过线圈的磁通发生变化时，不论是什么原因引起的磁通变化，在线圈两端都要产生感应电动势 e。而且磁通变化越快，感应电动势越大，即感应电动势的大小正比于磁通的变化率 $\dfrac{\Delta \Phi}{\Delta t}$，对于 N 匝线圈，即

$$e = N \left| \frac{\Delta \Phi}{\Delta t} \right| \tag{7-6}$$

式(7-6) 就是法拉第电磁感应定律，说明感应电动势与磁通变化率之间的关系，并没有说明感应电动势的方向。楞次阐明了变化磁通与感应电动势产生的感应电流之间在方向上的关系，即在电磁感应过程中，感应电流所产生的磁通总是阻止磁通的变化。当磁通增加时，感应电流所产生的磁通与原来磁通方向相反，削弱原磁通的增长；当磁通减少时，感应电流产生的磁通与原来的磁通方向相同，阻止原磁通减小。感应电流总是试图维持原磁通不变，这就是楞次定律。习惯上，规定感应电动势的正方向与感应电流产生的磁通的正方向符合右螺旋定则，如图 7-5 所示，因此式(7-6) 可写为

$$e = -N \frac{\mathrm{d}\Phi}{\mathrm{d}t} \tag{7-7}$$

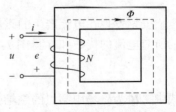

图 7-5　电磁感应定律

7.1.3 铁磁物质的磁化曲线

物质按导磁性能来区分，可分为非铁磁物质和铁磁物质。非铁磁物质的相对磁导率接近于1，其导磁性能与真空相近。例如：环形线圈如果绕在非铁磁物质上，就导磁性来说与空心线圈无太大差别。但铁磁物质则不同，其相对磁导率远大于1，即铁磁物质磁化后将产生很强的附加磁场。如果将环形线圈绕在铁磁物质上，其磁场可达到原磁场的数百倍、数千倍甚至数万倍。铁磁物质所具有的这种特殊的磁化性能，是由它的物质构造决定的。电工设备正是利用铁磁物质的这一性能，将其作为磁路的主要材料，如铁、钴、镍及其合金以及铁氧体等。

铁磁物质的磁化性能一般用磁化曲线即 B—H 曲线表示。真空的 B、H 关系为 $B = \mu_0 H$，这是一个线性关系，如图7-6中的直线①所示，非铁磁物质的磁化曲线与此相似。铁磁物质的磁化曲线可由实验测出。

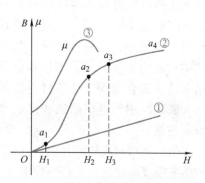

1. 起始磁化曲线

所谓"起始"，就是铁磁物质从 $H = 0$、$B = 0$ 开始磁化，其曲线如图7-6中的曲线②所示。在磁场强度较小的情况下（图中的 $O \sim H_1$），磁感应强度 B 虽然增大，但增长率并不大，如曲线的 Oa_1 段所示；随着 H 的继续增大（图中 $H_1 \sim H_2$），B 则急剧增大，如曲线 a_1a_2 段所

图 7-6 铁磁物质的起始磁化曲线

示；若 H 继续增大（图中 $H_2 \sim H_3$），B 的增长率反而减小，如曲线的 a_2a_3 段所示；当 $H > H_3$ 时，B 的增长率就相当于真空的增长率，如曲线的 a_3a_4 段所示，这种现象称为磁饱和，这段曲线近似与直线①平行。a_3 点称为饱和点，对应的 B 值称为饱和磁感应强度，用 B_s 表示。

曲线②的 a_1a_2 段是铁磁物质所特有的（也称为"线性段"），此段中 B 的增长率远比非铁磁物质高，所以铁磁材料通常工作在 a_2 点附近。

曲线②表明铁磁性物质的 B、H 为非线性关系，也即铁磁物质的磁导率 μ 不是常数。μ—H 关系如曲线③所示。

2. 磁滞回线

实际工作时，铁磁材料常常处于交变磁场中，H 的大小和方向都要变化。实验表明：处于交变磁场中的铁磁材料的磁化曲线是磁滞回线，如图7-7所示。由图中曲线可见：当 H 从 $+H_m$ 开始减小时，B 并不是沿着起始磁化曲线回降，而是沿着比它稍高的曲线 ab 下降，这种 B 的变化滞后于 H 的变化的现象称为磁滞。由于磁滞的原因，当 H 下降到零时，B 并不是降到零，而是降到 b 点，对应的磁感应强度 B_r 称为剩磁。为了去掉剩磁，需施加一反向磁

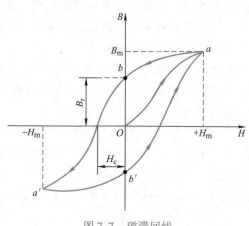

图 7-7 磁滞回线

场，当反向磁场达到 $-H_c$ 时，$B=0$，H_c 的大小称为<u>矫顽力</u>，它表示铁磁材料反抗退磁的能力。当 H 继续反向增加时，铁磁物质开始反向磁化，当 $H=-H_m$ 时，反向磁化到饱和点 a'。当 H 从 $-H_m$ 变化到 $+H_m$ 时，$B—H$ 曲线沿 $a'b'a$ 变化而完成一个循环，所形成的封闭曲线 $aba'b'a$ 称为<u>磁滞回线</u>。

铁磁物质在反复磁化过程中要消耗能量并转化为热能而耗散，这种能量损耗称为<u>磁滞损耗</u>。反复磁化一次的磁滞损耗与磁滞回线所包围的面积成正比。

如图 7-8a 所示，如果磁滞回线很宽，即 H_c 很高，需要很大的磁场强度才能将铁磁材料磁化到饱和，同时需要很大的反向磁场强度才能将材料中磁感应强度下降到零，也就是说这类材料磁化困难，去磁也困难，我们称这类材料为<u>硬磁材料</u>，如铝镍钴、钐钴和钕铁硼合金等。这些材料常做成永久磁铁，用于电机励磁和仪表产生恒定磁场。

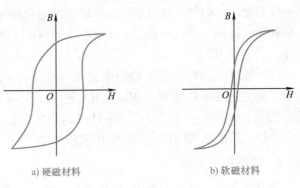

图 7-8   不同材料的磁滞回线

另一类材料在较弱外磁场作用下，磁感应强度即可达到很高的数值，同时矫顽力很低，即既容易磁化，又很容易退磁，我们称这类材料为<u>软磁材料</u>，磁滞回线如图 7-8b 所示。属于这类材料的有电工纯铁、电工硅钢、铁镍软磁合金和软磁铁氧体等。某些特殊磁性材料，如恒导磁合金和非晶态合金也是软磁材料。可见，所谓"软磁"，不是材料的质地柔软，而是容易磁化和去磁而已。实际上，软磁材料都是既硬又难加工的材料。如铁氧体，既硬又脆，是电力电子装置中主要应用的软磁材料。

软磁材料的磁滞回线狭长，剩磁和矫顽力都较小，磁滞损耗小，磁导率高，电力电子装置中的磁性材料主要应用软磁材料。

3. 基本磁化曲线

在非饱和状态下，对同一铁磁材料，取不同的 H_m 值进行反复磁化，将得到一系列磁滞回线，如图 7-9 中虚线所示。连接原点和各磁滞回线顶点所构成的曲线称为<u>基本磁化曲线</u>，如图中实线所示。

软磁材料的磁滞回线狭窄，近似与基本磁化曲线重合，所以进行磁路计算时常用基本磁化曲线代替磁滞回线，使计算得以简化。

铁磁物质的导磁性能还和温度有关，当磁场强度一定时，温度升高，磁导率减小。每种铁磁物质都有一个特殊的温度点，当温度上升到该值时，磁导率下降到 μ_0，这个温度点称为<u>铁磁材料的居里点</u>，铁的居里点为 760℃。

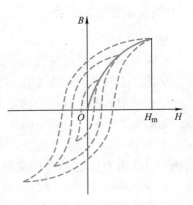

图 7-9   基本磁化曲线

7.1.4 磁路及基本定律

从磁场基本原理知道，磁力线或磁通总是闭合的。磁通和电路中电流一样，总是在低磁阻的通路流通，高磁阻通路磁通较少。所谓磁路，是指磁通（或磁力线）经过的闭合路径。不管是一个空心螺管线圈，还是带气隙的磁心线圈，通电流后磁力线就分布在它周围的整个空间。在电力电子装置中，为了用较小的磁化电流产生足够大的磁通（或磁感应强度），或在较小的体积中存储较多的能量，经常采用一定形状规格的软磁材料磁心作为磁通的通路。因磁心的磁导率比周围空气或其他非磁性物质磁导率大得多，把磁场限制在磁结构系统之内，即磁结构内磁场很强，外面很弱，磁通的绝大部分经过磁心而形成一个固定的通路。在这种情况下，工程上常常忽略次要因素，只考虑导磁体内磁场或同时考虑较强的外部磁场，使得分析计算简化。通常引入磁路的概念，就可以将复杂的磁场的分析简化为我们熟知的磁路的计算。

1. 磁路的欧姆定律

对于均匀磁路，将磁场强度 H 与磁路长度 l_c 的乘积 Hl_c 定义为该段磁路的磁位差或磁压降（简称磁压），用 U_m 表示。

图 7-10a 所示是一个磁导率为 μ、长度为 l_c、截面积为 A_c 的磁性材料单元，该单元两端的磁压为 $U_m = Hl_c$，因为 $H = B/\mu$，$B = \Phi/A_c$，因此 U_m 可表示为

$$U_m = \frac{l_c}{\mu A_c}\Phi = R_{mc}\Phi \tag{7-8}$$

式中

$$R_{mc} = \frac{l_c}{\mu A_c} \tag{7-9}$$

式（7-8）表示加在一个磁性材料单元两端的磁压 U_m 与通过该单元的磁通 Φ 成正比，式中比例系数 R_{mc} 相当于电阻 R，称为磁阻。磁阻用图 7-10b 所示的磁阻模型 R_{mc} 表示，在这个磁阻模型中，磁压 U_m 和磁通 Φ 分别相当于电阻上的电压和通过电阻的电流。

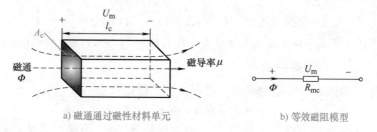

a) 磁通通过磁性材料单元　　　　　　　b) 等效磁阻模型

图 7-10　磁路中的磁阻模型

如图 7-11 所示，在一方形磁导率为 μ 的磁心上绕有 N 匝线圈，磁心的截面积为 A_c，磁路平均长度为 l_c，在线圈中通入电流 i，假定磁路截面上磁通是均匀的，则有磁动势 F 为

$$F = Ni = Hl_c = \frac{Bl_c}{\mu} = \frac{\Phi}{\mu A_c}l_c = \Phi R_{mc} \tag{7-10}$$

式中，$F = Ni$ 为磁动势，单位为安匝；R_{mc} 为磁路的磁阻。

在磁阻两端的磁位差称为磁压降 U_m，单位为安匝，即

$$U_m = R_{mc}\Phi = \frac{l_c}{\mu A_c} \times BA_c = Hl_c \tag{7-11}$$

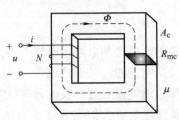
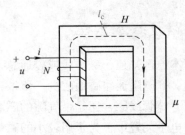

a) 利用电磁感应定律分析磁性器件　　　　b) 利用安培环路定律分析磁性器件

图 7-11　绕有线圈的磁路分析

2. 磁路的基尔霍夫定律

引入磁路后，磁路的计算服从于磁路的两个基尔霍夫基本定律。

磁路基尔霍夫第一定律：磁路中任意节点的磁通之和等于零，即

$$\sum \Phi = 0 \tag{7-12}$$

根据安培环路定律得到磁路基尔霍夫第二定律：沿某一方向的任意闭合回路的磁动势的代数和等于磁压降的代数和。

$$F = \sum Ni = \sum \Phi R_{mc} \tag{7-13}$$

或

$$\sum Ni = \sum H l_c \tag{7-14}$$

类似于电路中电压的定义，在磁场中将两点间的磁压定义为

$$U_m = \int_{x_1}^{x_2} H \mathrm{d} l_c \tag{7-15}$$

这样，在任意闭合路径上，磁动势的总和等于磁压降的总和，即

$$\sum F = \sum U_m \tag{7-16}$$

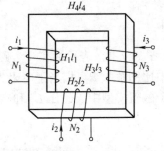

图 7-12　多绕组变压器中的磁动势

对于图 7-12 所示的多绕组变压器，根据式(7-16)，有

$$N_1 i_1 + N_2 i_2 - N_3 i_3 = H_1 l_1 + H_2 l_2 + H_3 l_3 + H_4 l_4 \tag{7-17}$$

3. 带有气隙的串联磁路分析

图 7-13a 所示为磁心带气隙的电感，根据安培环路定律有

$$Ni = H_c l_c + H_\delta \delta = \Phi R_{mc} + \Phi R_{m\delta} \tag{7-18}$$

式中，H_c 为磁心中的磁场强度；H_δ 为气隙中的磁场强度；R_{mc} 为磁心磁路的磁阻；l_c 为磁心磁路的长度；$R_{m\delta} = \delta / (\mu_0 A_c)$ 为气隙磁路的磁阻；δ 为气隙长度。等效电路如图 7-13b 所示，图中，$F = Ni$ 为磁路的磁动势；$U_{mc} = \Phi R_{mc}$ 为磁心磁阻 R_{mc} 两端的磁压降；$U_{m\delta} = \Phi R_{m\delta}$ 气隙磁阻 $R_{m\delta}$ 两端的磁压降。通以电流的线圈为磁动势源，其值 $F = Ni$，磁路方程为

$$F = Ni = \Phi (R_{mc} + R_{m\delta}) \tag{7-19}$$

$$\Phi = \frac{Ni}{R_{mc} + R_{m\delta}} \tag{7-20}$$

满足基尔霍夫第二定律。根据法拉第电磁感应定律，当忽略绕组电阻时，有

$$u = N \frac{\mathrm{d}\Phi}{\mathrm{d}t} = \frac{N^2}{R_{mc} + R_{m\delta}} \frac{\mathrm{d}i}{\mathrm{d}t} \tag{7-21}$$

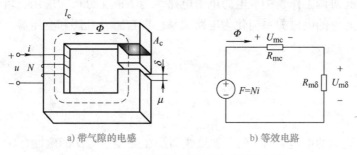

a) 带气隙的电感　　　　　　　b) 等效电路

图7-13　磁心带气隙的电感及其等效电路

总电感为

$$L = \frac{N^2}{R_{mc} + R_{m\delta}} \tag{7-22}$$

由式(7-22)可知，由于在磁路中加了气隙，使磁路的总磁阻增加，等效磁导率和电感值减小。

在实际的电感磁路中加气隙主要有两个原因：

1）如果没有气隙（$\delta = 0$，$R_{m\delta} = 0$），电感值将与磁心的磁导率成正比，其大小将受磁心温度和绕组电流的影响，很难做成一个电感值稳定的电感元件。如果在磁心中加一点气隙，由于气隙磁阻大于磁心磁阻，则由线圈电流的变化而引起磁心磁导率的变化将不会对电感值产生较大的影响。

2）增加一个气隙需要在线圈中加更大的电流才能使磁心饱和。磁通 $\Phi = BA_c$ 与磁动势 $F = Ni$ 的关系曲线如图7-14所示，因为 Φ 正比于 B，且磁动势 F 正比于磁场强度 H，因此 Φ—F 特性曲线反映的是磁化特性曲线，所以加气隙后 Φ—F 特性曲线的斜率变小。当磁心不饱和时，Φ 与 F 的关系可用 $\Phi = \dfrac{Ni}{R_{mc} + R_{m\delta}}$ 来表示；但磁心饱和时，相当于磁心的磁导率为 μ_0，则有

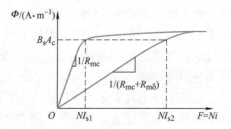

图7-14　磁心中气隙对特性的影响

$$\Phi_s = B_s A_c \tag{7-23}$$

将式(7-23)代入式(7-19)中，可得到磁心饱和点的电流为

$$I_s = \frac{B_s A_c}{N}(R_{mc} + R_{m\delta}) \tag{7-24}$$

可以看出，磁心加了气隙后，使电感饱和的电流增加了，其代价是电感值减小了，因为磁导率下降了。

7.2　磁性元件

现代电力电子电路中常用的磁性元件有输出级的滤波电感、谐振电感、输入级的共模滤波电感、差模滤波电感、高频开关变压器、驱动变压器和电流互感器等。这些磁性元件与电

路元件结合在一起协调工作，构成电力电子电路。为了简化分析，应用安培环路定律和电磁感应定律将磁性元件的电磁关系简化为电路关系，即自感、互感和变压器，使得分析和计算简化。

7.2.1 电感

1. 电感的定义

磁通是流过线圈的电流 i 产生的。如果线圈绕在磁导率为 μ 的磁性介质上，且 μ 是常数时，磁链 ψ 与 i 成正比关系，即 $\psi = Li$。

如果匝数为 N 的线圈通以电流 i 产生磁通 Φ，则该线圈的磁链 $\psi = N\Phi$，因此有

$$L = \frac{\psi}{i} = \frac{N\Phi}{i} \tag{7-25}$$

式中，L 称为线圈 N 的自感系数，通常简称为自感或电感。对于给定线圈磁路，线圈电流越大，产生的磁链越多。

将 $\psi = Li$ 代入式(7-7)，可以得到电感的感应电动势 e_L 为

$$e_L = -\frac{\mathrm{d}\psi}{\mathrm{d}t} = -N\frac{\mathrm{d}\Phi}{\mathrm{d}t} = -L\frac{\mathrm{d}i}{\mathrm{d}t} \tag{7-26}$$

电感的单位为亨（H），式(7-26)右边的负号表示电感两端的感应电动势总是阻止电流的变化。图 7-15 是电感电动势与电流变化的关系。电流 i 增大时，感应电动势 e_L 阻碍电流 i 的增加；电流 i 减小时，感应电动势 e_L 阻碍电流 i 的减少。感应电动势总是试图维持电感电流不变，即维持线圈包围的磁通不变。

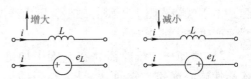

图 7-15　电感电动势与电流变化的关系

电感阻止电流变化的性质表明电感的储能特性。当电压加到电感量为 L 的线圈上时，在线圈两端产生感应电动势，在线圈中产生电流。在时间 t 内，电流达到 i，电源传输到电感的能量为

$$W_e = \int_0^t ui\mathrm{d}t = \int_0^t iL\frac{\mathrm{d}i}{\mathrm{d}t}\mathrm{d}t = \int_0^i Li\mathrm{d}i = \frac{1}{2}Li^2 \tag{7-27}$$

式中，W_e 的单位为焦耳（J）。

可见，电感从电源获得能量转变为磁场能量，电感在电路中存储能量的大小与电感量 L 成正比，与电流的二次方成正比。电感电流存在，磁场存在；电流为零，磁场消失。建立磁场或使磁场消失，需要从电源向电感输入能量或将电感中的能量释放掉。能量搬迁需要时间和载体，因此要使一定的电感电流减少或增加某一数值，就必须有能量的输出和输入，还必须经过一定的时间完成，不可能在瞬间改变。特别是载流电感，要使磁场为零，必须给电感提供一个释放能量的通路，在电力电子电路里最好是返回给电源（这样有利于提高效率）或者是利用耗能电路（带有电阻的电路）消耗掉。还应当注意，电感阻止电流变化的特性就是阻止电感磁路中磁通变化的特性。

2. 电路中的电感

图 7-16a 所示的环形线圈电感中通入交流电流 $i = I_m\sin\omega t$，则线圈两端电压应为

$$u = L\frac{\mathrm{d}i}{\mathrm{d}t} = \omega L\, I_\mathrm{m}\cos\omega t = X_L I_\mathrm{m}\sin(\omega t + 90°) = U_\mathrm{m}\sin(\omega t + 90°) \tag{7-28}$$

其波形如图 7-16b 所示。定义 $X_L = \omega L = 2\pi fL$，为感抗，它是频率的函数，频率升高感抗增加，式(7-28) 用相量表示为

$$\dot{U} = \mathrm{j}\omega L\dot{I} \tag{7-29}$$

如果给电感线圈上加方波电压，在线圈内将产生三角波电流波形，如图 7-16c 所示，三角波的斜率与方波的幅值成正比。在不考虑电阻时，电感上的电压超前电流 90°，图 7-16d 所示为电感电压和电流的相量图。

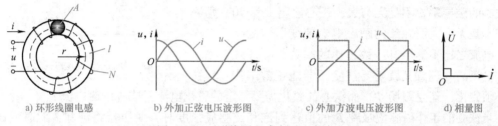

a) 环形线圈电感   b) 外加正弦电压波形图   c) 外加方波电压波形图   d) 相量图

图 7-16 环形线圈电感中通入交流电

7.2.2 变压器

1. 变压器的理想电路模型

变压器是电力电子装置中进行能量变换的关键磁性元件，由于变压器铁心的磁导率不是无穷大，总存在漏磁，再由于漏磁的不确定性，就无法用精确的数学模型表达变压器的变换关系，为了分析方便起见，总是分析理想变压器的特性，并在理想变压器的基础上考虑各种非理想因素的影响。

因此定义理想变压器的特点为：①绕组全耦合；②无损耗，即一次、二次绕组电阻 $R_1 = R_2 = 0$，磁心损耗为零；③铁心磁导率为无穷大，$\mu \to \infty$，即一次、二次绕组电感 L_1、L_2 为无穷大，但比值 L_2/L_1 是有限的，并等于匝比的二次方 $(N_2/N_1)^2$。理想情况下铁心磁阻等于零，即 $R_{\mathrm{mc}} = 0$，则根据安培环路定律及磁路欧姆定律，有

$$N_1 i_1 + N_2 i_2 = 0 \tag{7-30}$$

根据电磁感应定律，有

$$u_1 = N_1\frac{\mathrm{d}\varPhi}{\mathrm{d}t}, \quad u_2 = N_2\frac{\mathrm{d}\varPhi}{\mathrm{d}t} \tag{7-31}$$

则

$$\frac{u_1}{u_2} = \frac{N_1}{N_2} \tag{7-32}$$

图 7-17 所示为双绕组理想变压器的电路模型。

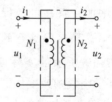

图 7-17 理想变压器的电路模型

2. 考虑励磁电感的变压器电路模型

如变压器的铁心磁阻 $R_{\mathrm{mc}} \neq 0$，则有

$$\varPhi = \frac{N_1 i_1 - N_2 i_2}{R_{\mathrm{mc}}}, \quad u_1 = N_1\frac{\mathrm{d}\varPhi}{\mathrm{d}t}, \quad u_2 = N_2\frac{\mathrm{d}\varPhi}{\mathrm{d}t} \tag{7-33}$$

$$u_1 = \frac{N_1^2}{R_{mc}} \frac{d}{dt}\left(i_1 - \frac{N_2}{N_1}i_2\right) = L_{m1} \frac{d\,i_{m1}}{dt} \tag{7-34}$$

$$u_2 = \frac{N_1 N_2}{R_{mc}} \frac{d}{dt}\left(i_1 - \frac{N_2}{N_1}i_2\right) = \frac{N_2}{N_1}L_{m1} \frac{d\,i_{m1}}{dt} \tag{7-35}$$

式中
$$L_{m1} = \frac{N_1^2}{R_{mc}}, \quad i_{m1} = i_1 - \frac{N_2}{N_1}i_2 \tag{7-36}$$

由此得到变压器的等效电路模型如图 7-18 所示，i_1
是变压器一次绕组中的电流，L_{m1} 和 i_{m1} 分别表示相对于
变压器一次绕组的励磁电感和励磁电流，因为实际变压
器铁心的磁导率 μ 不是无穷大，铁心磁阻 $R_{mc} \neq 0$，励磁
电感不是无穷大而导致的励磁电流使变压器的一、二次
绕组电流之比不等于其匝数之比的倒数，$i_1/i_2 \neq N_2/N_1$。
励磁电流的物理意义就是要使变压器能正常工作，其铁

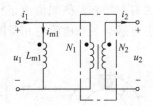

图 7-18   考虑励磁电感的变压器模型

心必须磁化，建立磁场 Φ，而铁心的磁化需要一定的磁化电流，或称励磁电流 i_{m1}。

当铁心的工作磁感应强度 B 的值达到饱和磁感应强度时，变压器将饱和，此时变压器
铁心的磁导率非常小，接近于空气磁导率，所以励磁电感 L_{m1} 很小，励磁电流 i_{m1} 很大，相当
于变压器绕组短路，励磁电流和铁心工作磁感应强度可分别表示为

$$i_{m1} = \frac{1}{L_{m1}} \int u_1 dt \tag{7-37}$$

$$B = \frac{1}{N_1 A_c} \int u_1 dt \tag{7-38}$$

当电压和时间的乘积即伏秒积 V_S 太大时，磁感应强度和励磁电流将增大，即变压器铁
心的励磁电流将增大，从而引起铁心饱和。所以变压器的饱和效应也可以看成是加在变压器
一次绕组上的电压与时间的乘积 V_S 过大所致，对于周期性的交流电压，V_S 定义为

$$V_S = \int_{t_1}^{t_2} u_1 dt \tag{7-39}$$

式中，积分的上下限一般选择在电压波形的正半周部分。

为了防止变压器铁心饱和，应该通过增加绕组匝数 N_1 或铁心截面积 A_c 来降低磁感应强
度 B。对于频率为 f 的正弦波来说，u_1 的有效值 $U_1 = 4.44fN_1A_cB$。增加气隙 δ 对铁心饱和程
度没有影响，因为不会改变铁心的 B_s 值，增加气隙只是使变压器的励磁电感 L_{m1} 降低，励磁
电流 i_{m1} 增加，而 B_s 的值保持不变。

3. 考虑漏感影响时的变压器等效电路模型

图 7-19 所示的实际变压器中，有一部分磁通只匝链一个绕组，而不匝链其他绕组，
"漏"到了空气中或变压器的其他部位，这部分磁通称为漏磁通。由漏磁通所产生的电感称
为漏感（图 7-19b 中的 L_{s1}），考虑漏磁及漏感的影响，但忽略绕组电阻的铜耗和铁心损耗时
的变压器等效电路模型如图 7-19b 所示。

4. 考虑铁耗和绕组铜耗的变压器等效电路模型

实际变压器导线是有损耗的，称为绕组铜耗；此外铁心在高频下工作也有损耗，称为铁
耗，考虑了这两个损耗后的变压器等效电路模型如图 7-20 所示。图中 R_c 为铁耗的等效电

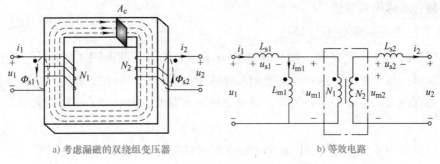

图 7-19 考虑励磁电感和一、二次侧漏感的双绕组变压器等效电路模型

阻，R_{ac1} 和 R_{ac2} 分别为变压器一、二次绕组的交流电阻。由于流过绕组铜线高频电流的趋肤效应和邻近效应，使得 $R_{ac1} \gg R_{dc1}$，$R_{ac2} \gg R_{dc2}$，R_{dc1} 和 R_{dc2} 分别为变压器一、二次绕组的直流电阻，由趋肤效应和邻近效应所引起的交流电阻计算方法可参考有关资料。

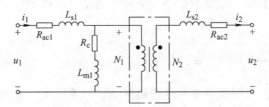

图 7-20 考虑铁耗和绕组铜耗的变压器等效电路模型

7.3 电力电子装置常用的软磁材料

在电力电子装置中，常用的软磁材料有高频软磁铁氧体、合金带料磁材料（即坡莫合金、非晶合金、超微晶合金、硅钢片及恒导合金等合金磁性材料），还有金属磁粉心磁性材料（如钼坡莫合金（MPP）、高通磁粉心、铁硅铝、铁硅和铁粉心）等。软磁材料应用范围广泛，可根据不同的工作条件对其提出不同的要求，但也有其共同之处，概括为以下 6 个方面。

1. 初始磁导率高

磁导率是软磁材料的重要参数，从使用要求看，主要是初始磁导率，其他磁导率与初始磁导率存在着内在的联系。在弱磁场中工作的磁性材料，励磁电流很小，要使其灵敏度较高，应选用初始磁导率高的材料。

2. 要求具有很小的矫顽力和狭窄的磁滞回线

软磁材料的基本性能要求是能快速地响应外磁场的变化，这要求材料具有较低的矫顽力，数量级为 $10^{-1} \sim 10^2 \text{A/m}$，矫顽力低表示磁化和退磁容易；磁滞回线狭窄，磁滞回线包围的面积小，在交变磁场中磁滞损耗就小。

3. 电阻率高

磁心相当于一匝线圈、在交变磁场中会感应产生电动势，这个感应电动势在磁心中产生感应电流，如果磁心的电阻率低，则感应电流就大，在磁心中产生的损耗就大，这个损耗称为涡流损耗，频率越高，感应电流就越大。电阻率升高有利于降低损耗及提高磁心的工作频率，减小磁心的体积和重量。

4. 具有较高的饱和磁感应强度

如果饱和磁感应强度 B_s 高，则相同磁通 Φ 下需要的磁心截面积 A 就较小，磁性元件体积小。低频时，最大工作磁感应强度受饱和磁感应强度限制；但在高频时，主要是损耗限制了磁感应强度的选取，磁心未必饱和，是绝缘材料的温度极限限制了损耗的大小。

5. 损耗低

软磁材料多用于交流磁场，因此动态磁化造成的损耗不可忽视。动态磁化所造成的损耗包括 3 部分，即涡流损耗、磁滞损耗和杂散损耗。随着交变磁场频率的增加，软磁材料的动态磁化所造成的损耗增大。

6. 稳定性高

要求软磁材料不但要高磁导率和低损耗等，更重要的是高稳定性。软磁材料高稳定性是指磁导率的温度稳定性要高、减落系数小、随时间老化要尽可能小，以保证其能长期工作于恶劣环境。

7.3.1 软磁铁氧体材料

在电力电子装置中，应用得最多的软磁材料是软磁铁氧体。软磁铁氧体主要有两类：锰锌铁氧体和镍锌铁氧体。铁氧体是深灰色或黑色陶瓷材料，质地既硬又脆，化学稳定性好。铁氧体具有很高的磁导率和较高的饱和磁感应强度 B_s（一般为 $300 \sim 500\text{mT}$）。铁氧体成分一般是氧化铁和其他金属（$MeFe_2O_3$），其中 Me 表示一种或几种 2 价过渡金属，如锰（Mn）、锌（Zn）、镍（Ni）等。最普通的组合是锰和锌（MnZn），或镍和锌（NiZn），再加入其他金属，达到所希望的磁特性。例如菲利普公司的锰锌铁氧体 3C85 等。镍锌（NiZn）铁氧体电阻率较高，它适合工作在 1MHz 以上的场合；锰锌（MnZn）铁氧体电阻率较低，通常工作在 lMHz 以下。

1. 铁氧体的应用参数

为了使用方便，生产厂家会提供一些便于设计计算的参数，例如磁心的各种有效尺寸、电感系数等。

表 7-1 和图 7-21 所示为 Philips 公司 PQ 型 PQ35/35 磁心尺寸参数及磁心结构（尺寸单位为 mm）。

表 7-1   PQ35/35 磁心尺寸参数

符 号	参 数 名 称	数 值	单 位
$\Sigma(l/A)$	磁心因数（C1）	0.454	mm^{-1}
V_e	有效体积	16300	mm^3
l_e	有效磁路长度	86.1	mm
A_e	有效截面积	190	mm^2
$A_{\min}$	最小截面积	162	mm^2
m	重量	≈ 73	g

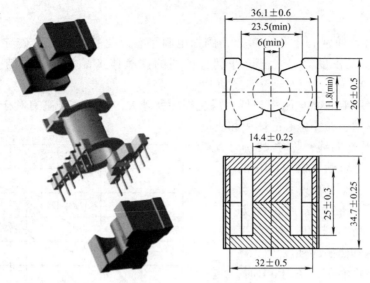

图 7-21 PQ35/35 磁心结构

2. 电感系数

为了简化线圈电感的计算，定义电感系数（Inductance Factor）A_L 为磁心上每一匝线圈产生的电感量，单位为 H。手册中给出电感系数 A_L，它表示磁心具有 1 匝（或规定整数匝，例如 100 匝、1000 匝等，为减小误差，常用较多的匝数下的电感系数）线圈时的电感量。如果线圈为 N 匝，电感量为

$$L = N^2 A_L \tag{7-40}$$

如果 A_L 为 1000 匝时的电感量，则 N 匝线圈电感量为

$$L = N^2 A_L \times 10^{-6} \tag{7-41}$$

手册中常提供某结构尺寸磁心的电感系数 A_L 值，如果用作变压器，只要乘以一次侧的匝数二次方（N^2），就可近似得到一次侧励磁电感量。如果有气隙，可由磁心系数 $\Sigma(l/A)$（手册中常提供）和有效磁导率 μ_e 来计算电感系数：

$$A_L = \frac{\mu_0 \mu_e}{\Sigma(l/A)} = \frac{4\pi \times 10^{-7} \times \mu_e}{\Sigma(l/A)} = \frac{4\pi \mu_e A_e}{l_e} \times 10^{-7} \tag{7-42}$$

如果气隙 δ 相对磁心截面尺寸很小时，有效磁导率可近似为

$$\mu_e = \frac{l_e}{\delta} \tag{7-43}$$

这时电感系数简化为

$$A_L = \frac{\mu_0 A_e}{\delta} \tag{7-44}$$

由式(7-42)可知，对于一定的结构，已知有效尺寸和电感系数，就知道材料的有效磁导率 μ_e。

使用电感系数计算时应注意单位。另外，手册中提供的电感系数有很大的误差，最大的为 ±25%。这是因为磁导率随励磁磁场和环境温度的改变而改变，导致电感系数发生变化，在使用中一定要注意。

3. 材料性能

描述材料性能通常有十几个参数，例如电阻率、磁化特性曲线、磁导率、损耗特性曲线、居里温度及密度等。这里以菲利普公司的铁氧体产品为例，总结一些规律性的特征。

（1）电阻率 磁心的电阻率越低，涡流损耗就越大。电阻率升高有利于降低损耗及提高磁心的工作频率，减小磁心的体积和质量。

（2）磁化特性曲线 图7-22所示为菲利普公司的铁氧体3C90的低频磁化曲线与温度的关系。一般由厂家规定某一磁场强度，例如 $H_s = 1200\mathrm{A/m}$ 所达到的磁感应强度为磁心材料的饱和磁感应强度 B_s。磁化特性曲线与温度有关，在100℃时，饱和磁感应强度由常温（25℃）的0.42T下降到0.34T，在选择磁心工作磁感应强度时应考虑这一因素。

（3）损耗特性曲线 比损耗 P_V 即单位体积的损耗（$1\mathrm{mW/cm^3} = 1\mathrm{kW/m^3}$），表示为

$$P_V = \frac{P_T}{V} = \eta f^\alpha B_m^\beta \qquad (7\text{-}45)$$

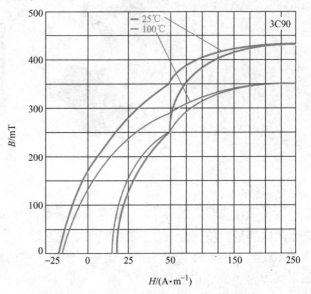

图 7-22 低频磁化曲线与温度的关系

大多数磁性材料工作在50kHz以上时，式(7-45)中的 $\alpha \approx 1.5 \sim 1.7$，$\beta \approx 1.5 \sim 1.7$。适当增加工作频率，同时相应减小磁感应强度摆幅使磁心温升不超过允许值。

图7-23所示是比损耗随温度、磁感应强度和频率变化的特性曲线，从图中可以看到比损耗有个"谷点"，对于功率铁氧体而言一般在70～100℃达到谷点。在谷点温度以下，磁性材料温度增加，比损耗减少，是一个负反馈过程；在谷点温度以上，温度增加，比损耗增加，是一个正反馈过程。因此一般功率铁氧体磁心温度控制在谷点温度以下比较合理。

图7-24所示是3C90磁心的比损耗与磁感应强度摆幅及频率之间的关系曲线，损耗包含了磁滞损耗、涡流损耗和杂散损耗。图7-23和图7-24所示的损耗关系是磁性材料在正弦波电源激励下双向对称磁化测试结果，图7-24中所示曲线是高频应用时选择磁感应强度摆幅 ΔB 的依据。

磁性元件设计者应该对铁氧体在高温下的情况关注，因为为了获得小的体积及重量，磁心总是工作在高温下，总是按最高温升选取参数。磁化曲线的高温饱和磁感应强度，是电感或变压器工作磁感应强度的最大限值，损耗的温度特性限制了磁心最大工作温度，损耗与频率、磁感应强度摆幅的关系限制了高频下可选择的磁感应强度摆幅。

铁氧体与其他软磁材料比较，由于电阻率高，高频损耗小，但是它饱和磁感应强度比较低且受温度影响大。在高频时，由于高频损耗限制磁感应强度摆幅，工作磁感应强度应远小

于饱和磁感应强度。因此饱和磁感应强度低的缺点显得不重要了。又因铁氧体材料已有多种材料和磁心规格满足各种要求，加之价格较其他材料低廉，因此功率变压器磁心、滤波电感、磁放大器、电流互感器及电磁兼容滤波电感等电力电子装置中需要用到的磁性材料，都能找到铁氧体。因此了解铁氧体的特性，掌握使用方法是很重要的。表7-2为菲利普公司不同材质铁氧体的相关磁心参数。

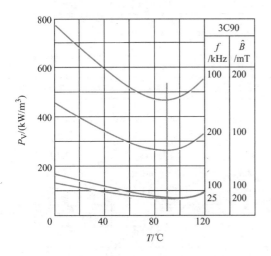

图 7-23　比损耗随温度、磁感应强度和
频率变化的特性曲线

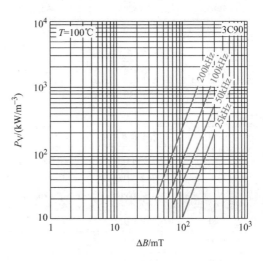

图 7-24　比损耗与磁感应强度摆幅及
频率之间的关系曲线

表 7-2　菲利普公司不同材质铁氧体的相关磁心参数

材　　质	电感系数/nH	有效磁导率 μ_e	气隙/μm	磁心型号
3C81	315 ±3%	≈114	≈920	PQ35/35－3C81－E315
	400 ±3%	≈144	≈690	PQ35/35－3C81－E400
	630 ±3%	≈227	≈400	PQ35/35－3C81－A630
	1000 ±3%	≈361	≈230	PQ35/35－3C81－A1000
	1600 ±5%	≈577	≈120	PQ35/35－3C81－A1600
	6000 ±25%	≈2160	≈0	PQ35/35－3C81
3C90	315 ±3%	≈114	≈920	PQ35/35－3C90－E315
	400 ±3%	≈144	≈690	PQ35/35－3C90－E400
	630 ±3%	≈227	≈400	PQ35/35－3C90－A630
	1000 ±3%	≈361	≈230	PQ35/35－3C90－A1000
	1600 ±5%	≈577	≈120	PQ35/35－3C90－A1600
	5200 ±25%	≈1880	≈0	PQ35/35－3C90
3C91 des	6000 ±25%	≈2160	≈0	PQ35/35－3C91
3C94	5200 ±25%	≈1880	≈0	PQ35/35－3C94
3C96 des	4700 ±25%	≈1700	≈0	PQ35/35－3C96

（续）

材　　质	磁感应强度/mT	磁心损耗/W			
	$H = 250 A/m$; $f = 25 kHz$; $T = 100℃$	$f = 25 kHz$; $B = 200 mT$; $T = 100℃$	$f = 100 kHz$; $B = 100 mT$; $T = 100℃$	$f = 100 kHz$; $B = 200 mT$; $T = 100℃$	$f = 400 kHz$; $B = 50 mT$; $T = 100℃$
3C81	≥320	≤3.8	—	—	—
3C90	≥320	≤2.0	≤2.1	—	—
3C91	≥320	—	≤1.2	≤8.0	—
3C94	≥320	—	≤1.6	≤10	—
3C96	≥340	—	≤1.2	≤8.0	≤3.0
3F3	≥320	—	≤1.8	—	≤3.1

材　　质	磁感应强度/mT	磁心损耗/W			
	$H = 250 A/m$; $f = 25 kHz$; $T = 100℃$	$f = 500 kHz$; $B = 50 mT$; $T = 100℃$	$f = 500 kHz$; $B = 100 mT$; $T = 100℃$	$f = 1 MHz$; $B = 30 mT$; $T = 100℃$	$f = 3 MHz$; $B = 10 mT$; $T = 100℃$
3C81	≥320	—	—	—	—
3C90	≥320	—	—	—	—
3C91	≥320	—	—	—	—
3C94	≥320	—	—	—	—
3C96	≥340	≤6.1	—	—	—
3F3	≥320	—	—	—	—

7.3.2　合金磁材料

这类磁材料是由基本磁性材料铁、镍、钴或加入其他元素构成的合金。这类材料一般具有极高的相对磁导率（60000）、很高的饱和磁感应强度 B_s（0.6～1.9T）、接近饱和磁感应强度的剩余磁感应强度 B_r 和很窄的磁化特性曲线。特别是铁镍或铁镍钼合金，低频磁化特性曲线很接近理想矩形。因其磁心存储能量很少，非常适宜做变压器、磁放大器、尖峰抑制器、滤波电感、有源 PFC 电感等器件的磁性材料。合金磁性材料的缺点是电阻率非常低。为了减少涡流效应，合金磁性材料都是碾轧成带料卷绕而成。

1. 硅钢片

在电工纯铁中加入少量硅，形成固溶体，即硅钢材料，可提高合金的电阻率，减少材料的涡流损耗。并且随着纯铁中含硅量的增加，磁滞损耗降低，弱磁场和中等磁场下，磁导率增加。

硅钢通常也称为硅钢片或电工钢片，在低频场合，硅钢片是最广泛应用的磁心材料。此材料的特点是饱和磁感应强度 B_s 高，价格低廉。磁心损耗取决于带料的厚度和硅的含量，硅含量越高，电阻率越大，则损耗越小。

2. 坡莫合金磁性材料

坡莫合金也称为铁镍合金或叫皮莫合金。坡莫合金是具有极高的初始磁导率（超过

$10^5 H/m$）、极低的矫顽力（小于$0.002Oe$）和磁化曲线高矩形比的软磁材料。坡莫合金的磁性能可以通过改变其成分和热处理工艺等进行调节，因此可用作弱磁场下具有很高磁导率的磁心材料和磁屏蔽材料，也可用作要求低剩磁和恒磁导率的脉冲变压器材料，还可以用作矩磁合金、热磁合金和磁滞伸缩合金等。从1913年前后坡莫合金被开发出来至今，它已经成为应用最为广泛的软磁合金。

坡莫合金电阻率比较低，磁导率特别高，具有优良的磁特性，但在很高频率场合应用困难，并且价格比较昂贵，一般机械应力对其磁性能影响显著，故通常卷绕成环状，并装在非磁的保护壳内，早期通常用在磁放大器中。坡莫合金的可塑性好，可以加工成$1\mu m$厚的超薄带料及各种使用形态，工作频率一般为$400Hz \sim 10kHz$，带料越薄价格越高。由于坡莫合金的居里温度高，体积要求严格且温度范围宽，使其在军工产品中获得应用。

坡莫合金被广泛地应用于电信、仪表、电子计算机、控制柜系统等领域中，根据合金成分不同，能够用来制作小功率电力变压器、微电机、继电器、互感器和磁调节器等器件。

3. 非晶合金

非晶态金属与合金是20世纪70年代问世的一种新兴的材料，其结构类似于玻璃，因此也称为金属玻璃。非晶合金分成铁基、铁镍基、钴基和超微晶合金四大类，由于成分配比不同而各自具有不同的特点，应用场合也不同。非晶合金具有如下特点：

（1）优良的磁性能 与传统金属磁性材料相比，矫顽力较小，电阻率比同种晶态材料高，在高频场合使用时材料的涡流损耗小，因此具有高磁导率、低损耗的特点，是优良的软磁材料，代替硅钢、坡莫合金和铁氧体等作为变压器、互感器、传感器等的磁心，可大大提高变压器效率、缩小体积、减轻重量、降低损耗。

（2）灵活的处理工艺 和其他磁性材料相比，非晶合金具有很宽的化学成分范围，而且即使同一种材料，通过不同的后续处理能够很容易地获得所需要的磁性，所以非晶合金的磁性能是非常灵活的，选择余地很大，为电力电子元器件的选材提供了方便。

（3）制造工艺简单、节能和环保 非晶合金的制造是在炼钢之后直接喷带，只需一步就制造出了薄带成品，工艺大大简化，节约了大量能源，同时无污染物排放，对环境保护非常有利。正是由于非晶合金制造过程节能，同时磁性能优良，还可降低变压器使用过程中的损耗，因此被称为绿色材料和21世纪的新材料。非晶合金、纳米晶合金与其他传统软磁合金材料磁性能比较见表7-3。

表7-3 非晶合金、纳米晶合金与其他传统软磁合金材料磁性能比较

磁特性 材料名称	磁钢片	铁氧体	坡莫合金		非晶合金		纳米晶合金
		MnZn	50Ni	80Ni	钴基非晶	铁基非晶	铁基纳米晶
饱和磁感应强度 B_s/T	2.3	0.44	1.55	0.74	0.53	1.56	1.35
矫顽力 H_c/(A·m^{-1})	40	8.0	12	2.4	<1	<4	<2
初始磁导率 μ_i/(H·m^{-1})	0.15×10^4	0.3×10^4	0.6×10^4	4×10^4	10×10^4	0.5×10^4	8×10^4
最大磁导率 μ_m/(H·m^{-1})	2×10^4	0.6×10^4	6×10^4	20×10^4	80×10^4	5×10^4	40×10^4
电阻率 ρ/(μΩ·cm)	50	2×10^7	30	60	130	140	110
居里温度 T_c/℃	750	150	500	450	180	415	570

（4）机械强度较高且硬度较大　机械强度和硬度明显高于传统的钢铁材料，可以用作复合增强材料。国外已经把块状非晶合金应用于高尔夫球击球拍头和微型齿轮。非晶合金丝材可用在结构零件中，起强化作用。另外，非晶合金具有优良的耐磨性，再加上其磁性，可以做成各种磁头。

7.3.3　金属磁粉心磁性材料

磁粉心是将磁性材料极细的粉末和粘结剂混合在一起，通过模压、固化形成粉末金属磁心。由于磁粉心中存在大量非磁物质，相当于在磁心中存在许多非磁分布气隙，磁化时，这些分布气隙中要存储相当大的能量，因此可用这种磁心作为直流滤波电感和反激变压器磁心。

可以通过改变颗粒尺寸或磁性材料与粘结剂比例，获得不同的有效磁导率。可以按磁心的磁导率分类制造，通常磁粉心的有效磁导率为 14～550 不等。

在金属磁粉心中，用有效磁导率 μ_e 来表示其磁导率，其非线性特性是不可避免的，除非限制磁感应强度远小于 B_s。当希望电感随直流激励变化而变化时，可以利用 μ_e 的非线性做成非线性电感。

此外，磁粉心的磁导率是由加工过程决定的，而不是可调整的分布气隙，所以磁粉心材料磁导率通常是不连续的。由于磁粉心材料比铁氧体材料的饱和磁感应强度高，并且磁导率更小，因此磁粉心材料储存能量的能力比加气隙的铁氧体材料更强。对于储能电感元件，采用磁粉心设计时可用体积较小的磁粉心，有效降低磁心损耗，并减小体积、质量。

与开气隙的铁氧体电感相比，分布气隙还具有消除磁路突然断续的优点。由于辐射磁场更均匀，较好地解决了铁氧体会在气隙处产生局部过热的现象。

1. 磁粉心的基本特点

在电力电子装置中用到磁粉心材料，其特性、成本、体积等是选择磁粉心材料时需要考虑的，以美磁公司（Magnetics）的磁粉心为例，比较磁粉心的基本特点，见表 7-4。

表 7-4　磁粉心的基本特点

名　称	MPP 钼坡莫	High Flux 高通	Kool Mμ 铁硅铝	铁硅 XF$_{LUX}$
磁导率	14～550	14～160	26～125	60
磁心损耗	最低	中等	低	高
磁导率—直流偏置特性	更好	最好	好	最好
温度稳定性	最好	非常好	非常好	好
温度等级	可在 200℃ 下连续工作	可在 200℃ 下连续工作	可在 200℃ 下连续工作	可在 200℃ 下连续工作
饱和特性	软饱和	软饱和	软饱和	软饱和
镍含量	81%	50%	0	0
相对成本	高	中等	低	低

2. 电感系数和电感计算

用磁粉心做电感时的电感量计算公式如下：

$$L = \frac{\mu_r \mu_0 N^2 A_e}{l_e} \times 10^{-2} = \frac{4\pi \times 10^{-7} \mu_r N^2 A_e}{l_e} \times 10^{-2} = \frac{0.4\pi \mu_r N^2 A_e}{l_e \times 10^8} \qquad (7\text{-}46)$$

式中，L 为电感（H）；μ_r 为磁心的相对磁导率；N 为线圈匝数；A_e 为磁心有效截面积（cm^2）；l_e 为磁心磁路长度（cm）。

生产厂家经常提供用 1000 匝线圈绕在环形磁心上的电感量，称为电感系数 A_1，单位为 H/1000 匝，则当绕 N 匝时的电感量 L_N（H）与电感系数的关系为

$$L_N = N^2 A_L \times 10^{-6} \qquad (7\text{-}47)$$

3. 磁粉心类别

（1）钼坡莫合金磁粉心（MPP） 在所有磁粉心中，MPP 电阻率最高，损耗最低，是铁氧体的 3 倍左右，比损耗约 $100mW/cm^3$；饱和磁感应强度在磁粉心材料中最低，0.75T 左右；因为镍含量高，价格昂贵；磁导率的温度稳定性高，居里温度可达 460℃，密度为 $8.0g/cm^3$，热膨胀系数为 $12.9 \times 10^{-6}/℃$，受直流偏磁的影响小；相对磁导率为 14 ~ 550 不等。

MPP 的电感设计时，先根据电感量和流过电感的电流计算 LI^2，再查阅 MPP 选择曲线，选择对应的磁心牌号，磁心牌号选好后再进一步计算。

MPP 的磁导率受诸多因素影响，主要受温度、直流偏磁、交流磁感应强度和频率等影响，设计时必须考虑这些因素。MPP 的特性曲线有标准磁化特性曲线、MPP 磁导率随温度变化曲线、MPP 磁导率随直流偏磁变化曲线、MPP 磁导率与交流磁感应强度的关系曲线及 MPP 磁导率随频率变化的关系曲线等。MPP 的电感设计涉及根据电路参数选取磁心材质和磁心牌号，计算匝数、功耗、直流偏置下磁导率的变化对电感的影响，以及导线计算等。MPP 适合用于扼流圈、转换器、EMI/RFI 滤波器、逆变器及功率因数校正器等。

（2）高通磁粉心 高通磁粉心是所有磁性材料中具有最高磁通的粉末合金材料，所以称为高通磁粉心。相对磁导率为 14 ~ 160，饱和磁感应强度约为 1.5T。高通磁粉心在高功率、高直流偏置或者高频交流情况下都可以工作。高通磁粉心有 1.5T 的饱和磁感应强度，标准的 MPP 有 0.75T，铁氧体只有 0.35T。高通磁粉心适合做输出滤波电感、脉冲变压器、开关稳压器及逆变器的磁心等。

高通磁粉心的选择方法与 MPP 类似，首先计算电感的 LI^2 值，然后查表选择相应的磁心牌号，绕组系数一般选 25% ~ 40%。如果要增加电感容量 LI^2，对于一个给定尺寸的磁心，也可以采用多个磁心并联的办法。高通磁粉心的磁导率受诸多因素影响，主要受温度、直流偏磁、交流磁感应强度和频率等影响，设计时必须考虑这些因素。

（3）铁硅铝磁粉心 铁硅铝合金的磁滞伸缩系数和磁各向异性常数几乎同时趋近于零，并具有高磁导率和低矫顽力。铁硅铝磁粉心的市售名称 Arnold 公司为 MSS，Magnetics 公司为 Kool Mμ。其化学组成为铝 6%、硅 9% 和铁 85%；损耗较低，材质硬，相对磁导率为 26、40、60、75、90 和 125。饱和磁感应强度约为 1.05T，由于其磁滞伸缩系数接近于零，消除了其用于滤波电感时的可听频率噪声，直流偏磁能力高，损耗比铁粉心低得多。

（4）铁硅合金磁粉心 铁硅合金（XF_{lux}）也是分布式气隙磁粉心，含硅 6.5%，不含镍，价格低廉。饱和磁感应强度为 1.6T，典型磁心损耗 $P_V = 650mW/cm^3$（50kHz，100mT），居里温度为 700℃，工作温度范围为 -30 ~ 220℃，直流偏置 80%（60A/cm）和 50%（120A/cm），相对磁导率为 60。在高温条件下不会出现热老化现象。损耗比铁粉心低，

具有优异的直流偏置能力。XF_{lux}磁粉心的软饱和特性明显优于铁粉心，是峰值负载要求极高的低、中频扼流圈应用的最佳选择。主要应用有逆变器、功率因数校正器和不间断电源设备（UPS）。

（5）铁粉心　铁粉心材料初始磁导率低，饱和磁感应强度最大约为1600mT，价格低。但损耗是粉心材料中最大的一种，大约是铁氧体损耗的65倍，超过$2000mW/cm^3$。

开关电源中磁性元件工作频率高，铁粉心损耗最大。铁粉心很少应用，是磁粉心中最差的。铁硅铝较好，钼坡莫合金最好，但价格最高。在滤波电感或连续模式反激变压器中（这里将电感能量存储在磁心内的非磁区域），如果电流变化量ΔI或磁感应强度摆幅ΔB足够小，允许损耗低到可接受的情况下，可以使用这些复合材料磁心。铁镍和钼坡莫合金磁粉心一般用于军工或重要的储能元件。但应当注意到磁粉心的磁导率随着磁心的磁场强度变化较大，如果这种电感量变化对电源系统质量造成影响较大时，应当慎用。在开关电源中常用于EMC滤波电感。

7.4　磁心的工作状态

在电力电子装置中，需要用到多种磁性元件：EMC滤波器、功率变压器、驱动变压器、直流滤波电感、电流互感器、谐振电感和缓冲吸收电感等。磁心工作状态主要分为3类，如图7-25所示，具有代表性的Buck变换器滤波电感、正激变压器、推挽变压器的磁性元件磁心分别属于这3类工作状态。

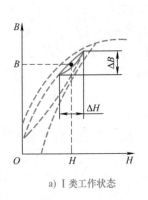 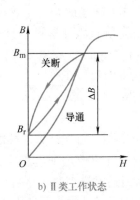 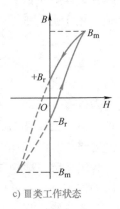

a) I类工作状态　　　　　b) II类工作状态　　　　　c) III类工作状态

图7-25　磁心的工作状态

1. I类工作状态

在电感电流连续模式的Buck变换器、Boost变换器及反激变换器中，电感电流是一个脉动分量叠加一个很大的直流分量，对应磁心中一个交变磁通分量叠加在一个直流偏磁上，如图7-25a所示。

2. II类工作状态

这类磁心工作状态与滤波电感磁心相似，都是单向磁化。不同之处在于磁心从零磁场强度单方向磁化到磁感应强度最大值；然后磁心恢复到零磁场强度对应的磁感应强度值（剩磁）。如果不能回到磁心初始磁化值，磁心将逐渐磁化到饱和磁感应强度B_s，磁心工作磁化曲线如图 7-25b 所示。属于这类磁心工作状态的除了正激变换器的功率变压器外，还有直流滤波电感断续工作模式、反激变换器断续工作模式、脉冲驱动变压器和直流脉冲电流互感器等。

3. Ⅲ类工作状态

这类工作状态对应变压器有双向励磁电流情况，例如全桥变换器（见图 2-28），当 VF_1、VF_4 导通时，磁心从 $-B_m$ 向 $+B_m$ 磁化；当 VF_2、VF_3 导通时，磁心从 $+B_m$ 向 $-B_m$ 磁化，磁心双向交变磁化，如图 7-25c 所示。属于这种工作状态的有推挽变换器、半桥变换器、全桥变换器和交流滤波电感等。尽管这些变换器中变压器磁心工作状态是双向磁化的，但因电路拓扑结构不同，磁心的工作状态会有些区别，需要具体拓扑具体分析，这里不再详述。

7.5　高频变压器设计

电力电子装置磁性元件的设计原则是保证寿命的情况下体积重量最小，成本最低，漏磁（漏感）最少。正确合理地选择磁心牌号，计算线圈尺寸，设计线圈结构与绝缘及减小高频损耗等都是设计中的重点内容。设计磁性元件不能离开电路结构，由于应用的场合不同，磁心的工作状态不同，选择方法也不同。设计变压器时，应当预先知道电路拓扑、工作频率、输入和输出电压、输出功率或输出电流及环境条件，同时还应知道所设计的变压器允许多大损耗。总是以能满足最坏情况设计变压器，以保证设计的变压器在规定的任何情况下都能可靠工作。

7.5.1　磁心结构

电力电子装置中的磁性元件有主功率变压器、辅助源变压器、EMI 滤波器、直流滤波电感、电流互感器、谐振电感和 PFC 电感等，根据应用要求不同，应合理地选择磁心。图 7-26 为常见 EE 型磁心和 PQ 型磁心结构。为了加工制作方便，将变压器磁心分成两部分，在磁心骨架上绕制绕组，然后将磁心两部分扣入骨架，在两部分接合处点胶固定。若需要气隙，可在磁心中柱打磨出需要的气隙长度或在磁心接合处加垫绝缘物薄片而得到。

a) EE型磁心　　　　　　b) PQ型磁心

图 7-26　常见变压器磁心结构

7.5.2 最大磁感应强度的选择

利用法拉第电磁感应定律可以得到变压器一次绕组匝数为

$$N_1 = \frac{UT_{\text{on}}}{A_e \Delta B} \tag{7-48}$$

式中，U 为一次绕组上的电压；T_{on} 为开关导通时间；A_e 为磁心的有效截面积；ΔB 为磁感应强度摆幅，最大磁感应强度 B_m 越大，磁感应强度摆幅 ΔB 也越大，一次绕组的匝数 N_1 越少，可允许的绕线尺寸就越大，因此磁心处理功率的能力就越大。

磁性元件的失效是电气绝缘系统遭到破坏，也即损耗导致温度升高，超过绝缘材料的限值。磁心的最大磁感应强度选取受到磁心损耗及由磁心损耗带来的温度升高的限制。

多数铁氧体材料的磁心损耗与最大磁感应强度的 2.7 次方成正比，在频率很高的情况下，最大磁感应强度取值不能太大，否则损耗会急剧增加。多数铁氧体在频率低于 25kHz 时磁心损耗都很小，在这种频率下最大磁感应强度可以不考虑磁心损耗的影响。因此工作频率很低时，最大磁感应强度可以达到磁滞回线包围面积区域的顶部。应确保磁心不能进入饱和区域，否则一次电流将失去控制变得很大，损坏变压器回路中的开关管。同时，铁氧体磁心损耗大约与开关频率 f 的 1.7 次方成正比。工作频率很高时，试图提高最大磁感应强度来减小绕组匝数的话，反而会导致更大的损耗，从而带来过高的温升。

当频率高于 50kHz 时，必须采用低损耗的磁心材料，或者适当减小最大磁感应强度。当然磁感应强度减小了，一次匝数就会增加。如果磁心骨架上的绕组面积相同，就必须减小绕线尺寸，这样一次、二次电流将减小，输出功率也将减小。因此，工作频率在 50kHz 以上时需要使用损耗最小的磁心材料，并选择较低的最大磁感应强度，以保证把磁心损耗和铜损所带来的温升控制在允许的范围内。

虽然在低频时选择峰值磁感应强度不用考虑磁心损耗的影响，但是也不能为了减少一次绕组匝数而选取过高的最大磁感应强度。例如，大部分铁氧体材料磁滞回线上线性部分的最大值大约为 0.2T，如果磁感应强度超出这个范围，功率开关管导通阶段结束的时刻励磁电流将会增大，进而增加线圈损耗和开关管导通损耗。对大多数铁氧体来说，在计算一次绕组匝数的时候取最大磁感应强度为 0.2T 是有风险的。因为当电网电压或负载跳变时，如果反馈误差放大器响应速度不够快，在几个开关周期内无法调节过来，那么最大磁感应强度将会达到饱和值（通常 100℃ 时，磁感应强度大于 0.3T，磁心饱和）并且损坏功率开关管。

因此在后面的设计实例中，铁氧体材料选择最大磁感应强度为 0.16T 左右。在高频时，如果采用的磁心材料功率损耗仍然超出期望的范围，那么还需要继续减小最大磁感应强度。

7.5.3 高频变压器设计方法（AP 法）

高频变压器设计最常用两种方法：第一种是先求出磁心窗口面积 A_w 与磁心有效截面积 A_e 的乘积 $A_e A_w$，即 AP 值，根据 AP 值查表找出所需要磁心的型号；第二种方法是先求出几何参数，查表找出磁心型号，再进行设计。前者称为 AP 法，后者为 KG 法。本节主要介绍工程设计中最为常用的 AP 法。

变压器一次绕组匝数 N_1，二次绕组匝数 N_2，一次绕组上的电压为 U_1，工作在开关状态，根据法拉第电磁感应定律有

$$U_1 = k_{\mathrm{f}} f N_1 B A_{\mathrm{e}} \tag{7-49}$$

式中，f 为开关工作频率；B 为工作磁感应强度；A_{e} 为磁心有效截面积；k_{f} 为波形系数，即有效值与平均值之比，正弦波为 4.44，方波为 4。因此

$$N_1 = \frac{U_1}{k_{\mathrm{f}} f B A_{\mathrm{e}}} \tag{7-50}$$

磁心的窗口面积乘以窗口的利用系数为磁心的有效面积，该面积为一次绕组占据窗口面积与二次绕组占据窗口面积之和，即

$$k_{\mathrm{w}} A_{\mathrm{w}} = N_1 A_{\mathrm{1t}} + N_2 A_{\mathrm{2t}} \tag{7-51}$$

式中，k_{w} 为窗口利用系数；A_{w} 为磁心窗口面积；A_{1t} 为一次绕组每匝所占面积；A_{2t} 为二次绕组每匝所占面积。

每匝所占面积与流过该匝的电流值和电流密度 j 有关，则有

$$A_{\mathrm{1t}} = \frac{I_1}{j} \tag{7-52}$$

$$A_{\mathrm{2t}} = \frac{I_2}{j} \tag{7-53}$$

整理式(7-50)~式(7-53) 得

$$k_{\mathrm{w}} A_{\mathrm{w}} = \frac{U_1}{k_{\mathrm{f}} f B A_{\mathrm{e}}} \cdot \frac{I_1}{j} + \frac{U_2}{k_{\mathrm{f}} f B A_{\mathrm{e}}} \cdot \frac{I_2}{j} \tag{7-54}$$

则

$$A_{\mathrm{e}} A_{\mathrm{w}} = \frac{U_1 I_1 + U_2 I_2}{k_{\mathrm{f}} k_{\mathrm{w}} j f B} \tag{7-55}$$

$A_{\mathrm{e}} A_{\mathrm{w}}$ 即变压器磁心窗口面积与磁心有效截面积的乘积，即 AP 值。$P_{\mathrm{T}} = U_1 I_1 + U_2 I_2$ 为变压器的容量。

式(7-55) 表明，工作磁感应强度 B、开关频率 f、窗口利用系数 k_{w}、波形系数 k_{f} 和电流密度 j 都影响 AP 值。而且电流密度 j 的选取直接影响变压器的温升，也影响 $A_{\mathrm{e}} A_{\mathrm{w}}$。

磁心的选择就是选择合适的 AP 值，使磁心处理的功率为 P_{T} 时，变压器的损耗以及损耗引起的温升在规定的范围内。

k_{w} 主要与线径、绕组数有关。磁心的窗口利用系数即磁心窗口中铜面积与磁心窗口面积之比。窗口中除了一次侧和二次侧所有绕组外还有绝缘层、所有的 RFI 或静电屏蔽层及空域的间隙。

7.5.4　高频变压器设计举例

【例 7-1】 图 7-27a 所示为一推挽拓扑电路，需要设计推挽拓扑的变压器，设计技术要求如下：输出功率 $P_{\mathrm{o}} = 300\mathrm{W}$，输入电压范围为 10.4~16V，输出电压/电流为 275V/1.09A，开关频率为 50kHz，最大损耗为 3.5W，最大温升为 44℃，极限占空比为 0.97，自然冷却。

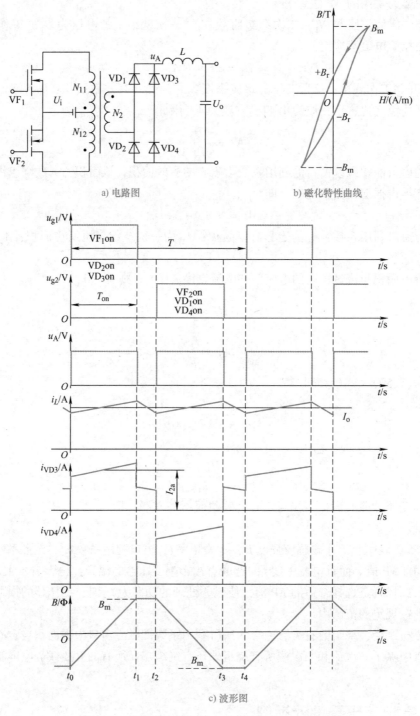

a) 电路图　　　　　　b) 磁化特性曲线

c) 波形图

图 7-27　推挽变换器电路、磁化特性曲线及波形图

1. 推挽变换器输出功率公式推导

图 7-27 所示为推挽变换器电路、磁化特性曲线及波形图，设效率 $\eta = 0.9$，最大占空比 $D_m = 0.45 \times 2 = 0.9$，在推挽电路中，在输入电压为最小值 U_{imin} 时，每个开关管在其半周期

内的占空比最大为 $D = D_m/2 = 0.45$，每个周期内有两个脉冲，所以整个周期内从电源获得电流的占空比为 0.9。同时一次电流的中值 I_{1a} 与有效值 I_1 的关系为

$$I_{1a} = \frac{I_1}{\sqrt{D}} = \frac{I_1}{\sqrt{0.45}} \approx 1.5\,I_1 \tag{7-56}$$

因此有 $\qquad P_o = \eta\,P_i = \eta\,D_m U_{imin} I_{1a} = 0.9 \times 0.9 \times 1.5\,U_{imin} I_1 = 1.22\,U_{imin} I_1 \tag{7-57}$

假定磁心窗口的 $k_w = 0.4$，一次绕组和二次绕组电流密度相同，一次绕组和二次绕组各占骨架窗口一半。一次侧有两个绕组，一次绕组的总面积为 A_1，由绕组 N_{11} 和 N_{12} 组成，且 $N_1 = N_{11} = N_{12}$，每匝线圈的面积为 A_{1t}，则

$$A_1 = \frac{k_w A_w}{2} = \frac{0.4\,A_w}{2} = 0.2\,A_w = 2\,N_1 A_{1t}$$

则 $\qquad\qquad\qquad\qquad A_{1t} = \frac{0.1\,A_w}{N_1} \tag{7-58}$

由式（7-48）得

$$U_{imin} = N_1 \frac{\Delta B\,A_e}{T_{on}} = N_1 \frac{2 B_m A_e}{0.45 T} = 4.44\,N_1 f A_e B_m \tag{7-59}$$

考虑到 $I_1 = j A_{1t} = 0.1 j A_w / N_1$，得

$$P_o = 1.22\,U_{imin} I_1 = \frac{1.22 \times 4.44 f A_e B_m\,j \times 0.1\,A_w \times 10^{-4} \times N_1}{N_1} = 5.42 j f A_e A_w B_m \times 10^{-5} \tag{7-60}$$

式中，A_e 为磁心有效面积（cm^2），取电流密度 $j = 400 A/cm^2$，面积乘积为

$$A_e A_w = \frac{P_o}{5.42 \times 400 \times 10^{-5} f B_m} \approx \frac{46.1\,P_o}{f B_m} \tag{7-61}$$

其中，长度单位为 cm；磁感应强度的单位为 T；功率单位为 W；频率单位为 Hz；AP 值单位为 cm^4。

2. 选择磁心

采用自然冷却方式时，取单位磁心损耗为 $100 mW/cm^3$，选择磁心材质为 TDK 的 H7C4。由该磁心的规格书得到磁心单位体积损耗为 $100 mW/cm^3$，频率为 50kHz，对应 $B_m = 0.16T$，将以上参数代入式（7-61）得

$$A_e A_w = \frac{P_o}{5.42 \times 400 \times 10^{-5} f B_m} \approx \frac{46.1 \times 300}{50000 \times 0.16} cm^4 = 1.73 cm^4$$

选择 PQ3230，尺寸如图 7-28 所示，取 $A_e = A_{emin} = 142 mm^2$。

磁心的 AP 值为

$$A_e A_w = 1.42 cm^2 \times 1.49 cm^2 = 2.12\ cm^4 > 1.73\ cm^4$$

本设计中二次侧是单线圈，故可以选择较小的 AP，没有经验的设计员应按 AP 计算值选一个尺寸磁心，然后根据选择的磁心计算线圈和损耗，校核温升是否在允许范围。有经验的设计师，可直接根据经验选择磁心。

3. 计算一次绕组匝数

极限占空比为 0.97，可选择最低输入电压时最大占空比为 0.9，设功率管最高温度下的

电压降为 0.6V，取 $B_m = 0.2$T，一次绕组匝数为

$$N_1 = \frac{D_m U'_{imin}}{4f B_m A_e} = \frac{0.9 \times (10.4 - 0.6)}{4 \times 50 \times 10^3 \times 0.2 \times 1.42 \times 10^{-4}} \text{匝} = 1.55 \text{ 匝}$$

取一次绕组匝数为 2 匝，由上式计算得实际 $B_m = 0.16$T。

4. 计算匝数比和二次绕组匝数

$$n = \frac{U'_{imin} D_m}{U_{omin}} = \frac{(10.4 - 0.6)\text{V} \times 0.9}{275\text{V}} = 0.032$$

$$N_2 = \frac{N_1}{n} = \frac{2}{0.032} = 62.5 \text{ 匝}$$

取 $N_2 = 62$ 匝。二次绕组选取匝数与计算值相差不大，对占空比影响很小，不再修正占空比。如果相差大，应当核算占空比。

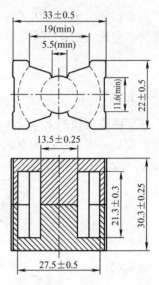

图 7-28   PQ3230 磁心尺寸参数

5. 计算一次绕组导线尺寸

输入平均电流为

$$I_i = \frac{P_o}{\eta U_{imin}} = \frac{300\text{W}}{0.9 \times (10.4 - 0.6)\text{V}} = 34\text{A}$$

输入电压越低，功率管电压降对效率影响越大，假定效率为 90%，如果实际效率可大于 90%，一次电流减小，则以下的计算有足够的裕量，导线截面积可以小些。最大占空比 $D_m = 0.90$。

一次电流有效值为 $I_1 = I_i \sqrt{\frac{D_m}{2}} = 34\text{A} \times \sqrt{\frac{0.90}{2}} = 22.8\text{A}$

取电流密度 $j = 4\text{A}/\text{mm}^2$，一次绕组导线截面积为 $A_{1Cu} = \frac{I_1}{j} = \frac{22.8}{4}\text{mm}^2 = 5.7 \text{ mm}^2$

PQ3230 窗口宽度 $b_w = 2.13$cm，一次侧采用铜带绕制，为了满足一、二次侧爬电距离的要求，将铜带用绝缘胶带反包方式，设可绕导线宽度为 $b'_w = 2.0$cm，铜带厚度为

$$\delta = \frac{A_{1Cu}}{b'_w} = \frac{5.7\text{mm}^2}{20\text{mm}} = 0.285\text{mm}$$

选择 $\delta = 0.5$mm 厚的铜带，以减小直流电阻。实际导线截面积为 $A_{1Cu} = 20\text{mm} \times 0.5\text{mm} = 10\text{mm}^2$，开关频率为 50kHz、100℃时，铜导线的趋肤深度为

$$\Delta = \frac{7.65}{\sqrt{f}} = \frac{7.65}{\sqrt{50 \times 10^3}} = 0.34\text{mm} > 0.285\text{mm}$$

注：7.65 为 100℃时铜导线趋肤深度计算参数。

6. 计算二次电流和导线尺寸

$$I_o = \frac{P_o}{U_o} = \frac{300\text{W}}{275\text{V}} = 1.09\text{A}$$

采用桥式整流电路，二次电流为矩形波，最大占空比时电流有效值为

$$I_2 = I_o \sqrt{D} = 1.09\text{A} \times \sqrt{0.9} = 1.04\text{A}$$

电流密度为 $j = 4\text{A}/\text{mm}^2$，二次绕组导线截面积为

$$A_{2\mathrm{Cu}} = \frac{1.04}{4}\mathrm{mm}^2 = 0.26\mathrm{mm}^2$$

选择 36 股裸直径为 0.1mm 的漆包线，其截面积为 $A_{2\mathrm{Cu}} = 36 \times \pi \times \left(\frac{0.1}{2}\right)^2 \mathrm{mm}^2 = 0.2827\mathrm{mm}^2$，裸直径为 0.1mm 的漆包线带漆皮外径为 0.13mm，所以漆包线的外径为 $6 \times 0.13\mathrm{mm} = 0.78\mathrm{mm}$。

7. 窗口填充系数校验

$$k_{\mathrm{w}} = \frac{A_{1\mathrm{Cu}}N_1 \times 2 + A_{2\mathrm{Cu}}N_2}{A_{\mathrm{w}}} = \frac{0.5 \times 20 \times 2 \times 2 + 0.2827 \times 62}{149} = 0.386 < 0.4$$

上述通过实例说明了 AP 法设计变压器的计算过程，实际工程设计中，通常做法是根据 AP 法计算初步选定磁心型号（材质可根据效率要求和价格折中考虑），然后计算一、二次绕组匝数和线径，根据计算结果结合安全规定要求的一、二次侧绝缘及爬电距离，初步绕制变压器，若所选磁心绕制绕组没有问题（若放置绕组困难，可重新选大一号的磁心或改变开关频率进行重新计算），测试变压器温升也满足要求，则变压器设计初步完成。实际上，变压器设计过程是根据产品体积和效率要求逐步优化的过程。

7.6　电感设计

电力电子装置中的输出直流滤波器、连续型的 Buck - Boost 变换器"变压器"、Boost 升压电感和反激变压器都是"功率电感"家族的成员。它们的功能是从源取得能量，存储在磁场中，然后将这些能量（减去损耗）部分或全部传输到负载。反激变压器实际上是一个多绕组的耦合电感，与变压器不同的是，变压器不希望存储能量，而反激变压器首先要存储能量，再将磁能转化为电能传输出去。耦合滤波电感不同于反激变压器，耦合滤波电感储能时同时释放能量。

为了达到减少匝数和铜损耗的要求，最理想的磁心材料应该具有高的磁导率和小的磁损耗。但在电感的设计中，大直流电流流经电感元件及实际中所用磁性材料的有限饱和磁感应强度，不得不选用低磁导率材料和在磁心中引入气隙。然而，由于过低的有效磁导率，就需要更多的匝数绕组来达到所需的电感值。

因此在电感设计时为了能通过一个较大的直流电流，必须同时兼顾低铜损和高效率两个方面。下面以常见的直流滤波电感设计为例分析电感的设计方法。

7.6.1　直流滤波电感的限制条件

根据变换器的效率将损耗分配到直流滤波电感，限制了磁心和线圈的选择，即电感的设计受到流过电感器的直流电流值（平均值）、纹波电流、直流铜耗和线圈交流损耗的限制，其中对纹波电流大小的要求可转化为对电感量的要求。电感设计时和变压器一样有两种方法，即 AP 法和 KG 法。设计直流电感时先分析电感所在电路中磁心的工作状态，然后确定磁心的最大磁感应强度和磁心损耗，再计算线圈的交直流损耗，确定电感的损耗和温升。

1. 最大磁感应强度 B_{m}

当电感线圈流过最大电流时，在磁心中得到一个最大磁感应强度 B_{m}，由于磁心饱和会导致电感量非常小，因此在工作范围内磁心中磁感应强度都要小于饱和磁感应强度 B_s。

图 7-29 所示为带气隙的电感，绕组匝数为 N，通有电流 i，气隙长度为 δ，气隙磁阻为 $R_{m\delta}$，磁心的截面积为 A_e，磁心中的磁感应强度为 B，则有

$$Ni = \Phi R_{m\delta} + \Phi R_{mc} \approx B A_e R_{m\delta} \tag{7-62}$$

一般 $R_{mc} \ll R_{m\delta}$，但电感中电流处于最大值 I_m 时，磁感应强度也处于最大值 B_m，则

$$I_m = \frac{B_m A_e R_{m\delta}}{N} = \frac{B_m \delta}{N \mu_0} \tag{7-63}$$

这是电感设计的第 1 个限制条件，即 $B_m < B_s$，但绕组匝数 N、磁心有效截面积 A_e 和气隙长度 δ 均未知。

2. 电感值

电路中滤波电感的值是由电路形式和技术指标确定的，一旦电感量 L 给定后，带有气隙的磁心如果气隙边缘磁通忽略不计，电感量与绕组匝数 N、磁心有效截面积 A_e 和气隙长度 δ 的关系为

$$L = \frac{N^2}{R_{m\delta}} = \frac{\mu_0 A_e N^2}{\delta} \tag{7-64}$$

这是第 2 个设计限制条件，此时绕组匝数 N、磁心有效截面积 A_e 和气隙长度 δ 均未知。

3. 绕组截面积

图 7-29 所示是一个磁心窗口，电感线圈要穿过磁心窗口。设每匝绕组导体的截面积为 A_{Cu}，绕组匝数为 N，则磁心窗口内 N 匝导体的截面积为 $A_{NCu} = NA_{Cu}$。

如果磁心窗口面积为 A_w，则绕组导体的总截面积可表示为 $A_{NCu} = NA_{Cu} = k_w A_w$，其中 k_w 为磁心窗口的填充系数，或叫利用系数，所以第 3 个设计条件可以表示为

$$k_w A_w \geq A_{NCu} = NA_{Cu} \tag{7-65}$$

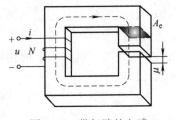

图 7-29　带气隙的电感

这是第 3 个设计限制，磁心窗口填充系数 k_w 表示磁心窗口用来填充铜导体部分的大小，其范围为 $0 < k_w < 1$，通常取值范围为 $0.25 \sim 0.55$。影响 k_w 的因素主要是磁心窗口的形状、导线的粗细、导线绝缘层的厚度、骨架的大小和形状等。例如，环形磁心不可能绕满整个窗口的面积，因为需要预留一定空间给绕线工具穿过，导线不可能绕制得非常整齐，导线本身有绝缘部分截面积，绝缘层常有两层、三层和四层等，相应的截面积也各不相同，导线有粗细，特别是多股细线绞合而成的绞线其绝缘部分可以占绕组面积的 50% 以上，窗口填充系数更低。

4. 绕组电阻

绕组电阻包括直流电阻和交流电阻。

7.6.2　电感计算方法

1. 气隙磁心电感的计算

高频时除考虑低频直流电阻 R_{dc} 外，还需要考虑交流电阻 R_{ac}，线圈中流过的电流分为直流分量 I_{dc} 和交流分量 I_{ac}，需分别考虑，线圈的铜耗为 P_{Cu}，则

$$P_{\text{Cu}} = I_{\text{dc}}^2 R_{\text{dc}} + I_{\text{ac}}^2 R_{\text{ac}} \qquad (7\text{-}66)$$

电感的损耗是由电力电子装置根据要求的效率和输出的功率对各发热元件的功耗估计和分配的，损耗引起电感温升，绝缘材料限制了电感的温升。

磁心磁阻 R_{mc} 和气隙磁阻 $R_{\text{m}\delta}$ 分别为

$$R_{\text{mc}} = \frac{l_{\text{e}}}{\mu A_{\text{e}}}, \quad R_{\text{m}\delta} = \frac{\delta}{\mu_0 A_{\text{e}}}$$

式中，l_{e} 为磁心磁路长度；A_{e} 为磁心的有效截面积；μ 为磁心磁导率；δ 为气隙长度。若忽略气隙边缘效应，则磁心截面积和气隙截面积相等，则

$$Ni = H_{\text{c}} l_{\text{e}} + H_{\delta} \delta = \Phi R_{\text{mc}} + \Phi R_{\text{m}\delta} \qquad (7\text{-}67)$$

式中，H_{c} 为磁心磁场强度；H_{δ} 为气隙磁场强度。

通常 $R_{\text{mc}} \ll R_{\text{m}\delta}$，则（7-67）可以近似为 $Ni = \Phi R_{\text{m}\delta}$。

带有气隙的磁心的磁路通常都是较高磁导率（$\mu_{\text{r}} = 3000 \sim 100000$）的磁性材料和小的非磁间隙（$\mu_{\text{r}} = 1$）串联组成。磁性材料的磁阻比气隙磁阻小得多，通常在计算时忽略不计。则电感量（单位：H）为

$$L = \frac{N^2}{R_{\text{m}\delta}} = \frac{\mu_0 A_{\text{e}} N^2}{\delta} \times 10^{-2} \qquad (7\text{-}68)$$

式中，长度单位为 cm；A_{e} 为磁心有效截面积（cm^2）；通常通过调整气隙尺寸调整电感量。

2. 磁粉心电感的计算

如果是磁粉心电感，磁导率通常为 $\mu_{\text{r}} = 10 \sim 500$，可等效为高磁导率材料磁心与一个不同长度的气隙串联，这里总气隙不能测量。

$$L = \frac{\alpha N^2}{R_{\text{m}}} = \alpha \frac{\mu_0 \mu_{\text{r}} N^2 A_{\text{e}}}{l_{\text{e}}} \times 10^{-2} \qquad (7\text{-}69)$$

式中，长度单位为 cm；α 是磁粉心相对磁导率 μ_{r} 随着直流偏置加大而下降的百分比，根据直流偏置磁场和初始磁导率从手册的相关曲线上查得。

3. 利用电感系数计算电感

对于指定材料（μ_{r}）和规格（有效截面积和磁路长度）的磁心，在预留气隙和无气隙的铁氧体磁心或磁粉心手册中常常给出 1 匝或 100 匝或 1000 匝的电感量，称为电感系数 A_{L}。如果是以 1000 匝的电感量给出电感系数 A_{L}，则 N 匝的电感量（单位：H）为

$$L = N^2 A_{\text{L}} \times 10^{-6} \qquad (7\text{-}70)$$

式(7-70) 可方便地计算某材料和规格的磁心给定匝数的电感量，但该式不能决定电感器最佳气隙长度和最佳有效磁导率。在电感设计过程中，仍需要根据电路电流和电流变化量，求得需要的电感、最佳气隙长度 δ 或有效磁导率 μ_{e}，以获得用先前公式计算的电感。

7.6.3　AP 法初选电感磁心

用面积乘积法即 AP 法可以粗选变压器磁心，也可以用来粗选电感磁心，所不同的是电感有两类：一类是如平滑滤波电感的储能电感，磁心损耗不严重，因此磁心受到饱和磁感应强度的限制；另一类电感磁心的磁感应强度摆幅大，交流损耗严重，如断续模式的平滑电感、谐振电感等。设计时应区别对待，下面推导 AP 法的公式。

根据法拉第电磁感应定律有

$$L \frac{\mathrm{d}i}{\mathrm{d}t} = N \frac{\mathrm{d}\varPhi}{\mathrm{d}t} = N \frac{\mathrm{d}(B A_\mathrm{e})}{\mathrm{d}t}$$

将上式两边对时间 t 积分得

$$LI = NB A_\mathrm{e}$$

即

$$N = \frac{LI}{B A_\mathrm{e}}$$

上式变换得

$$A_\mathrm{e} = \frac{LI^2}{NBI} \tag{7-71}$$

考虑到电感器的安匝数是由有效铜窗口面积 $k_\mathrm{w} A_\mathrm{w}$ 中的电流决定的，有

$$A_\mathrm{w} = \frac{NI}{j \, k_\mathrm{w}} \tag{7-72}$$

式(7-71) 与式(7-72) 相乘得

$$A_\mathrm{e} A_\mathrm{w} = \frac{LI^2}{jB \, k_\mathrm{w}} \tag{7-73}$$

磁心窗口面积 A_w 与磁心截面积 A_e 的乘积即 AP 值，与可储能的值 LI^2 有关，是正比的关系，与工作磁感应强度 B、电流密度 j 和窗口利用系数 k_w 成反比关系。还可以说明在一定合理的参数下电流会产生损耗，引起温升，因此就有了按 AP 值设计电感的方法。其中电流密度还与 AP 值有关，定义电流密度系数为

$$k_\mathrm{j} = \frac{j}{(A_\mathrm{e} A_\mathrm{w})^x} \tag{7-74}$$

式中，k_j 为电流密度系数。将式(7-74) 代入式(7-73) 得

$$A_\mathrm{e} A_\mathrm{w} = \frac{LI^2}{B \, k_\mathrm{w} k_\mathrm{j} \, (A_\mathrm{e} A_\mathrm{w})^x}$$

化简得

$$A_\mathrm{e} A_\mathrm{w} = \left(\frac{LI^2}{B \, k_\mathrm{w} k_\mathrm{j}} \right)^{\frac{1}{1+x}} \tag{7-75}$$

式中，x 是与磁心结构有关的系数。

式(7-75) 中的磁感应强度 B 与流过电感中的电流密切相关，一般可以把直流电感中的电流看作直流分量 I_dc 叠加交流分量 ΔI，相应地，磁感应强度可看作直流分量 B_dc 叠加交流分量 B_ac，则磁感应强度为

$$B = B_\mathrm{dc} + B_\mathrm{ac} \tag{7-76}$$

可以推导，带气隙 δ 的磁心的磁感应强度（单位：T）为

$$B_\mathrm{dc} = \frac{0.4\pi N I_\mathrm{dc}}{\delta + \dfrac{l_\mathrm{e}}{\mu_\mathrm{r}}} \times 10^{-4} \tag{7-77}$$

$$B_\mathrm{ac} = \frac{0.4\pi N \left(\dfrac{\Delta I}{2} \right)}{\delta + \dfrac{l_\mathrm{e}}{\mu_\mathrm{r}}} \times 10^{-4} \tag{7-78}$$

则电感（单位：H）可表示为

$$L = \frac{0.4\pi N^2 A_{\mathrm{e}}}{\delta + \dfrac{l_{\mathrm{e}}}{\mu_{\mathrm{r}}}} \times 10^{-8} \tag{7-79}$$

若 $\delta \gg \dfrac{l_{\mathrm{e}}}{\mu_{\mathrm{r}}}$，则

$$L = \frac{0.4\pi N^2 A_{\mathrm{e}}}{\delta} \times 10^{-8} \tag{7-80}$$

式(7-77)~式(7-80)中，长度单位为 cm；A_{e} 单位为 cm^2；没有考虑气隙边缘问题。

1）如磁心损耗不严重，饱和限制磁心的最大磁感应强度 B_{m}，式(7-75)中的 B 用 B_{m} 代入。考虑到电感中流过的最大峰值短路电流 I_{sp} 和满载时电流有效值 I_{FL}，用 $I_{\mathrm{sp}}I_{\mathrm{FL}}$ 代替 I^2 时，计算的 AP 值如果能满足要求，则任何情况都能满足要求。式(7-75)中的 x 与磁心的结构形状有关，保守地取 $-1/4$，则面积乘积（单位：cm^4）经验公式为

$$A_{\mathrm{w}}A_{\mathrm{e}} = \left(\frac{L I_{\mathrm{sp}}}{B_{\mathrm{m}}} \cdot \frac{I_{\mathrm{FL}}}{K_1}\right)^{\frac{4}{3}} \tag{7-81}$$

2）磁心交流损耗严重时，损耗限制磁通密度摆幅，则式(7-75)中的电流用 $\Delta I I_{\mathrm{FL}}$ 替代 I^2，分母 B 用最大磁感应强度摆幅 ΔB_{m} 代入，则面积乘积（单位：cm^4）经验公式为

$$A_{\mathrm{w}}A_{\mathrm{e}} = \left(\frac{L\Delta I}{\Delta B_{\mathrm{m}}} \cdot \frac{I_{\mathrm{FL}}}{K_2}\right)^{\frac{4}{3}} \tag{7-82}$$

式中，L 为电感（H）；I_{sp} 为电感中最大峰值短路电流（A）；B_{m} 为饱和限制的最大磁感应强度（T）；ΔI 为电感中电流的变化量（A）；ΔB_{m} 为最大磁感应强度摆幅（T）；I_{FL} 为满载时电感中电流有效值（A）；式中的系数

$$K_1 \text{ 或 } K_2 = k_{\mathrm{j}}k_{\mathrm{w}} \times 10^{-4} \tag{7-83}$$

式中，k_{j} 为电流密度系数；k_{w} 为绕组窗口面积的利用系数；10^{-4} 为由米变换为厘米的换算系数。如果是单线圈电感，一次绕组就是整个线圈绕组。

例如，对于单线圈电感，k_{w} 是总铜面积与窗口面积之比 $A_{\mathrm{NCu}}/A_{\mathrm{w}}$；对于反激变压器，$k_{\mathrm{w}}$ 是一次绕组铜面积与总窗口面积之比。K_1、K_2 及 k_{w} 的值见表 7-5。

表 7-5 K_1、K_2 和 k_{w} 系数表

序 号	名 称	K_1	K_2	k_{w}
1	单线圈电感	0.0300	0.0210	0.70
2	多线圈滤波电感	0.0270	0.0190	0.65
3	Buck/Boost 电感	0.0130	0.0090	0.30
4	反激变压器	0.0085	0.0060	0.20

表 7-5 中：

1）假定线圈损耗比磁心损耗大得多，在饱和限制下式(7-81)中，K_1 是根据自然冷却的情况下电流密度取 $j = 420\mathrm{A/cm}^2$ 时的经验值。

2）假定磁心损耗和线圈损耗近似相等，在式(7-82)中，损耗决定最大磁感应强度摆

幅。所以，线圈损耗是总损耗一半，将电流密度减少到 $297\mathrm{A/cm^2}$（$420\mathrm{A/cm^2} \times 0.707$）取值，则 $K_2 = 0.707K_1$。

在式(7-81)和式(7-82)中，假定都采用限制高频趋肤效应技术，则线圈增加的高频损耗小于总线圈损耗的 1/3。

强迫冷却允许高损耗（但效率降低）。K_1 或 K_2 值因电流密度提高而增大，使 AP 值下降。

由于磁心是通过表面进行散热的，面积乘积公式的 4/3 次方表示磁心尺寸增加，磁心和线圈（产生损耗）体积增加大于表面积的增加，因此磁心大的功率密度降低。

对于磁心损耗限制的情况，式(7-82) 中 ΔB_m 是假定磁心损耗密度为 $100\mathrm{mW/cm^3}$ 的近似值——自然冷却时的典型最大值。因损耗是在对称磁化时求得的。对于单向磁化，应将得到的磁感应强度值乘以 2 作为工作磁感应强度，但如果加倍后磁感应强度大于高温饱和磁感应强度，则应按饱和磁感应强度选取。如果单位是高斯，ΔB_m 除以 10^4，单位变换为 T。

如果电感工作在电流连续模式，气隙磁阻远大于磁导体总磁阻，那么磁心的非线性就被气隙的线性"湮没"了。因此在饱和磁感应强度以下，有效磁导率基本上是常数。电路中电感采用气隙磁心，电感量为 L，匝数为 N，磁心有效截面积为 A_e，有效磁路长度为 l_e，气隙长度为 δ。Buck 电路当开关管导通时，根据电磁感应定律有

$$U_\mathrm{i} - U_\mathrm{o} = L\frac{\Delta I}{T_\mathrm{on}} = N\frac{A_\mathrm{e}\Delta B}{T_\mathrm{on}} \tag{7-84}$$

电感峰值电流为 I_p，根据安培回路定律有

$$NI_\mathrm{p} = H_\mathrm{c}l + H_\delta\delta \tag{7-85}$$

当气隙 δ 很小时，忽略边缘磁导，气隙端面磁通与磁心磁通相等，并考虑到 $L = N^2\mu_0 A_\mathrm{e}/\delta$，得到

$$\Delta I = \frac{\delta\Delta B}{N\mu_0} \tag{7-86}$$

$$I_\mathrm{p} = \frac{\delta\, B_\mathrm{p}}{N\mu_0}\Delta \tag{7-87}$$

令 $k = \Delta I/(2I_\mathrm{p})$，根据式(7-84) 和式(7-85) 得

$$\frac{\Delta B}{B_\mathrm{p}} = \frac{\Delta I}{I_\mathrm{p}} = 2k \tag{7-88}$$

当电感平均电流减少时，纹波电流幅值不变，当 $I = I_\mathrm{G} = \Delta I/2$（$I_\mathrm{G}$ 为电感的临界连续电流），如果电感电流继续减少，电感电流断续，输出电压与输入电压不再保持 $U_\mathrm{o} = DU_\mathrm{i}$ 的线性关系。k 越小，电流纹波越小，临界电流 I_G 越小，线性范围越大，电感越大；反之，电流纹波大，电感越小。通常选取 $k = 0.05 \sim 0.1$。

当 $k = 0.05 \sim 0.1$ 时，磁感应强度的脉动分量很小，在开关频率低于 $250\mathrm{kHz}$ 时，磁心损耗一般不超过 $100\mathrm{mW/cm^3}$。磁感应强度取值受饱和限制，因此磁心的峰值磁感应强度为

$$\Delta B/(2k) = B_\mathrm{p} < B_\mathrm{s} \tag{7-89}$$

工作在电流连续模式的 Boost 和 Buck/Boost 电感及反激变压器，总的纹波安匝只是满载安匝很小的百分比，同样是饱和限制了最大磁感应强度。在这种情况下，选择饱和磁感应强度高的材料，如磁粉心材料 Kool M_μ 或合金带料磁心，即使损耗较大也可以满足要求，并减

少尺寸、质量和成本。

如果不能肯定是磁心损耗限制还是饱和限制，可使用两个公式计算，并采用最大面积乘积的那一个。初始磁心尺寸计算虽不是很精确，但可以减少迭代的次数。设计完成的电感，在电路的实际应用环境中，应当用热电偶插入到工作的样件中心点，测量热点温升，检验是否在合理的范围以内。

7.6.4 电感设计举例

1. 气隙电感设计

【例7-2】电流连续输出滤波电感设计，电路图如图7-30a所示，设计参数见表7-6。

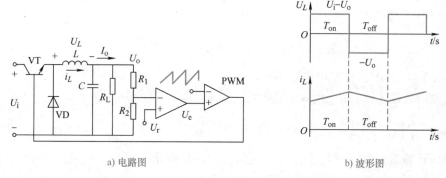

a) 电路图　　　　　　　　　　b) 波形图

图 7-30　Buck 滤波电感电路图及波形

表 7-6　滤波电感设计参数

参 数 名 称	数 值	参 数 名 称	数 值
输入电压范围 U_i/V	13.35 ~ 25.33	开关频率 f/kHz	200
输出电压 U_o/V	5	最大纹波电流 $\Delta I/A$	10
满载电流 I_{FL}/A	50	峰值短路电流 I_{sp}/A	65
滤波电感量 $L/\mu H$	2.2	冷却方式	自然冷

（1）应用制造厂手册选择磁心材料　例如，磁心材料选菲利普公司的铁氧体 3C90。

（2）确定磁心工作最大磁感应强度和最大磁感应强度摆幅　采用饱和限制 $B_m = 0.3T$（3000Gs）。当短路时峰值电流 $I_{sp} = 65A$ 就限制最大磁感应强度 B_m。最大磁感应强度摆幅对应于最大电流纹波，即

$$\Delta B_m = B_m \frac{\Delta I}{I_{sp}} = 0.3T \times \frac{10A}{65A} = 0.046T$$

（3）选择磁心形状和尺寸　采用面积乘积公式粗选磁心形状，这里应采用饱和限制的面积乘积公式，即 $B_m = 0.3T$，单线圈电感 $K_1 = 0.03$，由式（7-81）得到

$$A_w A_e = \left(\frac{L I_{sp}}{B_m} \cdot \frac{I_{FL}}{K_1} \right)^{\frac{4}{3}} = \left(\frac{2.2 \times 10^{-6} \times 65 \times 50}{0.3 \times 0.03} \right)^{\frac{4}{3}} cm^4 = 0.74 cm^4$$

根据计算的 AP 值查表，选用磁心 ETD34 进行设计计算。厂家提供的磁心参数见表7-7。

表 7-7 ETD34 磁心参数

参 数 名 称	数 值	参 数 名 称	数值(配骨架)
体积 V_e/cm^3	7.64	平均匝长 l_{av}/cm	6.10
磁路长度 l_e/cm	7.9	骨架高度 h_w/cm	0.60
有效截面积 A_e/cm^2	0.97	宽度(各留 3mm 爬电距离) b_w/cm	2.1
中柱直径 D_{cp}/cm	1.08	磁心窗口面积 A_w/cm^2	1.23
AP 值/cm^4	1.21		

（4）计算匝数 由法拉第电磁感应定律得到

$$N = \frac{L\Delta I}{\Delta B_m A_e} = \frac{2.2 \times 10^{-6} \times 10}{0.046 \times 0.97 \times 10^{-4}} = 4.93$$

取 5 匝。

（5）计算气隙长度 对于圆形端面的磁心有

$$\delta = \mu_0 N^2 \frac{A_e}{L} \left(1 + \frac{\delta}{D_{cp}}\right)^2 \times 10^4$$

式中，L 的单位为 μH；长度单位取 cm。

设气隙的长度 $\delta = 2mm$，代入上式中得

$$\delta = \mu_0 N^2 \frac{A_e}{L}\left(1 + \frac{\delta}{D_{cp}}\right)^2 \times 10^4 = 4\pi \times 10^{-7} \times 5^2 \times \frac{0.97}{2.2} \times \left(1 + \frac{0.2}{1.08}\right)^2 \times 10^4 cm = 0.194cm$$

如果所计算得到的气隙长度没有达到所需的精度要求，可以将计算得到的 0.194cm 代入气隙公式，再进行迭代，直到在规定的误差以内。这里已经符合误差小于 10% 的要求。

（6）计算导体尺寸 磁心窗口宽度 $b_w = 2.1cm$，高度 $h_w = 0.6cm$。如果用 2.0cm 宽的铜带绕制电感，电感线圈的匝数取 5 匝，则绕 5 层，层间有厚 0.05mm 的低压绝缘层。

选择电流密度 $j = 450A/cm^2$，负载电流为 $I_o = 50A$，需要导体截面积 $A_{Cu} = 50/450cm^2 = 0.111cm^2$，除以线圈的宽度 $b_w = 2cm$，得到铜箔的厚度为 $d = (0.111/2)cm = 0.0555cm$，5 匝绕组绕 5 层，铜箔层间绝缘厚度为 $d' = 0.005cm$，5 层绝缘的厚度为 $d_{Njy} = N \times 0.005cm = 5 \times 0.005cm = 0.025cm$，线圈和绝缘的总高度为 $h_t = N(d + d') = 5 \times (0.0555 + 0.005)cm = 0.303cm$，骨架高度为 $h_w = 0.6cm$，没有充分利用。为了减少损耗，铜的厚度增加到 $d = 0.1cm$，线圈的总高度增加到

$$h_t' = N(d + d') = 5 \times (0.1cm + 0.005cm) = 0.525cm$$

磁心 ETD34 的面积乘积 $A_e A_w = 1.21cm^4$，比计算要求值 $A_w A_e = 0.74cm^4$ 大了 64%，因此可以选用较小的磁心。但是，采用 ETD34 磁心可改善电源效率。在实际中，磁心尺寸的选择可以根据计算的 AP 值、要求的效率、体积限制及冷却方式等条件具体考虑。

2. 磁粉心材料电感设计

【例 7-3】 设计一个磁粉心电感，电感用于 Buck 变换器输出滤波电感。电路及有关波形如图 7-31 所示。为方便计算，假设输入电压不变为 $U_i = 15V$，输出电压 $U_o = 5V$，负载电流 $I_o = 2A$，工作频率为 $f = 250kHz$。要求电流纹波峰峰值 $\leq 0.4A$，电感量变化不超过 20%，自然冷却。

（1）计算电感量 根据要求可得占空比 $D = 5/15 = 0.33$

电流的变化量为 $\Delta I = 0.4A$

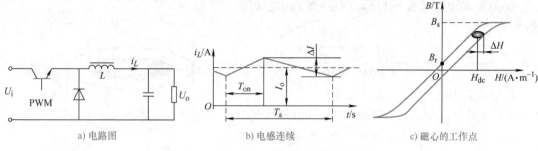

a) 电路图　　　　　b) 电感连续　　　　　c) 磁心的工作点

图 7-31　Buck 变换器

电感量为

$$L = \frac{(U_i - U_o)D}{\Delta If} = \frac{(15-5)\text{V} \times 0.33}{0.4\text{A} \times 250 \times 10^3 \text{Hz}} = 33\mu\text{H}$$

电感变化量小于 20%，这就意味着，电流 2A 时需要的电感为

$$L_c = \frac{L}{1-20\%} = \frac{33\text{mH}}{1-20\%} \approx 42\mu\text{H}$$

（2）选择磁心材质　因为工作频率高，采用损耗最低的坡莫合金（MPP）磁粉心材料。因为磁粉心材料的磁导率随直流偏置加大而下降，设计中必须注意磁导率与直流偏置的关系曲线以及磁心尺寸数据。

（3）粗选磁心尺寸　一般厂家都提供磁心选择指南，可根据电感储能选择磁心尺寸。如果没有选择指南，也可以根据设计经验确定。还可以任意选择一个磁心尺寸，虽然第一次试选不是十分重要，但它可以减少设计工作量。如果使用 Magnetics 公司的 MPP 磁心，从公司的手册中找到选择指南，如图 7-32 所示，电感存储的 2 倍能量为

$$W = L\,I^2 = 33 \times 10^{-6}\text{H} \times 2^2 \text{A}^2 = 0.132\text{mH} \cdot \text{A}^2$$

在图 7-32 横坐标上由 0.132mH·A^2 纵向画一直线，与磁心初始磁导率为 300μ 的磁心相交，交点向左找到纵坐标上的代号 55050 和 55040 磁心之间，暂选择 55045 磁心。从手册查得 55045 的裹覆前外形尺寸如图 7-33 所示。磁心裹覆后的外径为 13.46mm，内径为 6.99mm，高度为 5.51mm，磁心数据见表 7-8 所列。

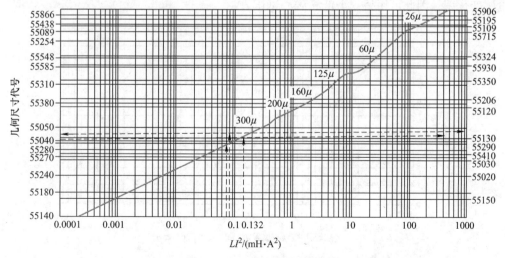

图 7-32　MPP 选择示意图

1000 匝的电感系数为 $134 \times (1 \pm 8\%) \mathrm{mH}$, 则由式 (7-41) 得

$$N = \sqrt{\frac{L_c}{A_L \times 10^{-6}}} = \sqrt{\frac{42}{134 \times 92\% \times 10^{-3}}} = 18.5 \text{ 匝}$$

取整数为 19 匝, 校核电感为

$$L = N^2 A_L \times 10^{-6} = 19^2 \times 134 \times 0.92 \times 10^{-6} \mathrm{mH} = 44.5 \mu\mathrm{H}$$

式中的 0.92 是电感系数有 $\pm 8\%$ 的误差, 并按负误差计算。因为是取整的关系, 与希望值有些误差, 但很小。

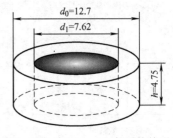

图 7-33   MPP55045 - A2 裹覆前外形尺寸

表 7-8   MPP55045 - A2 磁心数据

窗口面积	$0.383\mathrm{cm}^2$	磁心截面积	$0.114\mathrm{cm}^2$	磁路平均长度	$3.12\mathrm{cm}$
面积乘积	$0.0437\mathrm{cm}^4$	体积	$0.356\mathrm{cm}^3$	填充系数 20% 平均匝长	$1.797\mathrm{cm}$
磁导率	300μ	电感系数	$134 \times (1 \pm 8\%) \mathrm{mH}/1000$	填充系数 40% 平均匝长	$1.920\mathrm{cm}$
绕线表面积	$8.1\mathrm{cm}^2$			填充系数 60% 平均匝长	$2.20\mathrm{cm}$

(4) 计算磁感应强度   负载电流由 0 变化到 2A, 由表 7-8 查得其磁路平均长度为 $3.12\mathrm{cm}$。CGS 制磁场强度为

$$H = \frac{0.4\pi NI}{l} = \frac{0.4\pi \times 19 \times 2}{3.12} \mathrm{Oe} = 15.3 \mathrm{Oe}$$

磁心中的磁感应强度为

$$B = \mu H = 300 \times 15.3 \mathrm{Gs} = 4590 \mathrm{Gs}$$

(5) 计算电感变化量   55045 磁心的初始磁导率是 300μ, 在图 7-34 曲线 9 上找到 $H = 15.3 \mathrm{Oe}$, 磁心的相对初始磁导率百分比为 67% (图中 A 点所示)。这意味着在 2A 时电感减少到仅为 $42\mu\mathrm{H} \times 67\% = 28\mu\mathrm{H}$。为了增加电感量, 需增加匝数, 但磁导率降低到 80% 以下, 超过了磁心磁感应强度变化允许值 20% 的规定。增加匝数将增加磁感应强度, 即进一步增加电感变化率, 因此可用另一个低 μ 磁心试试。

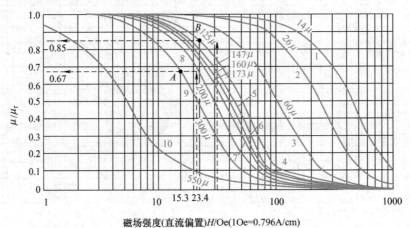

图 7-34   MPP 磁心直流偏置下相对磁导率变化百分比

（6）第二次试算 采用一个 $\mu_r = 125\mu$ 的磁心，磁心代号是 55050 - A2，其 $A_L = 56 \times (1 \pm 8\%) \times 10^{-6}\text{mH}$，用负偏差的电感因数计算需要的匝数，即

$$N = \sqrt{\frac{L_c}{A_L}} = \sqrt{\frac{42}{0.056 \times 0.92}} = 28.5 \text{ 匝}$$

取 29 匝。

（7）再次计算磁场强度、磁导率变化量和匝数

$$H = \frac{0.4\pi NI}{l} = \frac{0.4\pi \times 29 \times 2}{3.12}\text{Oe} = 23.4\text{Oe}$$

比第一次试算磁场强度高，但这是低磁导率磁心，所以，磁感应强度不会过高。

再由图 7-34 找到 125μ 曲线，在 23.4Oe 处是初始磁导率的 $\alpha = 85\%$（图中 B 点所示）。实际达到的电感量为 $L = \alpha N^2 A_L = 85\% \times 29^2 \times 56 \times 0.92 \times 10^{-6}\text{mH} = 36.83\mu\text{H}$

大于需要 $33\mu\text{H}$。磁心中磁感应强度为

$$B = \alpha\mu H = 85\% \times 125 \times 23.4\text{Gs} = 2486\text{Gs}$$

这是直流偏置磁感应强度，没有损耗。

（8）选择导线 由表 7-8 得到 55045 - A2 的线圈窗口面积为 0.383cm^2（注：55050 - A2 的磁心尺寸参数与 55045 - A2 的一样）。对于一个环，不可能将它绕满，否则没办法绕线，导线也不可能非常整齐排列。因此环形磁心填充系数也只有环窗口的 40% ~ 50%。

值得一提的是，导线还有绝缘占窗口截面积，甚至还有两倍、三倍或四倍绝缘，并具有各自的面积。细导线的绝缘比粗导线的绝缘所占百分比大，而多股的漆包线绝缘填充系数更低，单股导线可用截面积是总窗口截面积的一半除以总匝数：

$$A_{Cu} = \frac{\dfrac{A_w}{2}}{N} = \frac{\dfrac{0.383}{2}\text{cm}^2}{29} = 0.0066\text{cm}^2 = 0.66\text{mm}^2$$

由于是自然冷却，电流密度可以选择 $4\text{A}/\text{mm}^2$，2A 只要 0.5mm^2 即可，小于 0.66mm^2。可选择裸径为 0.83mm、带绝缘直径为 0.92mm、截面积为 0.541mm^2 的导线。

选择磁环 TN12.5/5，磁心裹覆前的外径为 12.7mm，内径为 7.62mm，高为 4.75mm。磁心裹覆后的外径为 13.46mm，内径为 6.99mm，高度为 5.51mm。第一层匝数为

$$N_1 = \frac{\pi(d - d')}{d'} = \frac{\pi(6.99 - 0.92)}{0.92} = 20.7 \text{ 匝}$$

考虑绝缘层取 19 匝，还需要再绕 10 匝。

第二层可以绕的匝数为

$$N_2 = \frac{\pi(d - 2d')}{d'} = \frac{\pi(6.99 - 1.84)}{0.92} = 17.58 \text{ 匝}$$

总共需要绕 29 匝，第一层绕 19 匝，则第二层再绕 10 匝。

参 考 文 献

[1] 王兆安，刘进军. 电力电子技术 [M]. 5 版. 北京：机械工业出版社，2009.
[2] 洪乃刚. 电力电子技术基础 [M]. 2 版. 北京：清华大学出版社，2015.
[3] 林渭勋. 现代电力电子技术 [M]. 北京：机械工业出版社，2005.
[4] 周洁敏，赵修科，陶思钰. 开关电源磁性元件理论及设计 [M]. 北京：北京航空航天大学出版社，2014.
[5] 任国海. 电力电子技术 [M]. 杭州：浙江大学出版社，2009.
[6] 浣喜明，姚为正. 电力电子技术 [M]. 4 版. 北京：高等教育出版社，2014.
[7] 孙向东. 太阳能光伏并网发电技术 [M]. 北京：电子工业出版社，2014.
[8] 张占松，蔡宣三. 开关电源的原理与设计 [M]. 北京：电子工业出版社，1998.
[9] 蔡元宇，朱晓萍，霍龙. 电路及磁路 [M]. 4 版. 北京：高等教育出版社，2013.